Geographische, naturhistorische und technologische Beschreibung des souverainen Herzogthums Schlesien.

Von

Johann Adam Valentin Weigel,

Evangelisch-lutherischem Prediger, Mitgliede der Gesellschaft naturforschender Freunde in Berlin, der naturforschenden zu Halle, der mineralogischen zu Jena, und der ökonomisch-patriotischen des Fürstenthums Schweidnitz.

Siebenter Theil.

Die Fürstenthümer Oels, Trachenberg, Neiße und Rattibor.

Berlin, 1803.

In der Himburgischen Buchhandlung.

Inhalt.

Das mittelbare Fürstenthum Oels.

Das mittelbare Fürstenthum Trachenberg.

Erster Abschnitt. Physikalische Beschaffenheit.

Inhalt.

Das mittelbare Fürstenthum Neiße.

Das unmittelbare Fürstenthum Rattibor.

Das

Das
mittelbare
Fürstenthum Oels.

Erster Abschnitt.
Physikalische Beschaffenheit.

Gewässer.

In dem mittelbaren Fürstenthume Oels, ob es gleich, wegen der vielen Bäche, Landgräben und großen Teiche, unter die wasserreichen Fürstenthümer Schlesiens gehört, strömt doch kein eigentlich großer Fluß. Ich kann von den Gewässern desselben nur die merkwürdigern anführen: denn bei weitem der grösseste Theil dieser Gewässer hat keinen Nahmen, oder sie werden nur von den Dörfern benannt, deren Territorium sie bewässern.

A. Die Oder

berührt dieses Fürstenthum nur bei dem zum Dominio **Pannwitz** gehörigen Vorwerke **Häselei**, das von dem übrigen Oelsner Fürstenthums-Territorio im Breslauer Kreise an der Gränze des Neumarkter Kreises ganz isolirt liegt.

B. Die Weyde

entspringt in der Standesherrschaft Wartenberg, strömt aus dem Namslauer Kreise des Fürstenthums Breslau zwischen **Damnig** und **Laubske** in das Fürstenthum Oels, und zwar in den Bernstadter District, Bernstadt vorbei, tritt aber dann bald bei **Kunzendorf** in den Oelsner District, macht von dem zum Dominio **Klein-Ellguth** gehörigen Vorwerke **Glume** (Chlume) bis **Protsch** die Gränze zwischen den Fürstenthümern Breslau und Oels, fließt durch das Oelsner Dorf **Seinsdorf**, tritt aber bald an der Gränze dieses Dorfes in den Breslauer Kreis, und mündet sich bei obengenanntem Vorwerke **Häselei**, am rechten Ufer, in die Oder aus *). Sie nimmt während ihres Laufes in und an den Gränzen dieses Fürstenthums, außer der **Kleineiche** (**Gränzgraben**)**), die sie **am linken Ufer** aufnimmt,

am rechten Ufer

noch auf:

A. **Im Bernstadter District:**

a) Den Resewitzer Bach.

b) Einen bei dem Vorwerke **Abrath**, zu **Gimmel** gehörig, aus der Vereinigung zweier Bäche entstehenden, durch **Ulbersdorf**, **Schönau** und **Mühlowitz** fließenden Bach, bei **Galbitz**.

c) Einen Feldbach bei **Neudorf**.

d) Einen durch **Friedrichsberg** fließenden Bach, kurz vor Bernstadt.

---

*) Siehe Th. 6. S. 31.

**) Siehe Th. 6. S. 31.

B. Im Oelsner District:

e) Einen durch Wabnitz, Groß-Zöllnig, Krompusch (Crumpusch) zwischen Krondorf (Cronendorf) und Nieder-Schmollen fließenden Bach, mit dem sich kurz vor seiner Ausmündung noch ein anderer kleiner Feldbach vereinigt.

f) Die Schwierse, die im Bernstadter District aus dem Zusammenflusse zweier Bäche entsteht, und durch Schwierse fließt.

g) Die Oelse, die in der Herrschaft Wartenberg unweit von dem Ursprunge der Weyde entsteht, in ihrem Laufe mehrere Bäche an sich zieht, Oels rechts vorbei fließt, und sich etlichemahl in verschiedene Arme theilt, bei Glockschütz.

h) Einen bei Zedlitz entstehenden Bach, zu dem sich am rechten Ufer ein anderer bei Paschkerwitz, und noch ein anderer von Schön-Ellguth herkommender bei Groß-Raake gesellen, bei Hünern.

Gewässer,

die zwar im Fürstenthume Oels fließen, dasselbe aber bald verlassen.

1) Bei Wersingave, an der Gränze des Wohlauer Fürstenthums und Kreises fließen zwei Bäche zusammen, die sich im Steinauer Districte, zwischen Cunern und Pronzendorf, mit einem andern bei Thiergarten im Breslauer Kreise entspringenden

vereinigen, und nach dieser Vereinigung den Nahmen **Jüseritz** *) erhalten.

2) Ein in der Gegend von **Schmarker** entstehender Bach fließt in das Fürstenthum Trachenberg, und fällt dort am linken Ufer in die **Bartsch**.

3) Ein bei **Konradswalde** aus der Vereinigung zweier Bäche entstehendes Wasser, davon der eine an den Bergen bei **Pruskawe**, der andere in der Gegend von **Schönbrunn** Breslauer Kreises entspringt. Unterhalb **Konradswalde** gesellt sich noch ein anderer aus dem Breslauer Kreise herfließender Bach dazu. Oberhalb **Göllendorf** theilt sich dieses Wasser in zwei Arme, die beide in das Fürstenthum Trachenberg strömen. Der links abfließende fällt unmittelbar am linken Ufer in die **Bartsch**, der rechts abfließende aber in

4) die **Stroga**, die bei **Würzen** im Trebnitzer Kreise aus der Vereinigung zweier Bäche entsteht, davon der eine rechts durch **Karoschky** fließt, der andere aber unterhalb **Grünelinde** ein Zusammenfluß zweier Bäche ist. Sie fällt unterhalb **Kapatschütz** in das Fürstenthum Trachenberg, wo sie sich in

5) die **Schätzka** ausmündet, die aus dem Zusammenflusse mehrerer im Trebnitzer Kreise fließenden Bäche entsteht, die sich unter **Groß-Ujeschütz** an der Gränze des Fürstenthums Trachenberg vereinigen, wo sie bald unter Trachenberg am linken Ufer sich in die **Bartsch** ergießt.

---

*) Siehe Theil 5. S. 96.

6) **Die Brande.** Sie entsteht aus der Vereinigung einiger Bäche, davon der eine aus dem Tscheschner Halt, und der andere aus der Standesherrschaft Goschütz herströmt; sie nimmt

7) das im Trebnitzer Kreise entstehende **kalte Wasser** auf, und fließt in die Standesherrschaft Militsch.

8) **Ein Arm der Bartsch** (das Medziborer Wasser), der oberhalb Wartenberg entspringt, tritt aus dem Wartenbergischen zwischen **Kennchen** und **Niewken** in den Medziborer District, theilt sich hier in verschiedene Arme, die sich endlich bald nach ihrem Austritte aus diesem District am linken Ufer in die Bartsch ergießen.

9) Der **Kramnezefluß** strömt an der Gränze des Trebnitzer Kreises mit der Standesherrschaft Militsch.

Seen giebt es in diesem Fürstenthume nicht, aber viele und mit unter auch ansehnliche Teiche. Ueberhaupt zählt man deren:

	Große.	Mittlere.	Kleine.
Im Oelsner District . . .	3	4	194
Im Bernstadter District . .	1	2	110
Im Trebnitzer District . . .	—	3	207
Im Medziborer District . .	—	3	33
Im Halt Tscheschen	—	—	40
Summa	4	12	584

Die beträchtlichsten sind: 1) im **Oelsner District**, bei Dobrischau, Karlsburg, Netsche, Raake, Schmarse, Spalitz, Vielguth; 2) im **Medziborer District**, der Sürminer Teich, der bei der Medziborer Glashütte; 3) im **Tscheschenschen Halt**, bei Hammer.

Berge und Ebenen.

Das Fürstenthum Oels ist größtentheils Ebene. Im Oelsner Kreise fängt sich aber doch bei Jackschönau eine Kette von Hügeln an, die jedoch, ob sie gleich mit dem Nahmen, die **Trebnitzer Berge**, belegt werden, von keiner beträchtlichen Höhe sind, meistentheils aus Lehm und Sand bestehen, und sich in einer Länge von 3 und in einer Breite von 2 Meilen durch den Trebnitzer Kreis hinziehen. Außer dem

Purzelberge, bei Skarsine,
Töpfelberge, bei Massel,
Kirchberge, bei Hünern,
Weinberge, bei Oels,

habe ich keine besondere Nahmen dieser Berge erfahren können. Selbst Eingeborne der dasigen Gegend sagten mir, daß man sie bloß von den Dörfern benenne, in deren Nähe sie liegen, oder auch von den Besitzern. Auch die Berge um **Medzibor**, **Ossen**, **Tscheschen** sind ebenfalls von keiner beträchtlichen Höhe, bestehen größtentheils aus Sandboden, und auf den meisten sind Weinberge angelegt, die den Besitzern in guten Jahren einen ansehnlichen Gewinn gewähren.

Der Boden dieses Fürstenthums, und also auch der Ertrag desselben, ist verschieden. Im **Oels=Bern=**

stadter Kreise haben verschiedene Dörfer guten Weizenboden, z. E. die Gegend um Oels, desgleichen die Dörfer: Stampen, Jäntschdorf, Gutwohne, Jackschönau 2c. in der Gegend der Weyde, die Dörfer Schleibitz, Süßewinkel und Weigelsdorf; im Bernstadter District gegen die Gränze der Standesherrschaft Wartenberg, die Gegend um Galbitz. Minder guten, mehr sandigen Boden haben, im Oelsner District, die Dörfer: Buckowine, Maliers, Neuhaus, Strehlitz; im Bernstadter District: Groß-Graben, Strone, Weißensee. Obgleich im Trebnitzer Kreise gegen die Gränzen der Standesherrschaften Wartenberg und Militsch mehrere Dörfer nur Sandboden haben, so ist doch auch dieser Kreis im Ganzen genommen, ja selbst die Berge, besonders aber die, deren Rücken aus lettigem Boden besteht, fruchtbar.

Waldungen.

Der Oelser Kreis ist nicht so reich an Waldungen, wie der Trebnitzer. Im Oelser District sind die beträchtlichern Wälder, bei Hönigern, Osterwine, Vielguth und Zessel; im Bernstadter District, bei Polnisch Ellguth, Krutschen, Lampersdorf, im Medziborer District und im Tscheschenschen Halt. Das Stift Trebnitz besitzt zwar die meisten Waldungen des Trebnitzer Kreises, indessen haben doch auch manche Dominien ansehnliche Forsten.

Producte.

A. Thierreich.

Pferde und Rindvieh sind meistentheils von gutem Schlage, nur die Sandgegenden machen eine Ausnahme. Man zieht, selbst zum auswärtigen Absatze, viele Pferde.

Die Schafzucht ist in beiden Kreisen, nach dem Verhältnisse ihrer Größe, ganz ansehnlich, und die Wolle ist, besonders die des Trebnitzer Kreises, sehr beliebt.

Die Bienenwartung ist nicht unbeträchtlich, im Oelser Kreise jedoch am stärksten. Der vielen Waldungen im Trebnitzer Kreise ungeachtet sind doch Waldbienenstöcke eine Seltenheit. Es sind zwar mehrere Maulbeer-Plantagen angelegt, die Wartung der Seidenwürmer ist aber doch noch von keinem großen Belange.

An Wild liefern die Forsten, besonders die oben angezeigten größern, Hasen, Rehe, Hirsche, Schweine, Füchse, Repphühner; Wölfe sind in den großen Wäldern keine Seltenheit. Die Gewässer liefern an Geflügel, Wasserhühner, wilde Aenten und Gänse, Wasserschnepfen; an Fischen nicht nur den Bedarf der Fürstenthums-Bewohner, sondern auch einen ansehnlichen Ueberschuß, der besonders in Breslau abgesetzt wird. Die Weyde liefert viele Krebse, die man wegen ihres guten Geschmackes denen aus andern Gewässern vorzieht.

B. Pflanzenreich.

Die Waldungen bestehen aus Tannen, Kiefern, Fichten, Eichen, Buchen, Birken rc. Von den letztern giebt es, besonders im Trebnitzer Kreise, in den Gegenden von Zechelwitz an bis an die Gränzen der Fürstenthümer Wohlau und Trachenberg ganze Wälder. In dieser Gegend werden sehr viel Besen gebunden: man nennt sie daher im Scherze nur das Besenländel. Außerdem, daß in den Trebnitzer Waldungen viel Holz zu Brenn=, Bau= und Stabholz geschlagen wird, so werden auch viele Kohlen geschwelet, und Breslau zieht beinahe seinen ganzen Bedarf dieses Materials aus diesem Kreise.

Man bauet überall die gewöhnlichen Getreidearten, mehr Rocken, als Weizen, Hülsenfrüchte, Kartoffeln, und in sandigen Gegenden auch einiges Heidekorn (Buchweizen). Flachs wird zwar überhaupt im ganzen Fürstenthume viel angebauet: man will aber behaupten, daß der des Trebnitzer Kreises von vorzüglicher Güte sey. Eben so wird auch der Leinsame dieses Fürstenthums von den Landwirthen im Gebirge sehr geschätzt und aufgekauft; denn das Vorurtheil, daß man nur aus Rigaischem Leine guten Flachs erzeugen könne, verschwindet immer mehr und mehr.

Im Trebnitzer Kreise wird auch hin und wieder Färberröthe gebauet. Heu wird nicht nur zum Bedarf, sondern auch zum auswärtigen Verkaufe, jedoch im Trebnitzer Kreise wohl ein Drittel weniger, als im Oelser gewonnen, wo besonders die Dominien an der Weyde vortreffliche Wiesen haben. Man bauet zwar in den beiden Kreisen des Fürstenthums Hopfen, jedoch im Trebnitzer Kreise noch um einmahl so viel, wie im Oelser. Im ganzen Fürstenthume wendet man viel Fleiß auf die

Erziehung guter Obstbäume, und der Ertrag derselben ist, vorzüglich in den bergigen Gegenden des Trebnitzer Kreises, in guten Obstjahren sehr ansehnlich; besonders soll das Obst aus den Medziborischen Weinbergen und die Skarsiner Kirschen einen vorzüglich guten Geschmack haben. Am letztern Orte hat man vor mehrern Jahren angefangen, Kastanienbäume (Fagus castanea Linn.) zu pflanzen. Um Medzibor, Ossen, Ulbersdorf, im Tscheschenschen Halt, Hünern, Klein-Kommorowa und Skarsine findet man Weinberge. Obgleich der größeste Theil der Trauben ausgeschnitten wird, so kann man doch annehmen, daß in guten Jahren zu Medzibor allein gegen 500 Eimer Wein ausgekeltert werden. Der Anfang zu dem hiesigen Weinbau ist von einem Medziborer Bürger, **Jacob Lutz**, einem gebornen Würtemberger, der mehrere seiner Landsleute ins Land zog, gemacht, und immer mehr in der dasigen Gegend ausgebreitet worden. Diese Winzer erziehen auch vielen türkischen Weizen (Zea Mays Linn.), mehrere Arten von Bohnen, und verschiedene Arten von Küchenkräutern. Ueberhaupt befleißiget man sich an verschiedenen Oertern, z. E. zu Oels, Pollentschin rc. auf die Erziehung der Küchenkräuter.

Mir hat es nie gelingen wollen, das ganze Fürstenthum in naturhistorischer Absicht zu untersuchen. Ich kann daher auch nur diejenigen seltnern Pflanzen anzeigen, die Krocker in seiner Flora Silesiaca als Bewohner dieses Fürstenthums aufführt, die man aber auch in andern Gegenden Schlesiens findet.

A. Im Oelser Kreise.

Bei Oels.

Cynoglossum cheirifolium. Lin.

Bei Klein-Oels.

Cytisus hirsutus. L.

Bei Hundsfeld.

Veronica austriaca. L.

Lythrum hyssopifolia. L.

Bei Hünern.

Utricularia vulgaris. L.

Inula Oculus Christi. L.

Bei Groß-Weigelsdorf.

Dianthus superbus. L.

Bei Klein-Weigelsdorf.

Daucus muricatus. L.

Selinum palustre. L.

Oenanthe fistulosa. L.

Cardamine impatiens. L.

Lavatera thuringiaca. L.

Bei Wildschütz.

Aira caerulea. L.

Lamium garganicum. L.

Fumaria capnoides. L.

Bei Bernstadt.

Scrophularia aquatica. L.

Bei Kunersdorf.

Aira caerulea. L.

Bei Schmoltschütz.

Seseli Hippomarathrum. L.

B. Im Trebnitzer Kreise.

Bei Skarsine und in dem Walde daselbst.

Scirpus setaceus. L.
Milium effusum. L.
Galium sylvaticum. L.
Allium carinatum. L.
Convallaria bifolia. L.
Trientalis europaea. L.
Epilobium montanum. L.
Paris quadrifolia. L.
Monotropa Hypopithis. L.
Pyrola rotundifolia. L.
Cucubalus Otites. L.
Anemone sylvestris. L.
Ajuga alpina. L.
Erysimum hieracifolium. L.
Orobus vernus. L.
—— niger. L.
—— tuberosus. L.
Vicia sylvatica. L.
Astragalus glycyphyllos. L.
—— cicer. L.
Hypericum pulchrum. L.
—— elegantissimum. L.
Hieracium saxatile Jacq.
—— molle Jacq.
Crepis biennis. L.
Orchis bifolia. L.
—— coriophora. L.

Bei Hochkirch.

Circaea lutetiana. L.
Phleum arenarium. L.
Poa rigida. L.
Cynosurus durus. L.
Campanula cervicaria. L.
Ornithogalum minimum. L.
Juncus maximus. L.
Triglochin palustre. L.
Adoxa moschatellina. L.
Monotropa Hypopithys. L.
Cucubalus Otites. L.
Ranunculus Sardous Cronzii.
Prenanthes viminea. L.
Eupatorium cannabinum. L.

Auf den Trebnitzer Bergen.

Circaea alpina. L.
Veronica Teucrium Lin.
——— verna. L.
Gladiolus communis. L.
Festuca myurus. L.
Asperula arvensis. L.
Galium montanum. L.
——— glaucum. L.
Aphanes arvensis. L.
Anchusa officinalis. L.
——— angustifolia L.
Physalis Alkekengi. L.
Astrantia major. L.
Athamanta Oreoselinum. L.

Galanthus nivalis. L.

Allium paniculatum. L.

Convallaria multiflora. L.

Cucubalus viscidus. L.

Sedum annuum. L.

Cerastium dichotomum. L.

Cistus canus. L.

Bei Werendorf.

Veronica verna. L.

Allium arenarium. L.

Bei Zirkwitz.

Veronica peregrina. L.

Bei Klein=Perschniz.

Schoenus compressus. L.

Bei Blößel.

Hypochaeris maculata. L.

Bei Döberle.

Orchis latifolia. L.

Calla palustris. L.

C. Mineralreich.

Der Boden des Fürstenthums Oels, aufgeschwemmtes Gebirge, eignet sich nicht zu vielen Mineralien: denn selbst die Berge bestehen meistentheils nur aus Lehm und Sand. Das Verzeichniß der Producte dieses Naturreichs kann daher nicht anders, als sehr mager ausfallen. Man findet:

1) Granaten, gemeine, bei Buchwald und Massel, jedoch nicht häufig.

2) Holzstein, zu Ober=Rehla.

3) **Thon**, an mehrern Orten. Der beste Töpferthon wird bei **Groß-Graben**, **Leuchten** und **Wabnitz** gegraben.

4) **Bol**, bei **Massel**.

5(**Walkererde**,
im Oelser Kreise, bei Groß-Graben und Lucine; im Trebnitzer Kreise, bei Klein-Krutschen und Zirkwitz.

6) **Kalkerde** wird $\frac{1}{4}$ Meile von Trebnitz in einem von drei Seiten durch Anhöhen eingeschlossenen Thale in 4—5 Fuß Teufe, 4—5 Fuß mächtig gegraben: man nennt sie dort **Kalkmergel**. Das Liegende ist ein magerer Sandboden und die Decke ist ein zum Düngen sehr guter Sandmergel. Die Farbe dieser Kalkerde ist weißgrau, doch blicken hier und da einige gelbliche eisenrostige Flecken hervor. Sie fühlt sich fettig an und läßt beim Schlemmen nur äußerst wenig Sand zurück. Salpetergeist bringt sie zum Brausen, im Wasser aber löset sie sich gänzlich auf. Man nützt sie als Kalk. Man formt sie zu dieser Absicht wie gewöhnliche Mauerziegel, läßt sie in freier Luft sehr gut trocknen und setzt sie nachher mit gewöhnlichen Lehmziegeln in den Brennofen, so daß nur die Lehmziegel der Flamme ausgesetzt bleiben. Das Feuer wird 3—4 Tage unterhalten. Diese Kalkziegel, die im Trocknen weißer werden, kommen hingegen ganz unscheinlich aus dem Ofen, erhalten aber, wenn sie wie Kalk abgelöscht werden, wieder eine schöne weiße Farbe. Der durch diese Behandlung er-

haltene Kalk bindet sehr gut. Man will aber behaupten, daß er zum Anwerfen nicht ganz tauglich sey.

7) Faseriger Kalkstein (Beinbruchstein), zu Ober-Kehle, Massel, Pawelau und in der eben gedachten Kalkerde.

Der Gesundbrunnen zu Skarsine soll Kalksinter absetzen.

8) Mergel, an mehrern Orten: man nützt ihn sehr zur Düngung.

9) Eisenniere (Adlerstein), zu Hünern, Jeschütz, Massel, Obernig, Pawelau.

10) Raseneisenstein, bei Weigelsdorf und Gutwoyne.

Urnen.

Sowohl in dem Oelser als Trebnitzer Kreise findet man mehrere heidnische Begräbnißplätze, davon die vielen Urnen zeugen, die man bei Paschkerwitz, Wildschütz, auf dem Töpfelberge bei Massel u. a. O. m. von verschiedener Form und Größe ausgegraben hat. Von dem letztern Orte findet man mehrere in Schlesischen Bibliotheken, z. B. der Rhedigerischen bei St. Elisabeth in Breslau aufbewahrt *). Hier hat man auch viele Platten von Bernstein, theils mit, theils ohne Löcher gefunden.

Mineralische Quellen

sind bei Medzibor, Wersingawe und Skarsine. Ich habe keine Nachricht finden können, ob die bei Medzibor

*) Weitläufiger redet hiervon Hermann in seiner Maslographie.

vor jemals sei gebraucht worden. Von denen bei Wersingawe und Skarsine verweise ich auf zwei Dissertationen. In der de fontibus Silesiacis alcalino-medicatis (1775) handelt Joseph Greupner von der Quelle bei Wersingawe, und in der de acidulis alcalino-martialibus Joseph Neugebauer von den Quellen bei Skarsine, die noch jetzt besucht werden. Dieser Quellen sind in dem bei Skarsine befindlichen, meist aus Buchen bestehenden, Wäldchen in verschiedenen Gegenden vier. Sie werden theils zum Trinken, theils zum Baden gebraucht. Die diesen Brunnen besuchenden Gäste, meistentheils Breslauer, wohnen in dem so genannten Schlosse, das sich am Eingange des mit Englischen Anlagen versehenen Parks befindet, in dem bald längere, bald kürzere, bald breitere und schmälere, bald ebene, bald berganführende Alleen einander durchschneiden; hin und wieder findet der Wanderer auch Bänke und bedeckte Lauben. Jede Allee hat ihren eigenen Nahmen, den man am Eingange auf einer an einem Baume befestigten Tafel lesen kann, z. B. der Poetengang, der Philosophengang, der Eleonorenberg, der Nachtigallendamm u. s. w. Das Wasser der Quellen soll sich zu Reagentien wie alkalisches Stahlwasser verhalten. Es liegt außer meinem Gesichtskreise zu bestimmen, ob es wahr sei, daß es zu wenig mineralische Theile enthalte, um eigentlich zur Wiederherstellung der verlornen Gesundheit gebraucht werden zu können: es soll bloß stärkende Eigenschaften haben.

Zweiter Abschnitt.

Manufacturen und Fabriken.

Die Bewohner dieses Fürstenthums nähren sich größtentheils vom Acker-, ein Theil vom Weinbaue, und ein dritter Theil von verschiedenen Arbeiten in den Wäldern: daher kommt es denn auch, daß man hier außer der **Tuch-Manufactur**, die in **Bernstadt** am stärksten, minder in **Oels** und **Trebnitz**, noch minder in **Stroppen** und **Medzibor**, am mindesten in **Juliusburg**, wenn man nähmlich auf die Anzahl der Meister und Stühle siehet, betrieben wird, keine Manufacturen und Fabriken von großem Belange und Umfange findet.

In Oels sind mehrere **Strumpfstricker**.

In Bernstadt, Trebnitz, Medzibor und Juliusburg wohnen mehrere **Leinweber**.

In Oels macht man **Kraftmehl** und **Haarpuder**. Eben daselbst ist eine **Papiermühle** und eine **Buchdruckerei**.

Zu Oels und Deutschhammer sind **Kupferhämmer**.

In der Herrschaft Medzibor und im Tscheschner Halt sind **Glashütten**.

Zu Oels, Bernstadt und Trebnitz findet man **Leinwanddruckereien**.

Zu Lossen wohnen mehrere Siebmacher, zu Hundsfeld ist eine Oehlschlägerei, zu Briesche ist eine Pottaschsiederei, und zu Trzimesche eine Bleiche, auf der aber mehr Garn, als Leinwand gebleicht wird.

Nicht nur der Flachs, der in diesem Fürstenthume gewonnen wird, ist, wie ich oben gesagt habe, von vorzüglicher Güte, sondern auch die Garne, die um Oels, Bernstadt, Trebnitz, Juliusburg ꝛc. gesponnen werden, sind wegen ihrer Schönheit und Güte sehr beliebt *).

---

*) Siehe Theil 1. Seite 88.

Dritter Abschnitt.
Politische Verfassung.

Gränzen.

Das mittelbare Fürstenthum Oels, das nach dem Ableben des letzten Herzogs von Würtemberg-Oels, dem Herzoge Friedrich August von Braunschweig-Lüneburg, dem Schwiegersohne des letzten Herzogs Carl Christian Erdmann, zufiel, gränzt gegen **Morgen** mit der Standesherrschaft Wartenberg, und dem Namslauer Kreise des Fürstenthums Breslau; gegen **Mittag** mit den Fürstenthümern Brieg und Breslau; gegen **Abend** mit den Fürstenthümern Breslau und Wohlau; gegen **Mitternacht** mit dem Fürstenthume Trachenberg und der Standesherrschaft Militsch.

Hierbei ist zu bemerken, daß das zu diesem Fürstenthume gehörige sogenannte **Konstädter Ländel**, das in kameralistischer Hinsicht zum Kreuzburger Kreise gerechnet wird *), von dem übrigen Fürstenthume abgesondert liegt: es gränzt gegen **Morgen** mit dem Kreuzburger Kreise; gegen **Mittag** mit dem Fürstenthume

*) Siehe Theil 3. Seite 176.

Oppeln; gegen Abend und Mitternacht an den Namslauer Kreis, und zwar an den Skorischauer Halt. Die Stadt Konstadt und die Dörfer dieses Ländels sind Theil 3. bei dem Kreuzburger Kreise aufgeführt.

Größe.

Nach Zimmermann *) enthält das Fürstenthum Oels 30$\frac{95}{100}$, nach Scheibels Berechnung 30, und nach Sacks 35 Quadrat-Meilen **).

Kreise.

Das Fürstenthum Oels ist in zwei landräthliche Kreise eingetheilt, nähmlich

1) in den Oels-Bernstadter, dazu noch der Medziborer District und der Tscheschner Halt gehört;

2) in den Trebnitzer. Die Gränzen dieser Kreise sind aber, nach der neuern Eintheilung, auf der Schubartischen Karte nicht richtig verzeichnet: denn mehrere auf dieser Karte als zum Oelser Kreise verzeichnete Dörfer sind jetzt zum Trebnitzer Kreise gezogen worden.

---

*) Zimmermanns Beiträge zur Beschreibung v. Schlesien. B. 4. S. 209.

**) Desselben allgemeine Nachrichten S. 4.

Volksmenge.

In den Jahren 1791, 1793, 1794, 1795, 1796 und 1800 lebten:

	1791.	1793.	1794.	1795.	1796.	1800.
I. Im Oels-Bernstadter Kreise:						
A. In den Städten:						
1) In Oels . .	3688	3662	3956	3654	3585	4008
2) In Bernstadt	2244	2261	2345	2241	2119	2498
3) In Hundsfeld	677	653	648	633	632	681
4) In Juliusburg	753	671	685	684	608	648
5) In Medzibor	964	918	850	1237	1247	941
B. Auf dem Lande	35005	34817	34676	35051	34590	36763
Summa	43331	42982	43160	43500	42781	45539
II. Im Trebnitzer Kreise:						
A. In den Städten:						
1) In Trebnitz .	2662	2676	2593	2615	2654	2346
2) In Stroppen	561	576	579	562	567	590
B. Auf dem Lande	33263	33416	32757	32778	32720	33471
Summa	36486	36668	35929	35955	35941	36407
In den Städten .	11549	11417	11656	11626	11412	11712
Auf dem Lande .	68268	68233	67433	67829	67310	70234
Summa	79817	79650	79089	79455	78722	81946
Nimmt man nach Sack 35 Quadrat-Meilen an, so kommen auf jede	2280	2275	2259	2270	2249	2341

Sprache.

Man spricht zwar überall Deutsch, jedoch wird in der Gegend um Bernstadt, Medzibor, Tscheschen, Festenberg und Militsch auf den Dörfern Polnisch gesprochen, selbst von denen, die Deutsch sprechen könnten. Die Polnische Sprache wird sich jedoch nach und nach immer mehr verlieren, da die Kinder in die Deutschen Schulen gehen.

Aeußere Verfassung.

Das Fürstenthum Oels hat in Justiz-Sachen seine eigene herzogliche Regierung, die bischöflichen Dörfer aber gehören unter das bischöfliche Hofrichteramt zu Breslau. Von beiden wird an die Breslauer königliche Oberamtsregierung zu Breslau appellirt.

In Ansehung der Steuer und Contribution steht das Fürstenthum unter der Kriegs- und Domainen-Kammer zu Breslau.

Die sämmtlichen Städte gehören zum vierten steuerräthlichen Departement, das in Namslau seinen Sitz hat: nur die Stadt **Hundsfeld** gehört zum ersten steuerräthlichen Departement, das in Breslau seinen Sitz hat.

In Ansehung der Steuer gehört das Fürstenthum zur zweiten Classe, und in Ansehung der Vieh-Assecuranz zur zweiten Societät.

In Ansehung des Accise- und Zollwesens zur Breslauer Direction.

Beide Kreise des Fürstenthums gehören zur Salz-Factorei Breslau.

In dem Oelser Kreise hat das Kürassier-Regiment Nr. 1., das in Breslau steht, und das eben daselbst stehende Infanterie-Regiment Nr. 29. in dem Trebnitzer Kreise die Werbung.

Aeußere kirchliche Verfassung.

Die Religion ist untermengt, aber die Anzahl der Protestanten ist viel größer, als die der Katholiken. Nachstehende Tabelle zeigt die Zahl der Kirchen und Klöster.

Nahmen der Kreise.	Kirchen.				Klöster.	
	In Städt.		Auf Dörf.			
	Luth.	Kath.	Luth.	Kath.	Mönchs-	Nonnen-
Oelser Kreis	11	2	32	4	—	—
Trebnitzer Kreis	3	1	19	9	—	1
Summa	14	3	51	13	—	1

In Bruschewitz und Riesenthal sind Haus-Capellen.

Die sämmtlichen lutherischen Kirchen und Schulen stehen unter dem herzoglichen Consistorio zu Oels; dem ganzen Kirchen- und Schulwesen ist ein Superintendent, der zugleich Consistorial-Rath ist, vorgesetzt, unter dem 8 städtische und 4 Dorf-Senioren oder Kirchen- und Schulen-Inspectoren stehen, davon jeder seine bestimmten Kirchen und Schulen zu respiciren hat.

A. Stadt-Seniorate:

1) Oels: dazu gehören die Kirchen zu Bohrau und Stampen, Klein-Ellgut, Schmollen, Vielgut, Zessel.

2) **Bernstadt**: Allerheiligen, Buchwald, Korschlitz, Stron und Gimmel, Woitsdorf und Pangau.

3) **Juliusburg**: Glauche, Massel, Jäntschdorf.

4) **Medzibor**: Groß-Graben, Mühlowitz, Resewitz.

5) **Trebnitz**: Kainowe, Lucine, Pawelau, Schawoine, Schlottau und Polnischhammer.

6) **Festenberg**: Bogschütz, Briese, Maliers, Strehlitz.

7) **Stroppen**: Conradswaldau, Leipe, Wersingawe, Wilxen.

8) **Konstadt** *): Simmenau, Polnisch-Würbitz.

B. **Land-Seniorate**:

1) Hünern, Döberle, Jackschönau, Peuke, Raake.

2) Lossen und Parschütz, Hochkirch, Paschkerwitz.

3) Weigelsdorf, Hundsfeld, Karoschke, Obernigk, Peterwitz.

4) Fürsten-Ellgut, Pontwitz, Postelwitz und Milatschütz, Prietzen und Kraschen, Wabnitz.

Die katholischen Kirchen stehen unter dem Archidiakonat zu Breslau. Unter dem Archipresbyteriat

I. **Oels** stehen die Kirchen zu

Oels. Weltgeistlicher.

Kapsdorf. W.

Kunersdorf. Augustiner aus Breslau.

Lossen. Prämonstratenser aus Breslau.

Langenwiese. W.

---

*) Siehe Theil 3. Seite 133. 183. 200.

Groß-Zöllnig. } W.
Klein-Zöllnig. }

II. **Zirkwitz.**

Trebnitz. Cistercienser aus dem Stifte Leubus.

Kotzerke. W.

Schawoine. W.

III. **Zum H. Mauritius in Breslau.**

Hundsfeld. Prämonstratenser aus Breslau.

IV. **Trachenberg.**

Schimmerau. W.

V. **Militsch.**

Frauenwalde (Bukowitsche) W.

I.

Der Oels-Bernstadtsche Kreis.

Der **Oels-Bernstadtsche Kreis**, der jetzt die ehemahligen Weichbilder Oels und Bernstadt, die Herrschaft Medzibor und den Halt Tscheschen in sich begreift, gränzt, und zwar

A. der eigentliche Theil des Fürstenthums, **gegen Morgen** mit der Standesherrschaft Wartenberg und dem Namslauer Kreise des Fürstenthums Breslau; **gegen Mittag** mit den Brieger und Ohlauer Kreisen des Fürstenthums Brieg und mit dem Breslauer Kreise; **gegen Abend** ebenfalls mit dem Breslauer Kreise; **gegen Mitternacht** mit dem Oels-Trebnitzer Kreise, und den freien Standesherrschaften Militsch und Wartenberg.

* * *

B. Die **Herrschaft Medzibor** gränzt gegen **Morgen** mit Süd-Preußen; gegen **Mittag** mit der freien Standesherrschaft Wartenberg; gegen Abend mit dem Tscheschenschen Halt; gegen **Mitternacht** mit Süd-Preußen.

* * *

C. Der **Tscheschensche Halt** gränzt gegen **Morgen** an die Herrschaft Medzibor; gegen **Mittag** an die Standesherrschaft Wartenberg; gegen Abend an die Minderherrschaft Goschütz; gegen **Mitternacht** an die Minderherrschaft Neuschloß.

Die Gewässer dieses Kreises sind:

A. In den **Oelser** und **Bernstadter Districten**: die **Oder**, die **Weyde**, die **Schwierse** und die **Oelse**.

B. In der **Herrschaft Medzibor**: das **Medziborer Wasser**.

C. Im **Tscheschener Halte** ein Arm der **Brande**.

Dieser Kreis, dessen Größe, weil er sehr zerstückelt liegt, sich nur schwer bestimmen läßt *), enthält

---

*) Hofrath Sack giebt die Größe des Fürstenthums Oels nach geocentrischen Quadrat-Meilen so an;

Weichbild Oels	11	58.
" " Bernstadt	10	99.
" " Trebnitz	12	89.
" " Konstadt	1	88.
	37	34.

Nimmt man Trebnitz zu 12 89 an, so enthielte der Oels-Bernstädter Kreis 22 57. Schles. Prov. Bl. 1792. Mon. Decemb. S. 532.

5 Städte, Oels, Bernstadt, Hundsfeld, Julius-burg und Medzibor 150 Dörfer, darunter sind 6 Colonien.

A. Städte.

a) Herzogliche.

1. Oels *).

Oels, die Haupt- Residenz- und Kreisstadt dieses Fürstenthums liegt an der Oelse, ist mit einer Mauer umgeben, hat vier Thore, das Breslauer- Trebnitzer- Marien- und Viehthor, und enthält:

I. Herzogliche Gebäude:

1) Das Schloß; ein großes und altes Gebäude, das von dem jetzigen Herzoge mehrere Verbesserungen und eine geschmackvollere Einrichtung erhalten hat. Außer den herzoglichen Wohnzimmern befinden sich hier noch die Zimmer für die Regierung; mehrere Zimmer für die Bibliothek, die durch die von dem Herzoge Friedrich erkaufte Bibliothek des Prinzen Ferdinand von Braunschweig in neuern Zeiten sehr vermehrt worden ist; verschiedene Zimmer, die unter dem Nahmen, die **Kunstkammer**, eine Sammlung von Kunstsachen, die durch die Kupferstichsammlung des jetzigen Herzogs ansehnlich verstärkt worden ist, eine Sammlung von Antiquitäten, von Büsten und Basreliefs großer Fürsten und Feldherren, von Mineralien, Conchilien und Insecten u. s. w. enthalten. Auf dem Schloß-

*) Von dem Polnischen Worte Olsza, eine Erle.

platze steht das von den Ständen des Fürstenthums dem letzten herzoglichen Ehepaar Würtembergischer Linie an der ehelichen Jubelfeier desselben errichtete Monument. Es besteht aus einer nach Corinthischer Ordnung mit verkröpften Piedestal und Capital nach Vignole aufgeführten Säule, welche eine kupferne matt vergoldete auf einem Küssen ruhende Fürstenkrone trägt, wovon alle erhabene Arbeit in Feuer vergoldet ist. Auf den 4 Seiten des Fußgestells sind Medaillons, und unter diesen Inscriptions-Tafeln angebracht. Die Höhe dieses Monuments ist 45 Fuß Schles. Säule und Piedestal sind weißer Sandstein, das Capital aber, so wie der Schaft, das Brust- und Fußgesims, so wie auch die Inscriptions-Tafeln sind von blauem Priborner Marmor, die Medaillons aber von Bronze. Das erste Med. enthält die Büsten des Durchl. Ehepaares en bas relief in antikem Costüme; das zweite Med. das herzogl. Würtemberg-Oelsische Wapen, mit dem schwarzen Adler- und Elephanten-Orden; das dritte Med. das reichsgräfl. Solmsische Wapen; das vierte Med. die verzogenen Nahmen der beiden fürstl. Personen. Die Buchstaben der bei jedem Medaillon befindlichen Inscription sind von Bronze und vergoldet, und auf die Marmortafeln befestigt.

2) Das herzogliche Schauspielhaus, ehedem das Reithaus, vom jetzigen Herzoge aber zu diesem Gebrauche eingerichtet.

3) Das vom Herzoge Sylvius Friedrich gestiftete Predigerwittwenhaus, in welchem 8 Prediger- und Schullehrer-Wittwen des Fürstenthums außer freier Wohnung noch freies Holz und verschiedene andere Wohlthaten genießen.

II. An städtischen Gebäuden:

1) Das Rathhaus.
2) Das bürgerliche Schießhaus vor dem Marien-Thore.
3. 4) 2 Hospitäler für Wittwen.
5) Das Convent ebenfalls für Wittwen.

III. Das **Landhaus**, wo die Stände des Fürstenthums ihre Berathschlagungen halten und das königliche Steueramt sich befindet.

IV. An Kirchen- und Schulgebäuden:

1) Die **Schloß- und Pfarrkirche**, an der 5 Prediger die gottesdienstlichen Handlungen besorgen, und zu der außer der Stadt und den Vorstädten noch die Dörfer **Dammer, Leuchten, Ludwigsdorf, Netsche, Rathen, Schmarse, Schwiersa, Spalitz** und **Würtemberg** eingepfarrt sind.
2) Die Probstkirche zu St. Maria und St. Georg. Hier wird Deutsch und Polnisch gepredigt.
3) Die **Salvator-Kirche**, in welcher Kinderlehre gehalten und an Festtagen gepredigt wird.
4) Die Kirche **St. Anna** vor dem Breslauer Thore.
5) Die Kirche **St. Nicolai** in der Trebnitzer Vorstadt. Beide letztern sind nur Begräbnißkirchen.
6) Die katholische Kirche, an der ein Curatus stehet.

7) Das herzogliche Seminarium, 1594 vom Herzoge Carl II. gestiftet. Seit ungefähr 26 Jahren hat es eine für unsere Zeiten passendere Verfassung bekommen, und ist in Verbindung mit der Gelehrtenschule zu einer Bürgerschule umgeschaffen worden. Die letztere besteht aus den 3 untern Classen, in welchen die Schüler in allen einem Bürger nöthigen Kenntnissen unterrichtet werden. Auch Technologie, und die Anfangsgründe der Lateinischen Sprache, mehr in der Rücksicht systematischen Sprachunterricht zu geben, als die Schüler mit den Eigenthümlichkeiten dieser Sprache genau bekannt zu machen, werden gelehrt.

Schüler, die nicht studieren wollen, verlassen diese Classen etwa im vierzehnten oder funfzehnten Jahre. Diejenigen, die sich den Studien widmen, gehen aus den Bürger-Classen in die beiden obersten Classen über, wo sie in den ihnen nöthigen Sprachen und Wissenschaften zur Akademie vorbereitet werden. Bei dem Seminario sind für die Schüler zwei Lese-Bibliotheken, eine für die drei untern, und eine für die zwei obern Ordnungen errichtet worden.

Vorzüglich wichtig für den Flor dieser Schulanstalt ist

die gräfliche Kospothische Stiftung,

eine der vorzüglichsten Schlesiens, so wohl wegen des reichen Fonds, als ihres weit umfassenden Plans.

Der Stifter dieser in jeder Rücksicht gemeinnützigen Anstalt war der Reichsgraf Joachim

Wenzel von Kospoth, Königl. Polnischer und Churfürstl. Sächsischer Kämmerer und General-Lieutenant von der Cavallerie. Er bestimmte in seinem dem Breslauer Magistrate den 3. März 1727 übergebenen Testamente zu diesem edlen Zwecke ein Capital von 150,000 Floren, und trug seinem Bruder und Universal-Erben, Carl Christian Reichsgrafen von Kospoth, die Ausführung seines Plans auf. Das gedachte Capital sollte sub nexu perpetuae hypothecae auf den im Oelsischen Fürstenthume gelegenen gräfl. Gütern **Kritschen**, **Zantoch**, **Mittel-Mühlatschütz**, **Krompusch**, **Ober-** und **Nieder-Briese**, **Hönigern**, **Groß-Peterwitz** (*), **Pinxen** (*), **Protsch** (*), **Rowe** (*), **Thaar** (*) und **Ruche** (*), beständig gesichert bleiben, die Interessen davon aber jährlich zu 5 Procent mit 7500 Fl. dazu verwendet werden, die Stiftung selbst aber erst mit dem Tode seines Bruders ihren wirklichen Anfang nehmen.

Jetzt sind die mit (*) bezeichneten Güter auf allerhöchste königl. Verordnung von der hypothekarischen Verbindung ausgenommen und befreiet, und zu ganz freien Allodial-Gütern erklärt worden. Jedoch haben die Unterthanen dieser Güter ungeachtet des aufgehobenen Nexus sich der Vortheile zu erfreuen, welche nach der Stiftung ihnen verliehen und ausgemessen worden.

Der Graf C. Ch. v. K. entwarf zwar schon zu Anfang des Jahrs 1729 einen Plan, und suchte am kaiserlichen Hofe die Bestätigung zu erhalten,

starb

starb aber schon im folgenden Jahre, ehe noch die kaiserliche Confirmation ankam, und mußte nun seiner Universal-Erbinn, Anna Sophia Christiana verwitweten Gräfinn von Malzan, gebornen Gräfinn von Erpach, die weitere Betreibung der Sache überlassen. Sowohl der damahls regierende Herzog, als auch die Stände des Fürstenthums wendeten zwar alles an, die Fr. Gräfinn in ihrem Gesuche am kais. Hofe zu unterstützen, und dennoch erfolgte die völlige Bestätigung dieser Stiftung erst nach vielen überstandenen Schwierigkeiten. In dieser mit vielem Kampfe errungenen Bestätigung wurden einige Puncte des gräfl. Projects geändert, andere aber auch durch nachherige Zeitumstände mehr vervollkommnet. Von den 7500 Fl. erhalten:

1) Die Ritter-Akademie zu Liegnitz jährlich 1000 Fl. zur Unterhaltung zweier aus dem Fürstenthume Oels gebürtigen jungen Edelleute, die von den Administratoren der Stiftung gewählt werden, auf drei Jahre. So lange einige den Kospothischen Geschlechtsnahmen führende vorhanden sind, haben diese vor allen andern den Vorzug, wenn sie auch nicht im Oelsischen geboren seyn sollten. Die Fundatisten aus der gräfl. von Kospothischen Familie erhalten außer dem in der Akademie mit den königl. Fundatisten zu genießenden freien Unterhalt und Unterricht noch jährlich 100 Fl. jeder, um seine andern Bedürfnisse zu bestreiten. Dieses Adjectum wird aus der Akade-

mie-Stifts-Casse in diesem sich ereignenden Falle bezahlt, und von den 1000 Fl. genommen.

2) Die sämmtlichen Lehrer am Seminario erhalten nebst dem Schreib- und Rechenmeister jährlich 1100 Gulden. Ueber dieß erhält der Rector zu einem Schul-Actus, der jährlich zum Andenken des wohlthätigen Stifters gehalten wird, 36 Fl. Der Französische Sprachmeister erhält 250 Fl. Der Fecht- und Tanzmeister bekommt 150 Gulden. Doch ist er, so wie der Schreib- und Rechenmeister, nur verpflichtet, den Fundatisten öffentlichen Unterricht zu geben.

Der Fecht- und Tanzmeister ist jedoch in dem Stiftungs-Etat nicht mit begriffen, sondern erst lange nach Einrichtung der Fundation hat man diesem Exercitien-Meister, den der Herzog erwählt und besoldet, um die herzogl. Pagen zu unterrichten, die 150 Gulden Gehalt ausgesetzt, um die Fundatisten unentgeldlich zu unterweisen. Dieser Gehalt ist aber auf einen, erst nach der Zeit entstandenen besondern Fond angewiesen worden.

3) Alle vier Jahre werden von den Administratoren der Stiftung zwölf junge mittellose Stipendiaten (Fundatisten) — sechs adelige und sechs bürgerliche — erwählt. Diese zwölf Fundatisten erhalten in dem Seminario während der bestimmten vier Jahre von denen für sie besonders angesetzten Lehrern nicht allein freien Unterricht, sondern auch noch in vierteljähriger Vor-

ausbezahlung jeder adelige 140, jeder bürgerliche 90 Fl., und alle zusammen auf Schulbücher 50 Gulden. Außer diesen bekommen noch drei, die sich in dem alle halbe Jahre zu haltenden Schul-Examen vorzüglich auszeichnen, ein Prämium von 9, 12, 15 Fl. Es ist bestimmt, daß diese Fundatisten alle im Fürstenthume Oels geboren sind: sie müssen es daher durch Taufzeugnisse erweisen; wenn jedoch ein Kind, dessen Aeltern im Fürstenthume ihren beständigen Wohnsitz haben, durch einen unvermutheten Zufall außer dem Fürstenthume geboren wird, so wird es den im Fürstenthume gebornen gleich geachtet. Die Söhne gräflicher Wirthschaftsbeamten haben bei der Wahl vor andern den Vorzug. Obgleich die Anzahl dieser Fundatisten nur auf zwölf festgesetzt ist, so wird doch jetzt wegen der großen Anzahl der Competenten die für sechs Bürgerliche bestimmte Summe gewöhnlich unter zwölfe vertheilt. Wenn während der bestimmten vier Jahre einer oder mehrere Fundatisten abgehen, einer stirbt oder durch eine schlechte Aufführung dieser Wohlthat sich verlustig macht, so bleibt die Stelle bis zur neuen Wahl unbesetzt, und das für ihn ausgesetzte Geld wächst dem Capitale für die Unterthanen zu.

4) Nach Endigung dieser vier Jahre werden aus sämmtlichen Fundatisten zwei Adelige und zwei Bürgerliche erwählt. Diese erhalten zu Fortsetzung ihres Studierens auf Universitäten drei

Jahre hindurch jährlich, jeder Adelige 450 Fl. und jeder Bürgerliche 239 Fl.; jedoch wird jetzt das Quantum der letztern unter vier getheilt. Geht einer von diesen Stipendiaten ab, so wird das ihm bestimmte Quantum ebenfalls dem Unterthanen-Fond zugeschlagen. Diese Stipendiaten sollten zwar nach der kais. Verordnung ihre Studien in Liegnitz fortsetzen. Deswegen wurde auch dem jedesmahligen Professor der Mathematik für seine diesen Stipendiaten noch außer den gewöhnlichen Stunden zu haltende Privat-Stunde 100 Fl., und auf Instrumente jährlich 50 Fl. ausgesetzt. (Jeder Kospothische Fundatist erhält in der Akademie ein Reißzeug zum Gebrauche, das er aber bei seinem Abgange wieder abgeben muß). Da aber durch diese Einrichtung die bürgerlichen Stipendiaten in ihrem Studieren zu sehr aufgehalten würden, so wurde vom Kaiser nachgegeben, daß diese bald nach geendigten Schuljahren auf die Universität abgehen können; den Adeligen aber wurde es erst 1777 frei gegeben, ob sie ihre Studien in Liegnitz oder bald auf einer Universität vollenden wollten. Vor dem angeführten Jahre 1777 mußte erst Erlaubniß nachgesucht werden, wenn ein Adeliger seine Studien auf Universitäten fortsetzen wollte.

5) Zu besserer Salarirung der Schullehrer auf den gräflichen Dörfern sind 400 Fl. bestimmt.

6) Zu guter Pflege und Versorgung der Fundatisten in Oels, und der armen und kranken Un-

terthanen auf den gräflichen Gütern ist ein Medicus mit 250 Fl., und ein Wundarzt mit 150 Fl. Gehalt angesetzt. Der Medicus erhält noch über seinen Gehalt 100 Fl., um dafür, nach den eigentlichen Worten der Stiftungs-Acte, nicht sowohl kostbare als nützliche Arzeneimittel anzuschaffen: jedoch sollen nicht mehr Kranke angenommen werden, als zu deren Verpflegung diese Summe hinreichend ist.

7) Um arme und hülfsbedürftige Unterthanen in den oben angegebenen gräflichen Gütern, hauptsächlich bei Mißwachs und theuren Jahren zu unterstützen, ist jährlich ein Capital von 1040 Fl. bestimmt, von dessen Zinsen sie in vorkommenden Fällen mit Getreide und Gelde thätigen Beistand erhalten. Zu diesem Capitale kommen auch alle diejenigen Gelder, welche etwa durch die erledigt werdenden Stipendiat-Stellen einbehalten werden. Und damit endlich

8) diese Stiftung ihrem ganzen Inhalte nach angewendet und vertheilt würde, bestimmte der Stifter aus den Ständen des Fürstenthums Oels vier Administratoren oder Executoren, nähmlich zwei adelige, den Senior primarius der Geistlichkeit, der zugleich Inspector der Schulen ist, und einen Burgemeister oder andern Gelehrten aus dem Magistrate der Städte Oels und Bernstadt wechselsweise, welche sämmtlich von der herzogl. Regierung zu Oels dem Herzoge vorgeschlagen, und dann von ihm selbst ernannt und

von der Breslauer Oberamtsregierung approbirt werden. Zu diesen verordnete die kaiserl. Bestätigungs-Acte noch einen fünften, der nomine regio die Angelegenheiten der Stiftung zu besorgen hat. Dieses Administrations-Collegium, bei welchem der jedesmahlige Besitzer der gräfl. Güter, entweder selbst oder durch einen Bevollmächtigten das Präsidium führt, besorgt alle Angelegenheiten dieser Stiftung, wählt alle, welche Theil an den Pensionen und Wohlthaten derselben haben sollen, wohnt den beiden jährlich zu haltenden Schulprüfungen bei, und läßt alle Rechnungen anfertigen, die so wohl der königl. Oberamtsregierung, als auch der herzogl. Regierung vorgelegt werden müssen. In zweifelhaften und streitigen Fällen entscheidet die Mehrheit der Stimmen, und jeder der fünf Administratoren erhält für seine Bemühung jährlich 36 Gulden. Heil sey der Asche dieses verdienstvollen Edlen!!!

V. **Privat-Häuser** zählt man in der Stadt und in den Vorstädten 417 *); davon stehen in der Stadt 99 und in den Vorstädten 88 unter herzoglicher Gerichtsbarkeit.

Königliche Aemter sind hier:

Das Postamt.

Das Accise- und Zollamt.

*) Zimmermann giebt in den Beiträgen Theil 4. S. 244 433 Häuser an. Obige Summe ist aus den allgemeinen Nachrichten S. 11 genommen.

Das Steuer- und Juden-Toleranz-Amt.
Das Fabriken-Steueramt.

Sonst ist außer der herzoglichen Regierung, dem Consistorio und der Kammer, hier noch ein **Landes-Hofgericht**, das aus einem Landes-Hofrichter und zwei Beisitzern besteht.

Den vorzüglichsten Nahrungserwerb erhalten die Bürger durch den Aufenthalt des regierenden Herzogs in Oels, durch die hier ihren Sitz habenden herzogl. Collegien und königl. Aemter, durch Künste und das erlernte Handwerk, vom Bierbrauen, dazu 137 Häuser berechtigt sind (sieben Dörfer sind dem Bierzwange unterworfen), vom Handel im Kleinen mit Spezereien und Schnittwaaren, der aber von keiner großen Beträchtlichkeit ist. Die Zunft der Tuchmacher ist die stärkste. Nur wenige Bürger haben einigen Ackerbau.

Außer dem wöchentlichen Garnmarkte und Wochenmarkte am Sonnabend sind vier Jahrmärkte: 1) am Sonntage Invocavit, 2) an Pfingsten, 3) an Aegidi und 4) an Martini.

Die Garnison besteht aus einer Escadron Husaren des Regiments von Schulz.

Das Stadtwapen enthält einen silbernen zum Fluge sich hebenden Adler mit ausgebreiteten Flügeln; in den Klauen hält er einen silbernen Zettel mit dem Nahmen Johannes, im rothen Felde. Der gekrönte goldene Helm hat auf einem silbernen halben Monde 3 rothe Thürme: sie haben zugespitzte Dächer mit einem Knopfe, ein Thor und zwei Fenster. Vor dem mittelsten Thurme steht vor dem Thore über der Krone ein silbernes Kreuz.

2. Bernstadt. (Birutowa. Bierutow.)

Bernstadt liegt an der Weyde in einer angenehmen Gegend, ist mit einer Mauer und einem Walle umgeben, hat vier Thore: das Breslauer, Brieger, Namslauer und Schloßhof-Thor, welches letztere aber meistentheils verschlossen ist, und enthält:

Das alte herzogliche Schloß, etwas baufällig.

Das Rathhaus.

Die evangel. luth St. Catharinen- oder Pfarrkirche, an der drei Prediger stehen, und zu welcher außer der Stadt und den Vorstädten noch die Dörfer Kunzendorf, Langenhof, Neudorf, Patschkei, Taschenberg, Vogelgesang, Weidenbach, Ziegelhof, das Vorwerk Friedrichsberg und die Rollemühle eingepfarrt sind.

Die Dreifaltigkeitskirche vor dem Breslauer Thore ist eine Begräbnißkirche.

Die Stadtschule, an der ein Rector, Conrector und der Cantor den Unterricht besorgen.

Das Hospital, ein armseliges Gebäude vor dem Breslauer Thore.

Privat-Häuser zählt man 323 *), davon der grössieste Theil unter der Gerichtsbarkeit des Magistrats stehet.

*) Zimmermann giebt in den Beiträgen Th. 4. S. 255. nur 303 an.

Die königlichen Aemter sind:

Das Postamt.

Das Accise- und Zollamt.

Das Juden-Toleranz-Amt.

Das Fabriken- und

Servis-Amt.

Von herzoglichen Beamten sind hier:

Der Wirthschafts-Hauptmann und

der Forstverwalter.

Der Ackerbau, der Brauurbar, dazu die Gerechtigkeit auf 140 Häusern haftet (nur 5 Kretschame stehen unterm Bierzwange), ein unbedeutender Consumtions-Handel, und das erlernte Handwerk sind die bürgerlichen Nahrungszweige, darunter unstreitig der beträchtlichste die Tuch-Manufactur ist: es werden jährlich wohl 4000 Stück Tuch verfertiget, und nach Breslau geliefert.

Jahrmärkte sind: 1) an Fastnacht, 2) an Himmelfahrt, 3) an Kreuzes Erhöhung, 4) am Andreas-Tage. Sonnabends ist Wochen- und Kornmarkt, und täglich Holzmarkt. Die hiesigen Viehmärkte sind unbeträchtlich.

Zur Garnison liegen hier 2 Escadrons Husaren des Regiments von Schulz.

Das von zwei Engeln gehaltene Stadtwapen besteht aus drei Ankerspitzen an einem Ringe; zwischen denen drei Sterne.

3. Juliusburg.

Juliusburg war bis 1663 ein Dorf und hieß Dreski, in dem genannten Jahre erhob es der Herzog

Sylvius zu einer Stadt, Herzog Julius Siegmund aber, der seine Residenz in dem neuen Städtchen aufschlug, gab ihm den Nahmen Juliusburg. Es hat weder Mauern noch Thore, und enthält nebst

dem Schlosse,

dem Rathhause,

der Stadt- und einer Begräbnißkirche, an der zwei Prediger stehen, und zu der die Dörfer Rackwitz, Neudorf und Rotherinne eingepfarrt sind,

der Predigerwohnung,

der Schule, an der nebst dem Rector auch der Cantor den Unterricht besorget, und

einem Hospitale,

91 Privathäuser, alle hölzern.

Die bürgerlichen Nahrungszweige sind: **Ackerbau**, das erlernte **Handwerk** (beinahe $\frac{1}{3}$ der Bürger sind Leinweber), und der **Brauurbar**, dazu 76 Häuser berechtigt sind.

Das Accise- und Zollamt ist das einzige königl. Amt in dieser Stadt.

Jahrmärkte sind: 1) an Agneta, 2) an Jubilate, 3) an Bartholomäi, 4) Montag nach Simonis und Judä.

Die Garnison besteht aus einer Escadron Husaren des Regiments von Schulz.

4. Medzibor. (Mittelwalde.)

Medzibor, der Hauptort der Herrschaft gleiches Nahmens, liegt auf einer Anhöhe mitten im Walde, hat keine Mauern, und enthält:

1) Das herzogliche Schloß.

2) Die evangel. luth. Kirche, an der zwei Prediger den Gottesverehrungen vorstehen, und zu der außer der Stadt 36 Gemeinden eingepfarrt sind:

A. **Von der Herrschaft Medzibor:**

Borzionowe.	Kotowske.
Charlottenfeld.	Mariendorf.
Dzielenke.	Madzinowe.
Erdmannsberg.	Neurode.
Friederickenau.	Niewken.
Glashütte.	Ossen.
Honig.	Pawelau.
Joschune.	Sapke.
Kalkowsky.	Schlossen.
Kennchen.	Starsen.
Kennchenhammer.	Sürmin.
Klenowe.	Wielge.
Kotzine.	

B. **Von der Standesherrschaft Wartenberg:**

Buckowine.	Kraschen.
Dombrowe.	Niewken-Kraschen.
Ellguth.	Rippine.
Gafron.	Ulbersdorf.
Königswille.	Wegersdorf.

C. Aus dem **Tscheschner Halt** hält sich **Stein** als Gast zur Medziborer Kirche. Dieses und die Dörfer aus dem Wartenbergischen gehören unter die Breslauer Kirchen Inspection, die aus dem Medziborischen unter das Oelser Consistorium.

3) Die Schule, an der außer dem Rector, noch ein College und der Cantor unterrichten.

4) Bürgerhäuser 121 nebst 14 Scheunen.

Das Accise- und Zollamt ist hier das einzige königliche Amt.

Das Domainen-Amt ist herzoglich.

Einiger Ackerbau, vorzüglich aber der **Weinbau** und das erlernte Handwerk sind die bürgerlichen Nahrungszweige. Unter den Handwerkern machen die Leinweber, Schneider und Tuchmacher die größeste Anzahl und vielleicht die Hälfte aus.

Jahrmärkte sind: 1) am Dreikönigstage, 2) Donnerstag nach Cantate, 3) Montag vor Wenceslaus.

Die Garnison besteht aus einer Escadron Husaren des Regiments von Schulz.

b) Das geistliche Städtchen

5. Hundsfeld,

dem Vincenz-Stifte zu Breslau gehörig, besteht nur aus einer einzigen Gasse, hat weder Mauern noch Thore, und enthält:

1) Die katholische Pfarrkirche, an der ein Geistlicher aus dem Vincenz-Stifte die Sacra verrichtet.

2) Die katholische Schule.

3) Die ev. luth. Kirche, an der ein Pastor stehet (sie ist 1790 erbaut), und zu der sich die Gemeinen Pavelwitz, Sackerau und Glockschütz halten.

4) Die luth. Schule.

5) Ein herrschaftliches Vorwerk.

6) Eine Judenschule.

7) 89 Bürgerhäuser.

Ackerbau und verschiedene Handwerke nähren die Bürger. Der Handel wird meist von Juden getrieben.

Das Accise= und Zollamt und

das Juden=Toleranz=Amt sind die hier befindlichen königl. Aemter.

Jahrmärkte sind: 1) Montags nach Oculi und 2) Mittwochs nach Jacobi.

Es liegt keine Garnison hier.

B. Dörf

Nahmen der Dörfer.	Oeffentliche Gebäude. Kirchen. Protest.	Kirchen. Kathol.	Schulen. Protest.	Schulen. Kathol.	Pfarrhäuser.	Herrschaftl. Schlösser und Wohnungen.	Vorwerke.	[illegible]
Allerheiligen	1	—	1	—	1	1	1	
Bartkerey	—	—	—	—	—	—	—	—
Benjaminsthal	—	—	—	—	—	—	—	—
Bogschüz (Bugoschütz)	1	—	1	—	1	1	2	2
Bohrau	—	—	1	—	—	1	1	
Briese	1	—	1	—	—	1	—	—
Buchwald	1	—	1	—	—	1	2	3
Bukowinke	—	—	—	—	—	—	1	—
Buselwiz (Boguslawitz)	—	—	1	—	—	—	1	—
Charlottenfeld	—	—	—	—	—	—	—	—
Dammer (Dambraw)	—	—	1	—	—	—	—	1
Dobrischau	—	—	—	—	—	1	3	—
Döberle (Klein-Dober)	1	—	1	—	1	—	1	—
Dörndorf	—	—	1	—	—	1	1	
Domarschine.	1	—	1	—	—	1	2	—
Eichgrund	—	—	1	—	—	—	1	—
Ellguth Fürsten-	1	—	1	—	1	1	3	
Ellguth Groß-	—	—	1	—	—	—	1	
Ellguth Klein-	1	—	1	—	1	1	3	
Ellguth Neu-	—	—	—	—	—	—	—	—
Ellguth Polnisch	—	—	—	—	—	1	3	
Erdmannsberg	—	—	—	—	—	—	—	—
Friederikenau	—	—	—	—	—	—	—	—
Friedrichsberg	—	—	—	—	—	—	1	—
Gänseberg	—	—	—	—	—	—	1	—
Galbitz	—	—	1	—	—	1	1	1
Gimmel	1	—	1	—	—	1	2	
Glashütte, Medziborsche	—	—	1	—	—	—	1	—
——— Tscheschensche	—	—	—	—	—	—	—	—
Görliz	—	—	1	—	—	—	1	—
Graben, Groß-,	1	—	1	—	1	1	3	2
Grüneiche	—	—	—	—	—	—	—	—
Grüttenberg	—	—	—	—	—	—	1	—
Gutwohne (Groß-Dober)	—	—	1	—	—	1	3	2
Hammer	—	—	1	—	—	—	1	—

District. *)	Herrschaft.	Anmerkungen und Merkwürdigkeiten. *) O. bedeutet den Oelser; B den Bernstadter District; M. die Herrschaft Medzibor; T. den Tschescher Halt.
B.	Adelig.	
O.	Herzoglich.	
O.	Adelig.	
O.	desgl.	Ein Vorwerk heißt Damnig.
O.	desgl.	
O.	desgl.	
O.	Herzoglich.	
B	desgl.	
B.	Adelig.	
M.	desgl.	
B.	Herzoglich.	
O.	Adelig.	
O.	Herzoglich.	
O.	Adelig.	
O.	Herzoglich.	Hieher gehört Klein-Brusewitz.
O.	Adelig.	
B.	Herzoglich.	Ein Vorwerk heißt Baruth.
O.	desgl.	
O.	desgl.	Das eine Vorwerk heißt Glume.
O.	desgl.	
B.	Adelig.	Ein Vorwerk heißt Heydame.
M.	Herzoglich.	
M.	desgl.	
O.	desgl.	
O.	desgl.	Ein Vorwerk heißt Abrath.
B.	Adelig.	
T.	desgl.	
M.	Herzoglich.	Hieher gehört Madzinowe.
T.	Dohm zu Breslau.	
O.	Adelig.	
B.	desgl.	
B.	Herzoglich.	
B.	Adelig.	
O.	desgl.	
T.	Dohm zu Breslau.	

Nahmen der Dörfer.	Oeffentliche Gebäude.					Herrschaftl. Schlösser und Wohnungen.	Vorwerke.
	Kirchen		Schulen.		Pfarrhäuser		
	Protest.	Kathol.	Protest.	Kathol.			
Hönigern	—	—	1	—	—	1	1
Honig	—	—	1	—	—	1	2
Jäckschönau	1	—	1	—	1	1	1
Jäntschdorf (Jawischowitz) Ober-	1	—	1	—	—	1	1
Jäntschdorf (Jawischowitz) Nieder-	—	—	—	—	—	—	1
Jenkwiz (Jankowitz) Oels-Bernstadt	—	—	1	—	—	—	—
Jenkwiz (Jankowitz) Stapelfeld	—	—	—	—	—	—	1
Johannisdörfel	—	—	—	—	—	—	—
Joschune (Jassani)	—	—	—	—	—	—	—
Juliusburg	—	—	—	—	—	—	1
Kalkowsky	—	—	1	—	—	—	—
Kaltvorwerk	—	—	—	—	—	—	1
Karlsburg	—	—	—	—	—	—	1
Kennchen	—	—	—	—	—	—	1
Kennchenhammer	—	—	—	—	—	—	—
Klenowe (Klenow)	—	—	1	—	—	1	1
Konradau	—	—	—	—	—	—	—
Korschliz	1	—	1	—	1	1	2
Kocowske	—	—	—	—	—	—	—
Kozine (Koczina)	—	—	—	—	—	—	—
Kraschen	—	—	1	—	—	1	1
Kritschen	—	—	1	—	—	1	3
Krompusch	—	—	—	—	—	1	1
Krondorf	—	—	—	—	—	1	1
Kunersdorf	—	1	—	1	—	1	1
Kunzendorf, 1 Antheil	—	—	—	—	—	—	—
Kunzendorf, 2 Antheil	—	—	—	—	—	—	1
Kurzwiz	—	—	—	—	—	—	1
Lampersdorf	—	—	1	—	—	1	3
Langenhof	—	—	—	—	—	—	1
Langenwiese, 1ster Anth.	—	—	—	—	—	—	—
Langenwiese, 2ter Anth.	—	1	—	1	—	—	—
Laubske	—	—	—	—	—	1	1
Leuchtren (Lutenaw)	—	—	—	1	—	1	—
Loischwiz (Uleischwiz. Lowicz)	—	—	—	—	—	—	1
Losken	—	—	—	—	—	—	—
Ludwigsdorf	—	—	1	—	—	1	2
Maliers	1	—	1	—	1	—	—

District.	Herrschaft.	Anmerkungen und Merkwürdigkeiten.
O.	Adelig.	
M.	Herzoglich.	Ein Vorwerk Zapke (Sapke).
O.	Adelig.	
B.	Herzoglich.	
B.	Adelig.	
O.	Herzoglich.	
O.	Adelig.	
M.	Dohm zu Breslau.	
M.	Herzoglich.	
B.	desgl.	
M.	desgl.	
O.	Adelig.	
O.	Herzoglich.	
M.	desgl.	
M.	desgl.	
M.	desgl.	
T.	Dohm zu Breslau.	
O.	Adelig.	
M.	Herzoglich.	
M.	Adelig.	
B.	desgl.	
O.	desgl.	Hieher gehören Grünhof und Schweizerei.
B.	desgl.	
O.	Herzoglich.	
B.	Sandstift z. Bresl.	
O.	Herzoglich.	
O.	Adelig.	
O.	desgl.	
B.	desgl.	
B.	desgl.	Dazu gehört Taschenberg.
O.	Herzoglich.	
O.	Dohmvic. z. Bresl.	
B.	Adelig.	
O.	Dohm zu Breslau.	
O.	Adelig.	
O.	Herzoglich.	
O.	Adelig.	
O.	Herzoglich.	

Nahmen der Dörfer.	Oeffentliche Gebäude. Kirchen. Protest.	Oeffentliche Gebäude. Kirchen. Kathol.	Oeffentliche Gebäude. Schulen. Protest.	Oeffentliche Gebäude. Schulen. Kathol.	Oeffentliche Gebäude. Pfarrhäuser.	Herrschaftl. Schlösser und Wohnungen.	Vorwerke.	Bauern.
Mariendorf	—	—	—	—	—	—	—	—
Medliz	—	—	—	—	—	1	1	—
Mühlatschüz, Ober-	—	—	—	—	—	1	2	7
Mühlatschüz, Mittel-	—	—	1	—	—	1	1	5
Mühlatschüz, Nieder-	—	—	—	—	—	—	1	—
Mühlowitz (Mylwiez)	1	—	1	—	1	1	2	23
Mürkau	—	—	—	1	—	—	—	7
Nauke	—	—	—	—	—	1	1	5
Netsche (Nocis)	—	—	1	—	—	1	1	17
Neudorf, Ober-	—	—	—	—	—	—	—	5
Neudorf, Nieder-	—	—	—	—	—	—	1	—
Neudorf	—	—	—	—	—	—	1	—
Neuhaus	—	—	—	—	—	—	1	—
Neuhof	—	—	—	-	—	—	1	—
Neuhof	—	—	—	—	—	—	1	—
Neurode (Norodsio)	—	—	1	—	—	—	1	—
Niewken (Niwky)	—	—	1	—	—	—	—	—
Oels, Klein-	—	—	—	1	—	1	—	10
Oszen	—	—	1	--	—	1	3	6
Ostrowine	—	—	1	—	—	—	1	—
Pangau	1	—	1	—	—	1	1	14
Patschkey	—	—	—	—	—	—	—	—
Pawelau (Pawlaw)	—	—	1	—	—	—	—	22
Peterwiz, Klein-	—	—	—	—	—	—	—	4
Peuke	1	—	1	—	1	1	2	—
Pischkawe (Wischkowiz)	—	—	—	-	—	—	1	—
Pontwiz, Ober-	—	—	—	—	—	1	2	10
Pontwiz, Nieder-	1	—	1	—	1	1	2	11
Postelwiz (Possadowiz)	1	—	1	—	1	1	1	15
Prietzen, Ober-	1	—	1	—	1	1	2	7
Prietzen, Nieder-	—	—	—	—	—	—	1	—
Pühlau (Pelow)	—	—	1	—	—	—	1	—
Raake	1	—	1	—	1	1	1	—
Raakwiz	—	—	1	—	—	—	1	—
Rathen	—	—	1	—	—	1	1	12
Resewiz	1	—	1	—	1	1	1	12
Rotherinne	—	—	—	—	—	—	1	—
Saadewiz	1	—	1	—	—	—	—	15
Sackerau	—	—	—	—	—	—	1	6

Distrikt.	Herrschaft.	Anmerkungen und Merkwürdigkeiten.
M.	Herzoglich.	
O.	Adelig.	
B.	desgl.	
–	desgl.	
–	desgl.	
B.	desgl.	
O.	Stift Trebnitz.	
B.	Adelig.	
O.	desgl.	
B.	Herzoglich.	
–	Adelig.	
B.	desgl.	
O.	desgl.	
O.	desgl.	
O.	desgl.	
M.	Herzoglich.	Hieher gehören Starsen u. Borzionowe.
M.	desgl.	
B.	Sandstift z. Bresl.	
M.	Adelig.	
O.	desgl.	
B	desgl.	
O	Herzoglich.	
M.	desgl.	
O.	Dohm zu Breslau.	
O.	Adelig.	
O.	desgl.	
B.	desgl.	Ein Vorwerk heißt Jonas-Vorwerk.
–	desgl.	Ein Vorwerk heißt Schelonke.
B.	desgl.	
B.	Herzoglich.	
–	desgl.	
O.	Adelig.	
O.	desgl.	
B.	Herzoglich.	
O.	desgl.	
B.	Adelig.	
O.	desgl.	
B.	Dohm zu Breslau.	
O.	Vincenzst. z. Bresl.	

Nahmen der Dörfer.	Oeffentliche Gebäude. Kirchen. Protest.	Kathol.	Schulen. Protest.	Kathol.	Pfarrhäuser.	Herrschaftl. Schlösser und Wohnungen.	Vorwerke.	Bauern.
Sandhof	—	—	—	—	—	—	1	—
Schikerwiz	—	—	—	—	—	—	1	—
Schleibitz	—	—	1	—	—	1	1	—
Schmarse	—	—	1	—	—	1	1	1[illegible]
Schmollen	1	—	1	—	1	1	1	2[illegible]
Schmollen, Neu=	—	—	—	—	—	—	—	—
Schmoltschütz	—	—	—	—	—	—	1	—
Schönau, Ober=	—	—	—	—	—	1	1	6
Schönau, Nieder=	—	—	—	—	—	—	1	[illegible]
Schützendorf	—	—	—	—	—	—	1	—
Schwiersa (Schwercza) 1ster Anth.	—	—	—	—	—	—	1	[illegible]
Schwiersa (Schwercza) 2ter Anth.	—	—	1	—	—	—	1	—
Schwundnig	—	—	—	—	—	—	1	—
Sechskiefern	—	—	—	—	—	—	1	—
Sielonke (Zeelonke)	—	—	—	—	—	1	2	—
Spaliz	—	—	1	—	—	—	—	[illegible]
Stampen	1	—	1	—	—	1	2	1[illegible]
Stein (Kamen)	—	—	1	—	—	1	1	4
Strehliz	1	—	1	—	1	1	3	1[illegible]
Stronn (Stronichin)	1	—	1	—	1	1	1	1[illegible]
Süßewinkel	—	—	—	—	—	—	1	—
Suschine (Suschnie)	—	—	1	—	—	—	—	—
Sybillenort	—	—	1	—	—	1	1	—
Taschenberg	—	—	—	—	—	—	—	[illegible]
Tschertwiz	—	—	1	—	—	—	1	—
Tscheichen	—	—	—	1	—	—	—	2[illegible]
Ulbersdorf	—	—	1	—	—	1	1	[illegible]
Vieiguth (Filgut)	1		1	—	1	—	3	—
Vogelgesang	—	—		—	—	—	1	—
Vogelgesang	—	—	—	—	—	—	—	—
Vorwerk, Neu=	—	—	—	—	—	—	1	—
Vorwerk, Stadt=	—	—	—	—	—	—	1	—
Wabniz, Ober=	—	—	—	—	—	1	1	[illegible]
Wabniz, Nieder=	1	—	1	—	1	—	1	[illegible]
Weidenbach	—	—	—	—	—	—	1	—
Weigelsdorf, Groß=	1	—	1	—	1	1	1	1[illegible]
Weigelsdorf, Klein=	—	—	—	—	—	1	1	—
Weißensee	—	—	1	—	—	—	1	—
Wieschegrade	—	—	—	—	—	—	1	—

District.	Herrschaft.	Anmerkungen und Merkwürdigkeiten.
O.	Herzoglich.	
O.	Adelig.	
O.	desgl.	
O.	Herzoglich.	
O.	desgl.	
O.	desgl.	
B.	Adelig.	
B.	desgl.	
—	desgl.	
O.	desgl.	
O.	Kämmerei Oels.	
—	Adelig.	
O.	desgl.	
B.	desgl.	
B.	Herzoglich.	
O.	Adelig.	Hieher gehört Neusorge.
O.	desgl.	
O.	desgl.	
O.	desgl.	Ein Vorwerk heißt Neudorf.
B.	desgl.	Hieher gehört Neuvorwerk.
B.	Sandstift z. Bresl.	
M.	Herzoglich.	Hieher gehört Surmin.
O.	desgl.	Hier ist ein herzogliches Lustschloß.
B.	Kämm. Bernstadt.	Gehört zu Langenhof.
O.	Adelig.	
T.	Dohm zu Breslau.	
B.	Adelig.	
O.	Herzoglich.	Hieher gehört Kazur und Grube.
O.	desgl.	
B.	Käm. z. Bernstadt.	
B.	Adelig.	Gehört zu Stronn.
B.	Kämm. Bernstadt.	Hieher gehört Spigelei.
B.	Adelig.	
B.	desgl.	
B.	desgl.	
O.	desgl.	
O.	desgl.	
B.	Herzoglich.	
B.	Adelig.	

Nahmen der Dörfer.	Oeffentliche Gebäude. Kirchen. Protest.	Kathol.	Schulen. Protest.	Kathol.	Pfarrhäuser.	Herrschaftl. Schlösser und Wohnungen.	Vorwerke.
Wildschütz	—	—	1	—	—	1	1
Wilhelminenort	—	—	—	—	—	1	1
Wilhelmsort	—	—	—	—	—	—	—
Wielge (Willki)		—	—	—	—	—	—
Woitsdorf	1	—	1	—		—	2
Würtemberg	—		—	—	—	—	1
Zantoch	—	—		—	—	—	1
Zeßel	1	—	1	—	1	1	3
Ziegelhof	—	—	—		—	—	—
Zöllnig, Groß-	—	1	—	1	1	1	—
Zöllnig, Klein-	—	1	—	1	—	—	1
Zucklau (Sokkolau)	—	—	1	—	—	1	1

District.	Herrschaft.	Anmerkungen und Merkwürdigkeiten.
O.	Adelig.	
O.	Herzoglich.	Hieß ehedem Bresewitz. Hier ist ein herzogliches Lustschloß.
O.	Adelig.	
O.	Herzoglich.	
B.	desgl.	
O.	desgl.	
B.	Adelig.	
B.	desgl.	Hieher gehören Buselwitz, Grapke, Koche, Katusche.
B.	Herzoglich.	
B.	Bischöflich.	
B.	desgl	
B.	Herzoglich.	Hier ist ein Freigut.

II.

Der Oels-Trebnitzer Kreis.

Der **Oels-Trebnitzer Kreis**, einer der größern Kreise Schlesiens, gränzt **gegen Morgen** mit dem Oels-Bernstadter Kreise, mit den freien Standesherrschaften Wartenberg und Goschütz; **gegen Mittag** mit dem Breslauer- und Oels-Bernstadter Kreise; **gegen Abend** mit dem Breslauer Kreise und dem Fürstenthume Wohlau; **gegen Mitternacht** mit dem Fürstenthume Trachenberg und der Standesherrschaft Militsch.

Gewässer dieses Kreises sind: die **Oder**, die aber nur das Territorium des Dorfes Pannwitz bei dem Vorwerke Häselei berührt, die **Stroga**, die **Schätzka**, das **kalte Wasser**, der **Kramnezefluß**. Er enthält nach Zimmermann *) auf 23 und nach Sack **) auf 12, 89 Quadrat-Meilen, 2 Städte, Trebnitz und Stroppen, 1 Marktflecken, Zirkwitz und 174 Dörfer.

A. Städte.

1. Trebnitz.

Die Kreisstadt **Trebnitz**, dem hier befindlichen Fürstlichen Cistercienser-Nonnenstift gehörig, liegt zwi-

*) Zimmermann Beiträge Theil 4. S. 309.

**) Schles. Provinzialblätter 1792 Mon. Dec. S. 532.

schen Bergen, wie denn der ganze Kreis meist bergig ist, hat zwar keine Mauern, aber vier Thore, und enthält:

1) Die **evangel. luth. Pfarrkirche St. Petri und Pauli**, an der 3 Prediger stehen, von denen der Mittagsprediger zugleich Rector der Schule ist. Nebst der Stadt sind noch eingepfarrt **Bentke, Burgwitz, Droschen, Groß- und Klein-Kommorowa, Groß- und Klein-Märtinau, Mahluschütz**, das Dominium **Pristelwitz, Schickwitz, Schwundnig.**

2) Die **evangel. Begräbnißkirche St. Margarethe.**

3) Die evangel. Schule, an der nebst dem Rector, auch der Cantor und noch ein besonderer Lehrer für die Mädchen den Unterricht besorgen.

4) Ein Hospital.

5) **Privat-Häuser** 308.

Das erlernte **Handwerk**, der **Ackerbau**, das **Bierbrauen**, dazu 92 Häuser berechtigt sind, ein kleiner **Consumtions-Handel** und der **Obsthandel**, den mehrere Einwohner treiben, sind die Nahrungszweige der Bürger.

Außer dem Wochen- und Garnmarkte sind Jahrmärkte: 1) an Lichtmeß, 2) am Frohnleichnamstage, 3) an Bartholomäi, 4) am Tage Hedwig.

Königliche Aemter sind:

Das Accise- und Zollamt.

Das Steueramt.

Das Postamt.

Die Garnison besteht aus einer Escadron Husaren des Regiments von Schulz.

Das Stadtwapen ist das Haupt Johannis des Täufers mit zwei Schlüsseln.

Das bei dieser Stadt befindliche Fürstliche Jungfern-Stift, Cistercienser-Ordens.

Herzog Heinrich I. der Bärtige, Gemahl der frommen Fürstinn Hedwig, soll, sagt die Tradition, auf der Jagd, in der Nähe dieser Stadt, wo jetzt das Kloster mit der Kirche steht, in einen Sumpf mit seinem Pferde versunken seyn, und nur, nachdem er das Gelübde gethan, auf der für ihn jetzt so gefährlichen Stelle ein Nonnenkloster zu erbauen, aus der Lebensgefahr errettet worden seyn. Er erfüllte, wahrscheinlich auch von seiner frommen Gemahlinn dazu ermuntert, bald sein gethanes Gelübde, so daß im Jahre 1203 die ersten Nonnen, die man aus Bamberg hatte kommen lassen, eingeführt wurden. Der Herzog wies dem Stifte bald bei der Gründung ansehnliche Einkünfte an, die er bis an sein Ende noch durch verschiedene Geschenke, so wie auch seine Gemahlinn, vermehrte. Hierdurch und in der Folge durch den Ankauf mehrerer Güter ist gegenwärtig dieses Stift eines der ansehnlichsten in Schlesien. Es besitzt außer der Stadt und Pohlnischdorf folgende Güter:

A. Im Fürstenthume Oels.

a) Im Oels = Bernstadter Kreise:

1. Mürkau.

b) Im Oels = Trebnitzer Kreise:

2. Groß = Biadauschke.
3. Klein = Biadauschke.
4. Briesche.
5. Briezen.
6. Brodowze.
7. Deutschhammer.
8. Domnowitz.
9. Frauenwalden.
10. Klein = Graben.
11. Kachel.
12. Kainowa.
13. Katholischhammer.
14. Kniegnitz.
15. Kobelwitz.
16. Groß = Kommorowa.
17. Klein = Kommorowa.
18. Krzyzanowitz.
19. Lachse.
20. Lassaterei.
21. Lückerwitz.
22. Lucine.
23. Groß = Märtinau.
24. Klein = Märtinau.
25. Maltschawe.
26. Maluschütz.
27. Neiderei.
28. Neuhof.
29. Parnitze.
30. Pawelau.
31. Groß = Perschnitz.
32. Klein = Perschnitz.
33. Pfaffenmühle.
34. Polnischhammer.
35. Raschen.
36. Schawoine.
37. Schickwitz.
38. Schlottau.
39. Schwundnig.
40. Tarnast.
41. Groß = Totschen.
42. Trebnitzermühlen.
43. Tschachowa.
44. Tschelentnig.
45. Trzimesche.
46. Groß = Ujeschütz.
47. Klein = Ujeschütz.
48. Wieschawe.
49. Zantkau.

B. Im Fürstenthume Breslau.

a) Im Breslauer Kreise:

50. Kottwitz.

b) Im Neumarkter Kreise:

51. Brethen. 52. Camese.

C. Im Fürstenthume Jauer.

Im Löwenberger Kreise:

53. Deutmannsdorf. 54. Hartliebsdorf.

D. Im Fürstenthume Münsterberg.

a) Im Münsterberger Kreise:

55. Weigelsdorf.

b) Im Frankensteiner Kreise:

56. Heinersdorf. 57. Kunzendorf.

E. Im Fürstenthume Brieg.

Im Ohlauer Kreise:

58. Thomaskirche.

F. Im Fürstenthume Liegnitz.

Im Liegnitzer Kreise:

59. Mönchhof.

G. Im Fürstenthume Wohlau.

Im Wohlauer Kreise:

60. Bauke.

H. Im Fürstenthume Glogau.

Im Schwiebuser Kreise:

61. Darnau.
62. Mittelwaldau.
63. Rentschen.
64. Riegersdorf.
65. Sawische.
66. Schönfeld.
67. Skampe.
68. Ulbersdorf.

Ehedem hatte das Stift in diesem Kreise noch die Güter: **Blankensee, Goldbach, Rutschlau** und **Schwiebuser Schloßgemeine** als Pfandschilling, der aber nunmehr eingelöset ist *), und die Güter sind adelig.

Das in einer sehr schönen mit Bergen umgebenen Gegend liegende, Gott dem Allmächtigen, der Jungfrau Maria und St. Bartholomäo gewidmete Kloster macht, nebst der dabei befindlichen der H. Hedwig und St. Bartholomäo gewidmeten, mit herrlichen Gemählden von **Pento** und **Willman** und 24 Altären gezierten Stiftskirche, an der der Probst des Stiftes, der Curatus, ein Deutscher und ein Polnischer Beichtvater, sämmtlich Cistercienser aus den Stiften Leubus und Himmelwitz, die Sacra administriren, ein Viereck, an welchem zwei drei Stockwerk hohe Thürme die Abtei ausmachen. Die Kirche, die erst vor einigen Jahren einen sehr schönen Thurm bekommen hat, theilt sich in drei Gewölbe. Bei jedem Gewölbe ist eine Capelle. In der Johannis=Capelle ist die H. Hedwig begraben worden, aber nach 23 Jahren hat man sie in die Hedwigs=Capelle gebracht, die sehr viele Verzierungen hat. Das Grabmahl dieser Heiligen ist von schwarzem Marmor mit Alabaster und Messing verziert. Tag und Nacht brennt hier eine silberne Lampe, und auf einer messingenen Tafel lieset man das Leben der Heiligen. Der Stif=

*) Ich bitte Theil 5 in dem Verzeichnisse der Dörfer des Schwiebuser Kreises S. 266 ff. da, wo ich das Dorf als Pfandschilling dieses Stiftes angegeben habe, solches abzuändern und adelig dafür zu setzen.

ter Heinrich liegt vor dem Hochaltar der Bartholomäus-Kirche. Unter der Kirche selbst ist noch ein schönes Gewölbe (die Stelle, wo Heinrich mit dem Pferde versank) mit einem Altar. Hier ist der sogenannte Hedwigsbrunnen, aus dem diejenigen, die hierher wallfahrten, trinken und sich waschen. Bei der Kirche ist eine Schule, an welcher der Rector und Cantor dem Unterrichte vorstehen.

In den Umgebungen des Stiftes sieht man noch etliche kleine Kirchen: eine an einem Buchenwalde zu den 14 Nothhelfern; eine andere auf einem Berge, dessen Gipfel Hedwigsruhe genannt wird. Am Fuße des Weinberges ist eine Capelle, die von dem Hochaltar der Stiftskirche eben so viel Schritte entfernt seyn soll, als die Schädelstätte von dem Hause des Landpflegers Pontii Pilati entfernt gewesen.

Man zeigt in der Stiftskirche mehrere Reliquien von der H. Hedwig, zu denen eben so, wie zu ihrem Grabe 8 Tage nach dem Frohnleichnamsfeste am Bartholomäus- und am Hedwigsfeste große Processionen kommen; an den beiden letztern Festen kommt auch die Rosenkranz-Brüderschaft aus Breslau ebenfalls dahin.

Die Reliquien der frommen Fürstinn sind:

1) Ein gläserner mit einigen Gemählden gezierter Mundbecher, darin das Wasser in Wein soll verwandelt worden seyn.

2) Ein mit seidenem Zeuge überzogener Gürtel mit Perlen.

3) Ein Mantel, von dem schon vieles abgeschnitten und verschenkt worden ist.

4) Die Hirnschale der Fürstinn, kostbar eingefaßt.

Außer diesen zeigt man noch:

Ein kleines Jesuskind, mit vielen Kostbarkeiten geschmückt.

Zwei Köpfe aus der Gesellschaft der H. Ursula.

2. Stroppen,

eine offene, adelige, gegenwärtig der Gräfinn von Bonikau, geb. von Pfeil erst seit 1756 der Accise unterworfene Stadt, enthält:

1) Eine evangel. luth. Kirche, an der 2 Prediger stehen, von denen der Diaconus zugleich Pastor an der Filial-Kirche zu Wersingawe ist. Diese Parochie ist eine der weitläufigsten; denn es halten sich hierher:

A. Aus dem Trebnitzer Kreise: **Groß- und Klein-Breesen, Elguth, Esdorf, Gellendorf, Grottke, Kodlewe, Krumpach, Lahserwitz, Pawelschöwe, Peruschen, Groß-Peterwitz, Pruskawe, Raake, Raschewitz, Sackerschöwe, Schilkwitz, Schlanowitz, Schmarker, Striese, Sygda.**

B. Aus dem Wohlauer Kreise: **Ober- und Nieder-Nisgawe, Stanischen.**

C. Aus dem Fürstenthume Trachenberg: **Glischwitz, Pinxen und Tschoke.**

Unter dem hölzernen Thurme der Kirche weg führt die Straße in Stadt.

2) Die Prediger Wohnungen.

3) Die Schule, an der der Rector nebst dem Cantor unterrichten.

4) Ein Hospital.

5) Privathäuser 105 *).

Außer einigem Ackerbau, nähren sich die Bürger, davon der vierte Theil Tuchmacher sind, von ihrem Handwerke.

Jahrmärkte sind: 1) an Pauli Bekehrung, 2) an George, 3) an Allerheiligen.

Das Accise- und Zollamt ist das einzige königliche Amt.

Das Stadtwapen hat im obern Felde einen halben Adler und ein Stück von einem Thurme, im untern Felde wieder einen halben Adler und einen halben Ochsenkopf.

In dieser Stadt ist keine Garnison.

B. Der

---

*) Zimmermann giebt in den Beiträgen Theil 4. Seite 343, 111 Privathäuser an. Obige Summe ist aus desselben allgemeinen Nachrichten Seite 11 genommen.

B. Der Marktflecken

Zirkwitz,

dem Bischofe von Breslau gehörig, hatte zwar ehedem das Marktrecht, es ist aber wieder nach Trebnitz gekommen, von wo es hierher verlegt worden war. Die Tradition sagt: die Trebnitzer hätten es mit einer Metze Dreier wieder erkauft. Dieser Ort enthält: eine katholische Kirche, an der außer dem Parochus noch ein Cooperator steht, 1 Pfarr- und 1 Schulhaus, 1 Vorwerk, 17 Bauern, 36 Gärtner, 10 Häusler, 1 Wasser- und 1 Windmühle.

C. Dörf

Nahmen der Dörfer.	Oeffentliche Gebäude.					Herrschaftl. Schlösser und Wohnhäuser.	Vorwerke.	Lehnscholtiseien.	[illegible]
	Kirchen.		Schulen.		Pfarrhäuser.				
	Protest	Kathol	Protest	Kathol.					
Althammer	—	—	—	—	—	—	1	—	—
Beckern	—	—	—	—	—	—	—	—	—
Bentke	—	—	—	—	—	—	1	—	—
Biadauschke, Groß-	—	—	1	—	—	—	—	—	—
Biadauschke, Klein-	—	—	—	—	—	—	—	—	—
Bingerau, Ober- und Nieder-	—	—	1	—	—	1	2	—	—
Bothendorf	—	—	—	—	—	1	1	—	—
Breesen, Groß-	—	—	—	—	—	1	1	—	—
Briesche	—	—	1	—	—	—	—	—	—
Briezen	—	—	1	—	—	—	—	—	—
Brodowze	—	—	—	—	—	—	—	—	—
Brukotschine	—	—	—	—	—	1	1	—	—
Bruschewitz	—	—	—	—	—	1	1	—	—
Brustawe	—	—	1	—	—	1	1	—	—
Buchwald	—	—	—	—	—	—	1	—	—
Bukowin	—	—	1	—	—	1	1	—	—
Bunkey (Bunkow)	—	—	—	—	—	1	1	—	—
Burgwitz	—	—	—	—	—	1	1	—	—
Buschewitz	—	—	—	—	—	—	—	—	—
Deutschhammer	—	—	1	—	—	—	1	—	—
Dockern	—	—	—	—	—	—	1	—	—
Dombrowe (Malischhammer)	—	—	1	—	—	1	1	—	—
Domnowitz	—	—	1	—	—	—	—	—	—
Droschen	—	—	—	—	—	—	—	—	—
Ellguth	—	—	—	—	—	1	2	—	—
Ellguth, Schmarker eingeschlossen	—	—	1	—	—	—	2	—	—
Ellguth, Klein-	—	—	—	—	—	—	1	—	—
Ellguth, Schön-	—	—	—	—	—	1	1	—	—
Eßdorf (Eselsdorf)	—	—	1	—	—	1	2	—	—
Frauenwalde (Bukowitsche)	—	1	—	1	1	—	1	1	—
Glauche, Ober-	1	—	1	—	—	2	2	—	—
Glauche, Nieder-	—	—	—	—	—	1	1	—	—
Glockschütz	—	—	—	—	—	—	1	—	—

…Wind…	Anzeige des Weichbilds auf der Schubarthschen Charte.	Herrschaft.	NB. Wahrscheinlich ist in neuern Zeiten eine andere Eintheilung der Kreise gemacht worden, und mehrere Dörfer, die auf der Charte im Oelser Weichbilde stehen, zum Trebnitzer Kreise geschlagen worden. Ich zeige durch T. das Trebnitzer, und durch O. das Oelser Weichbild auf der Charte an. Anmerkungen u. Merkwürdigkeiten.
—	O.	Adelig.	
—	T.	Kreuzstift z. Bresl.	
—	T.	Adelig.	
—	T.	Stift Trebnitz.	Hierher gehört das Jänische Gut.
—	T.	desgl.	
—	O.	Adelig.	
—	T.	desgl.	
—	T.	desgl.	
—	T.	Stift Trebnitz.	Eine Pottaschsiederei.
—	T.	desgl.	
—	T.	desgl.	
—	T.	Adelig.	
1	O.	desgl.	Eine Haus-Capelle.
—	O.	desgl.	Hierher gehört Eisenhammer.
—	T.	desgl.	
—	O.	desgl.	
—	O.	desgl.	
—	T.	desgl.	
—	O.	Vincenzst. z. Bresl.	
—	T.	Stift Trebnitz.	Ein Kupferhammer.
—	O.	Vincenzst. z. Bresl.	
—	T.	Adelig.	
—	T.	Stift Trebnitz.	
—	T.	Der ev. Prediger zu Trebnitz.	
—	T.	Adelig.	
—	T.	desgl.	
—	T.	desgl.	
—	O.	desgl.	
—	T.	desgl.	Hierher gehört Klein-Breesen.
1	T.	Stift Trebnitz.	Ein Waisenhaus.
1	T.	Adelig.	
—	T.	desgl.	
—	O.	Stift St. Catharina zu Breslau.	

Nahmen der Dörfer.	Oeffentliche Gebäude. Kirchen. Protest.	Oeffentliche Gebäude. Kirchen. Kathol.	Oeffentliche Gebäude. Schulen. Protest.	Oeffentliche Gebäude. Schulen. Kathol.	Pfarrhäuser.	Herrschaftl. Schlösser und Wohnhäuser.	Vorwerke.	Lehnscholtiseien.	Freigüter.
Göllendorf	—	—	1	—	—	—	1	—	—
Graben, Klein-	—	1	—	—	—	—	—	—	—
Grottke (Grotky)	—	—	1	—	—	—	1	—	—
Günterwitz	—	—	—	—	—	1	1	—	—
Gublau	—	—	—	—	—	—	1	—	—
Haltauf	—	—	—	—	—	1	1	—	—
Hochkirch	1	—	1	—	1	—	—	—	—
Hünern	1	—	1	—	1	1	1	—	—
Jagatschütz (Jagetez)	—	—	1	…	—	1	1	—	—
Jeschütz	—	—	—	—	—	—	1	—	—
Kachel	—	—	—	—	—	—	1	—	1
Kainowa (Woskowa)	1	—	1	—	—	—	—	—	—
Kampern	—	—	—	—	—	1	1	—	—
Kapatschütz	—	—	1	—	—	1	1	—	—
Kapiz (Kopiz)	—	—	—	—	—	1	1	—	—
Kapsdorf	—	1	—	1	1	—	—	1	—
Karoschky (Skoroschau)	1	—	1	—	1	1	1	—	—
Katholischhammer	—	—	—	—	—	—	—	—	—
Kawallen	—	—	1	—	—	1	2	—	—
Kehla, Berg-	—	—	—	—	—	—	1	—	—
Kehla, Nieder-	—	—	—	—	—	1	1	—	—
Kehla, Ober-	—	—	—	—	—	1	1	—	—
Kesselsdorf, Colonie	—	—	—	—	—	—	—	—	—
Kniegniz	—	—	—	—	—	—	—	—	—
Kobelwiz	—	—	—	—	—	—	—	—	—
Kodlewe (Kotleve)	—	—	—	—	—	—	1	—	—
Komorowa (Comrove), Groß-	—	—	—	—	—	—	—	—	—
Komorowa (Comrove), Klein-	—	—	—	—	—	1	—	—	—
Konradswalde	1	—	1	—	1	1	1	—	—
Koschnöwe (Kosnaw)	—	—	—	—	—	1	1	—	—
Kozerke	—	1	—	1	—	1	1	—	—
Krakowahne	—	—	—	—	—	1	2	—	—
Krumpach (Crumbach)	—	—	1	—	—	1	1	—	—
Krutschen (Krateczyn) Groß-	—	—	1	—	—	1	1	—	—
Krzyzanowiz	—	—	—	—	—	—	1	1	—
Lachse	—	—	—	—	—	—	1	—	—
Langenau (Nagelnow)	—	—	—	—	—	1	1	—	—
Laserwiz	—	—	—	—	—	1	1	—	—

…h: … Wind:	Anzeige des Weichbilds auf der Schubarthschen Charte.	Herrschaft.	Anmerkungen und Merkwürdigkeiten.
-	T.	Adelig.	
-	T.	Stift Trebnitz.	
-	T.	Adelig.	
-	O.	desgl.	
-	T.	desgl.	
-	T.	desgl.	
-	T.	desgl.	
1	O.	desgl.	
-	T.	desgl.	Hierher gehört Langawe.
-	T.	desgl.	Ein Armenhaus.
-	T.	Stift Trebnitz.	
-	T.	desgl.	
-	O.	Adelig.	
-	T.	desgl.	
-	O.	desgl.	
-	T.	Bischof zu Bresl.	
2	T.	Adelig.	
-	T.	Stift Trebnitz.	
1	O.	Adelig.	Hierher gehört Kummernick.
-	T.	desgl.	
-	O.	desgl.	
-	O.	desgl.	
-	T.	desgl.	
-	T.	Stift Trebnitz.	
-	T.	desgl.	
-	T.	Adelig.	
-	T.	Stift Trebnitz.	
-	T.	desgl.	Ein Weinberg. Das herrsch. Wohnhaus, ein Lustschloß, heißt Sophienau.
-	T.	Adelig.	Eine Tuchwalke.
-	T.	desgl.	
-	T.	Bischof zu Bresl.	
-	O.	Adelig.	
-	T.	desgl.	
-	T.	desgl.	
-	O.	Stift Trebnitz.	
-	T.	desgl.	
-	O.	Adelig.	
-	T.	desgl.	

Nahmen der Dörfer.	Oeffentliche Gebäude. Kirchen. Protest.	Kathol.	Schulen. Protest.	Kathol.	Pfarrhäuser.	Herrschaftl. Schlösser und Wohnhäuser.	Vorwerke.	Lehnscholtiseien.	Freigüter.
Leipe, Groß=	1	—	1	—	1	1	1	—	—
Liebenthal, Colonie	—	—	—	—	—	—	—	—	—
Linsen	—	—	1	—	—	—	—	—	—
Lossen	1	1	1	1	2	—	1	—	—
Lückerwiz	—	—	—	—	—	—	—	1	—
Lucine	1	—	1	—	1	—	1	—	—
Lucine, Ober=, (Hummelei)	—	—	—	—	—	—	1	—	—
Machniz	—	—	—	—	—	1	1	—	—
Märtinau, Groß=, (Martinsdorf)	—	—	1	—	—	—	—	—	—
——— Klein=	—	—	—	—	—	—	—	—	—
Mahlen	—	—	—	—	—	1	1	—	—
Maljau, Ober=	—	—	—	—	—	1	1	—	—
Maljau, Nieder=	—	—	—	—	—	1	1	—	—
Maltschawe	—	—	—	—	—	—	1	—	—
Maluschütz	—	—	—	—	—	—	—	—	—
Mankerwitz	—	—	—	—	—	—	1	—	—
Massel (Maslaw)	1	—	1	—	1	1	2	—	—
Meniz (Mienitz)	—	—	1	—	—	1	1	—	—
Michelwiz	—	—	—	—	—	1	1	—	—
Muritsch, Groß=	—	—	—	—	—	1	1	—	—
Muritsch, Klein=	—	—	—	—	—	1	1	—	—
Neiderei	—	—	—	—	—	—	—	—	—
Neuhof	—	—	—	—	—	1	1	—	—
Neuwalde	—	—	—	—	—	1	1	—	—
Obernigk	1	—	1	—	1	1	2	—	—
Pannwiz	—	—	1	—	—	1	2	—	—
Parnize	—	—	—	—	—	—	—	—	—
Paschkerwiz (Paczikurowitz)	1	—	1	—	1	1	1	—	—
Paulwiz	—	—	—	—	—	1	1	—	—
Pawelau	1	—	1	—	1	—	—	—	—
Pawelschöwe	—	—	—	—	—	1	1	—	—
Pawelwiz	—	—	—	—	—	—	1	—	—
Perschniz, Groß=	—	—	1	—	—	—	—	—	—
Perschniz, Klein=	—	—	—	—	—	—	—	—	
Perschütz (Bierzitz)	1	—	1	—	1	1	1	—	—
Peruschen (Puruschen)	—	—	—	—	—	1	1	—	—
Peterwiz, Groß=	—	—	1	—	—	1	2	—	—
Peterwiz, Klein=	—	—	1	—	—	—	3	—	—
Peterwiz (Pitterwitz)	1	—	1	—	1	1	1	—	—

Wind=	Anzeige des Weichbilds auf der Schubarthschen Charte.	Herrschaft.	Anmerkungen und Merkwürdigkeiten.
1	T.	Adelig.	Hierher gehören die Ritschehäuser.
–	T.	desgl.	
–	O.	desgl.	
1	O.	St. Vinc. z. Bresl.	
–	T.	Stift Trebnitz.	
–	T.	desgl.	
–	T.	Adelig.	
–	T.	desgl.	Hierher gehört Gorschel.
–	T.	Stift Trebnitz.	
1	T.	desgl.	
1	T.	Adelig.	
–	O.	desgl.	
1	O.	desgl.	
–	T.	Stift Trebnitz.	
–	T.	desgl.	
1	O.	Adelig.	
–	T.	desgl.	
–	T.	desgl.	
–	O.	desgl.	
–	T.	desgl.	
–	T.	desgl.	
–	T.	Stift Trebnitz.	
–	T.	desgl.	
–	T.	Adelig.	
–	O.	desgl.	Man findet hier allerh. Versteinerungen.
–	T.	desgl.	Ein Vorwerk heißt Häselei, liegt im
–	T.	Stift Trebnitz.	Breslauer Kreise.
2	O.	Adelig.	
1	O.	desgl.	
2	T.	Stift Trebnitz.	
1	T.	Adelig.	
–	O.	Vincenzst. z. Bresl.	
–	T.	Stift Trebnitz.	Die Försterei Burdey gehört hierher.
–	T.	desgl.	
–	O.	Adelig.	
1	T.	desgl.	
1	T.	desgl.	
1	T.	desgl.	Liegt im Trachenbergischen.
–	T.	desgl.	

Nahmen der Dörfer.	Oeffentliche Gebäude. Kirchen. Protest.	Kathol.	Schulen. Protest.	Kathol.	Pfarrhäuser.	Herrschaftl. Schlösser und Wohnhäuser.	Vorwerke.	Lehnscholtiseien.
Pfaffenmühlen	—	—	—	—	—	—	—	—
Pflaumendorf	—	—	—	—	—	—	1	—
Pirbischau	—	—	—	—	—	—	—	—
Pirschen	—	—	—	—	—	1	1	—
Polnischhammer	1	—	1	—	—	1	2	—
Pollentschin (Bolesin)	—	—	1	—	—	1	2	—
Pristelwiz	—	—	1	-	—	1	2	—
Probotschüz	—	—	—	—	—	1	1	—
Pruskawe	—	—	—	—	—	—	1	—
Puditsch (Podatzin)	—	—	1	—	—	1	1	—
Raake, Groß=	—	—	—	—	—	1	1	—
Raake, Klein=	—	—	—	—	—	—	—	—
Radelau	—	—	—	—	—	—	—	—
Ramischau	—	—	—	—	—	—	1	—
Raschen	—	—	—	—	—	—	1	—
Raschewiz (Radzewitz)	—	—	1	—	—	—	2	—
Riesenthal (Rischelei)	—	—	—	—	—	1	—	—
Rux	—	—	—	—	—	—	1	—
Sakerschöwe	—	—	—	—	—	1	1	—
Sagratschine	—	—	—	—	—	1	2	—
Schawoine (Zawona)	1	1	1	1	2	—	1	—
Schickwiz	—	—	1	—	—	—	—	—
Schilkwiz	—	—	—	—	—	1	1	—
Schimmelwiz	—	—	—	—	—	1	2	—
Schimmerau	—	1	—	1	1	—	—	1
Schlanowiz	—	—	—	—	—	1	1	—
Schlottau	1	—	1	—	1	—	1	—
Schweinern, Klein=,	—	—	—	—	—	—	1	—
Schweretau	—	—	—	—	—	—	1	—
Schwundnig	—	—	—	—	—	—	-	—
— — Klein=	—	—	—	—	—	—	—	—
Seinsdorf (Simbsdorf)	—	—	1	—	—	1	2	—
Sendiz	—	—	—	—	—	1	1	—
Skarsine	—	—	1	—	—	1	1	—
Skotschenine	—	—	—	—	—	—	—	1
Streuhof	—	—	—	—	—	1	1	—
Striese	—	—	—	—	—	1		—

Wind-	Anzeige des Weichbilds auf der Schubarthschen Charte.	Herrschaft.	Anmerkungen und Merkwürdigkeiten.
—	T.	Stift Trebnitz.	
—	T.	Adelig.	
—	T.	Das Dohmcapitel zu Breslau.	Ein hierher gehöriger Kretschmar heißt Blößel.
—	O.	Adelig.	
—	T.	Stift Trebnitz.	Hierher gehört Lassaterei.
—	O.	Adelig.	
1	T.	desgl.	
—	O.	desgl.	
—	T.	desgl.	
—	T.	desgl.	
—	O.	desgl.	
—	O.	Stift Trebnitz.	
1	T.	Stift z. H. Kreuz in Breslau.	
1	O.	Adelig.	
1	T.	Stift Trebnitz.	
2	T.	Adelig.	Hierher gehört Schidlawe.
—	O.	desgl.	
1	O.	desgl.	
1	T.	desgl.	
—	O.	desgl.	
—	T.	Stift Trebnitz.	
—	T.	desgl.	
1	T.	Adelig.	
1	T.	desgl.	Hierher gehört Grünelinde.
—	T.	Bischof z. Bresl.	
1	T.	Adelig	
—	T.	Stift Trebnitz.	Hierher gehört Trzimesche, wo eine Bleiche, auf der meist Garn gebleicht wird.
—	T.	Adelig.	
—	T.	desgl.	
—	T.	Stift Trebnitz.	
—	T.	Adelig.	
1	O.	desgl.	
—	T.	desgl.	
—	O.	desgl.	Siehe oben S. 16. Gesundbrunnen.
—	T.	Bischof zu Bresl.	
—	T.	Adelig.	
1	T.	desgl.	

Nahmen der Dörfer.	Oeffentliche Gebäude: Kirchen. Protest.	Kirchen. Kathol.	Schulen. Protest.	Schulen. Kathol.	Pfarrhäuser.	Herrschaftl. Schlösser und Wohnhäuser.	Vorwerke.	Lehnscholtiseien.	Freihäuser.
Sygda (Sitta)	—	—	—	—	—	1	1	—	—
Tarnast	—	—	—	—	—	—	1	—	—
Torschen, Groß= . .	—	—	—	—	—	—	—	—	—
Torschen, Klein= . .	—	—	—	—	—	1	—	—	[illegible]
Trebnitzer Mühlen . . .	—	—	—	—	—	—	—	—	—
Tschachowe	—	—	—	—	—	—	—	1	—
Tschelentnig	—	—	—	—	—	—	—	—	—
Ujeschüz, Groß= . .	—	—	—	—	—	—	—	—	—
Ujeschüz, Klein= . .	—	—	—	—	—	—	—	—	—
Werrndorf	—	—	—	—	—	1	1	—	—
Wersingawe	1	—	1	—	—	1	1	—	—
Wieschawe	—	—	—	—	—	—	1	—	—
Wiese (Wezna)	—	—	—	—	—	1	1	—	—
Wilkawe, Groß= . .	—	—	—	—	—	1	2	—	—
Wilkawe, Klein= . .	—	—	1	—	—	1	1	—	—
Wilxen	1	—	1	—	1	1	1	—	—
Würzen	—	—	—	—	—	—	—	—	—
Zantkau	—	—	—	—	—	—	1	—	—
Zauche, Groß=	—	—	—	—	—	1	1	—	—
Zauche, Klein=	—	—	—	—	—	1	1	—	—
Zechelwiz	—	—	—	—	—	—	1	—	—
Zedliz	—	—	1	—	—	1	1	—	—

Anzeige des Weichbilds auf der Schubarthschen Charte	Herrschaft.	Anmerkungen und Merkwürdigkeiten.
T.	Adelig.	Man fand hier einst eine Menge Menschengerippe. Wahrscheinlich von einer hier vorgefallenen Schlacht.
T.	Stift Trebnitz.	
T.	desgl.	
T.	Dohm zu Breslau.	
T.	Stift Trebnitz.	
T.	desgl.	
T.	desgl.	
T.	desgl.	
T.	desgl.	
T.	Adelig.	
T.	desgl.	
T.	Stift Trebnitz.	
T.	Adelig.	
T.	desgl.	
T.	desgl.	
O.	desgl.	
T.	Stift z. H. Creuz in Breslau.	
T.	Stift Trebnitz.	
T.	Adelig.	
T.	desgl.	
T.	desgl.	
O.	desgl.	

Das mittelbare Fürstenthum Trachenberg.

Erster Abschnitt. Physikalische Beschaffenheit.

Gewässer.

Obgleich das Fürstenthum Trachenberg verschiedene Gewässer zählt, so entspringt doch, etliche kleine Bäche abgerechnet, keines in dem Fürstenthume selbst. Die wichtigsten dieser Gewässer sind:

1. Die Bartsch.

Sie entspringt in Süd-Preußen und oberhalb Wartenberg, tritt aus der Minderherrschaft Sulau, wo sie sich in verschiedene Arme theilt, auch in mehrern Armen in das Fürstenthum Trachenberg, wo sie einigen Teichen ihr Wasser mittheilt, fließt aus demselben in zwei Armen vor Ostrawa in das Fürstenthum Wohlau, und zwar in den Herrnstadter District *). Sie nimmt

*) Siehe Th. 5. S. 96.

während ihres Laufes in diesem Fürstenthume am linken Ufer auf:

A. **Die Schätzka** bei **Trachenberg** *), nachdem sie kurz vorher

Die Stroga aufgenommen hat **).

B. Einen Arm eines bei **Konradswalde** im Trebnitzer Kreise entstehenden Baches, der sich in eben diesem Kreise oberhalb **Göllendorf** absondert ***).

C. Einen in der Gegend von **Schmarker** im Trebnitzer Kreise entstehenden Bach †).

2. Die Horla.

Sie entspringt in der **Minderherrschaft Freihahn**, fließt nach Süd=Preußen, fällt dann in dieses Fürstenthum bei **Dambitsch**, nimmt hier verschiedene kleine Bäche auf, strömt in das **Fürstenthum Wohlau**, und zwar in den **Herrnstadter District** bei **Schuberse**, wo sie sich dann am **rechten Ufer** in die **Bartsch** ergießt ††).

Man findet in diesem Fürstenthume zwar keine Seen, aber 71 Teiche; darunter sind die beträchtlichsten, der **Altteich**, **Ellerteich**, **Hammerteich**, **Herrenteich**, **Lamaikteich**, **Nesigodateich**, **Schätzkateich** und der **Saynerteich**, unter den andern befinden sich zwei Mittelteiche und 61 kleine Teiche. Die Teiche werden meist zwei Jahre bewässert, und zwei Jahre besäet.

---

*) Siehe oben S. 4.

**) Siehe oben S. 4.

***) Siehe oben S. 4.

†) Siehe oben S. 4.

††) Siehe Th. 5. S. 97.

Berge und Ebenen.

Einige unbeträchtliche Anhöhen, aus Sand oder Lehm bestehend, ist das ganze Fürstenthum eine mit Bächen und Teichen durchschnittene Ebene. Der Boden ist lehmig, und der Ertrag wird auf vier Korn angeschlagen, so daß die Bewohner des Fürstenthums ihren Bedarf erndten.

Waldungen.

Die Waldungen waren einst sehr beträchtlich, sind aber, obgleich viel Holz geschlagen worden, doch auch jetzt noch ansehnlich genug.

Producte.

A. Das Thierreich.

Pferde und Rindvieh sind genau vom Mittelschlage, jedoch macht das Vieh auf den Dominien zum Theil einige Ausnahme. Die Schafzucht ist von einiger Beträchtlichkeit, und die Wolle von mittlerer Güte, aber freilich doch nicht auf allen Schäfereien gleich. Es ist mir unbekannt, ob man nicht auch hier durch Einführung Spanischer Stähre die Wolle mehr zu veredeln sucht. Bienenstöcke findet man hin und wieder.

Die Waldungen hegen Hirsche, Rehe, etwas wilde Schweine, Hasen, Füchse, Dachse, höchst selten einen übergetretenen Wolf, einiges Land-, die Teiche aber viel Wassergeflügel. Die vielen Gewässer liefern den Bewohnern des Fürstenthums nicht nur den nöthigen Bedarf an Fischen, Karpfen, Hechte ꝛc., sondern es werden auch andere Gegenden, Süd-Preußen und die Stadt Breslau ꝛc. von hier aus damit versorgt.

B. Das Pflanzenreich.

Die Waldungen liefern Laub- und Nadelholz, viel Kiefern, etwas Buchen und Eichen.

Man bauet die gewöhnlichen, jedoch meist Sommergetreidearten, wenig Weizen, wenig Hülsenfrüchte, Flachs, der aber nur von mittlerer Güte ist, Kartoffeln, Kohl und in Gärten die gewöhnlichen Küchenkräuter. Heu wird mehr als hinlänglich gewonnen. **Um Prausnitz** wird die **Kartendistel** (Dipsacus Fullonum Lin.) angebauet. Bei **Charlottenberg** war ehedem ein Weinberg, der aber jetzt, weil er den gehofften Nutzen nicht gewährte, in Ackerland verwandelt ist.

Ich selbst habe dieses Fürstenthum in botanischer Absicht nicht durchsuchen können; ich setze indessen diejenigen Pflanzen her, die Herr D. Krocker in seiner Flora Silesiaca als Bewohner desselben aufführt.

Fünfte Classe.

Anchusa officinalis. Lin.

Physalis Alkekengi L.

Conium maculatum. L. Bei Powizzko.

Viburnum Lantana L.

Eilfte Classe.

Comarum palustre. L. In Sümpfen und Teichen.

Vierzehnte Classe.

Mentha viridis. L. An Grabenrändern.

Leonurus Marrubiastrum. L.

Melissa Nepeta. L. Bei Trachenberg.

Sieb-

Siebzehnte Classe.

Spartium Scoparium. L.

C. Das Mineral-Reich.

Mineralien kann ich von diesem Fürstenthume nicht aufführen; theils eignet sich dasselbe nicht zu vielen Mineralien; theils ist es aber auch in dieser Absicht, so viel ich weiß, noch nicht untersucht. Wahrscheinlich mag wohl Thon das Haupt-Minerale seyn.

Zweiter Abschnitt.

Manufacturen und Fabriken.

Außer der Tuch-Manufactur, die jedoch in Prausnitz stärker betrieben wird, als in Trachenberg, und mehrern Leinwebern in beiden Städten des Fürstenthums, wird in Prausnitz, wo auch eine Leinwanddruckerei ist, einiger Barchent gemacht.

In Trachenberg ist eine Oehlschlägerei; man macht hier auch einige Holzarbeit.

Dritter Abschnitt.
Politische Verfassung.

Gränzen.

Das mittelbare Fürstenthum (sonst freie Standesherrschaft) Trachenberg war ehedem ein Eigenthum der **Freiherren von Kurzbach**, dann der Freiherren nun der **Grafen von Schafgotsch** *), nachher der fürstlichen Familie **von Hatzfeld**. (Graf **Franz Philipp Adrian von Hatzfeld** ward 1742 in den Fürstenstand erhoben.) Im Jahre 1794 erlosch die fürstliche Hatzfeldische Familie mit dem Ableben des jungen Fürsten Friedrich Carls. Nun entstand ein Proceß um den Besitz einer so ansehnlichen Erbschaft, der nunmehr geendigt, und zum Vortheil des General-Lieutenants Grafen von Hatzfeld ausgefallen ist, der auch im Monathe August 1802 Besitz von dem Fürstenthume genommen hat.

Die Gränzen sind: gegen **Morgen** die Minderherrschaft Sulau, und der Trebnitzer Kreis des Fürstenthums Oels; gegen **Mittag** ebenfalls der Trebnitzer Kreis; gegen **Abend** das Fürstenthum Wohlau, und zwar die Districte Winzig und Herrnstadt; gegen **Mitternacht** Süd-Preußen.

*) Der letzte Besitzer aus dieser Familie war der Freiherr Johann Ulrich von Schafgotsch, der 1635, den 3ten Jul, zu Regensburg enthauptet worden ist. Noch zeigt man das Schwerdt auf der Bibliothek zu Hermsdorf unterm Kynaste.

Größe.

Sack giebt die Größe dieses Fürstenthums auf 16 Quadrat-Meilen an *).

Kreise.

Nach der jetzigen Eintheilung ist dieses Fürstenthum ein Theil, und zwar der erste District des Militsch-Trachenberger Kreises, der zwei Städte (Trachenberg und Prausnitz) und 47 Dörfer enthält.

Volksmenge.

Ich bin, aus Mangel an den nöthigen Nachrichten, nicht im Stande, die Menschenanzahl dieses Fürstenthums allein anzugeben; ich sehe mich daher nothgedrungen, die Menschenzahl des ganzen Kreises, zu dem das Fürstenthum gehört, herzusetzen. Es lebten in den Jahren 1791, 1793, 1794, 1795, 1796 und 1800:

	1791.	1793.	1794.	1795.	1796.	1800.
A. In den Städten:						
1) Trachenberg .	1854	1810	1761	1800	1755	1838
2) Prausnitz . .	1759	1617	1628	1685	1661	1712
3) Militsch . . .	1316	1251	1226	901	827	1297
4) Sulau . . .	721	650	645	622	598	571
Summa	5650	5328	5260	5008	4841	5418
B. Auf dem Lande .	27168	26828	26320	25197	25780	29248
Summa	32818	32156	31580	30205	30621	34666
Nimt man nach Sack **) für diesen Kreis 16 Quadrat-Meilen an, so kommen auf jede Meile	2051	2009	1973	1887	1913	2166

*) Schles. Provinzialbl. Jahrg. 1792. Dec. S. 531.

**) Zimmermanns allgemeine Nachrichten von Schlesien. S. 4.

Sprache.

Man spricht in den Städten und in den meisten Dörfern Deutsch, in verschiedenen andern Dörfern, besonders gegen Süd-Preußen hin, Polnisch.

Aeußere Verfassung.

Die fürstliche Regierung steht, so wie die Gerichtsämter der Dominien, unter der Oberamtsregierung zu Breslau.

In Ansehung der Steuer und Contribution gehört das Fürstenthum zum dritten steuerräthlichen (Glogauer) Departement, das in Wohlau seinen Sitz hat.

In Ansehung des Zoll- und Accise-Wesens steht es unter der Direction zu Glogau.

Das Fürstenthum gehört zur Salz-Factorei Herrnstadt im Fürstenthume Wohlau, und in Ansehung der Landschaft zum Breslauer System.

Den Canton hat das in Liegnitz stehende Infanterie-Regiment Nr. 43.

Aeußere kirchliche Verfassung.

Die Religion ist untermengt, so daß beinahe die Hälfte Protestanten, die andere Hälfte Katholiken sind.

Kirchen.				Klöster.	
In Srädt.		Auf Dörf.		Männliche.	Weibliche.
Luth.	Kath.	Luth.	Kath.		
2	3	4	4	1	—

Die lutherischen Kirchen stehen unter dem Consistorio und der Kirchen-Inspection zu Breslau.

Die katholischen Kirchen stehen unter dem Archipresbyteriat Trachenberg, zum Archidiakonat Breslau gehörig.

A. Städte.

1. Trachenberg (Pol. Strabureck)

die Haupt- und Residenzstadt des Fürstenthums, wird von der Bartsch, die hier die Schätzka aufnimmt, umflossen, hat zwar keine Mauern, aber zwei Thore (das Polnische und das Deutsche).

Das fürstliche Schloß, mit hohen Wällen und Gräben umgeben, liegt außerhalb der Stadt gegen Mitternacht, und ist von dem Fürsten Franz Philipp Adrian sehr verschönert worden. Die Stadt selbst enthält:

I. An städtischen Gebäuden:

1) Ein städtisches Officianten-Haus.
2) Ein Hospital.
3) Das Malz- und Brauhaus.
4) Das Stockhaus.
5) Die Hauptwache.
6. 7) Zwei Accise-Häuser.

II. An Kirchen- und Schulgebäuden:

1) Die katholische Pfarrkirche, an der der Pfarrer mit zwei Capellänen die Parochialien versehen.

2) Die **evangelisch-lutherische Kirche**, an der ein Pastor stehet, dem ein Mittagsprediger, der zugleich Rector der Schule ist, zugeordnet ist.

3) Die **Wohnung des katholischen Pfarrers.**

4) Die **Wohnung des lutherischen Pastors.**

5) Die **Rectorats-Wohnung.**

6) Die **katholische Schule**, an der außer dem Rector auch der Organist unterrichtet.

7) Die **evangelisch-lutherische Schule**, an der der Rector und ein anderer Lehrer unterrichten.

III. **Privat-Häuser** sind in der Stadt und in den Vorstädten 208. Scheunen zählt man 52.

Königliche Aemter sind hier:

Das Accise- und Zollamt.

Das Postamt.

Die Bürger nähren sich theils vom **Ackerbau**, der ziemlich beträchtlich ist, theils vom **Bierbrauen**, dazu die Gerechtigkeit auf 129 Häusern haftet, theils vom **Handel** im Kleinen, meistentheils aber von der erlernten Kunst oder dem Handwerke.

Jahr- und Viehmärkte sind: 1) den 2ten Januar; 2) acht Tage vor Pfingsten; 3) Montags nach Mariä Geburt.

Die Garnison besteht aus einer Schwadron Husaren vom Regimente Nr. 1.

2. Prausnitz (Prussico)

ist eine dem Regenten des Fürstenthums gehörige Stadt mit drei Thoren (dem Trachenbergischen, Guhrauer und

Gürkwitzer Thor), und enthält nebst dem alten fürstlichen Schlosse:

I. An städtischen Gebäuden:

1) Das Rathhaus.

2. 3) Zwei städtische Officianten-Häuser.

4. 5) Zwei Malz- und Brauhäuser.

6) Ein Hospital.

7) Die Hauptwache.

8 — 11) Vier Accise-Häuser.

II. An Kirchen- und Schulgebäuden:

1) Die katholische Pfarrkirche, an der ein Parochus und ein Capellan die Parochialien verwalten.

2) Die katholische Begräbnißkirche.

3) Die evangel. luth. Kirche, die im Rathhause ist, an der ein Pastor und ein Mittagsprediger, der zugleich Rector der Schule ist, stehen.

4) Die katholische Pfarrerwohnung.

5. 6) Die evangel. luth. Predigerhäuser.

7) Die katholische Schule.

8) Die lutherische Schule.

III. Privathäuser sind:

In der Stadt . 95.

In der Vorstadt 117.

Summa 212.

Außerdem zählt man noch 44 Scheunen.

Das einzige hier befindliche königliche Amt ist das Accise- und Zollamt.

Der Ackerbau, das Bierbrauen, dazu 99 Häuser berechtigt sind, Handel im Kleinen, aber von geringer Beträchtlichkeit, und das erlernte Handwerk oder Kunst nähren die Bürger. Die zahlreichsten Zünfte sind die der Leinweber, Tuchmacher, Schneider und Schuster.

Jahrmärkte, mit denen zugleich auch Viehmarkt verbunden ist, sind: 1) an Jubilate; 2) an Jacobi; 3) am Tage Francisci, und 4) Catharinä.

Die Garnison ist eine Schwadron Husaren des Regiments Nr. 1.

B. Das Kloster Strenz,

Carmeliter Ordens (15 Mönche), 1676 von einem Herrn von Garner gestiftet, ist in dem Dorfe Groß-Strenz.

C. Dörf

Nahmen der Dörfer.	Oeffentliche Gebäude. Kirchen. Protest.	Kirchen. Kathol.	Schulen. Protest.	Schulen. Kathol.	Pfarrhäuser.	Gemeinhäuser.	Herrschaftl. Schlösser und Wohnungen.
Alexanderwiz	—	—	—	—	—	1	—
Bargen, Groß- (Wilki-Borkowa)	1	—	1	1	4	1	—
Bargen, Klein- (Maly-Borkowe)	—	—	—	—	—	2	—
Beichau (Bichowa)	—	1	1	1	1	2	—
Biatauske (Biadoskowo)	—	—	—	—	—	1	—
Borzenzine	—	—	—	1	—	1	—
Bukelowe	—	—	—	—	—	3	—
Carniz	—	—	—	—	—	2	—
Canzerwiz	—	—	—	—	—	2	—
Carbiz (Charbiece)	—	—	—	1	—	1	—
Codlewe	—	—	1	—	—	2	—
Corsenz	—	1	1	1	1	2	—
Dambitsch (Dembka)	—	—	—	—	—	1	1
Deutsch-Damko	—	—	—	1	—	3	—
Doberkowiz	—	—	1	—	—	2	—
Erau (Exowo)	—	—	—	—	—	3	—
Fürstenau	—	—	—	—	—	1	—
Glieschwiz, Groß- und Klein-	—	1	—	—	—	2	—
Goitke (Gottkan)	—	—	—	1	—	2	—
Gürkwiz (Gerlkowice)	—	—	—	—	—	3	—
Hammer (Ruda)	—	—	—	—	—	1	—
Heidchen	—	—	—	—	—	1	—
Hermenau (Szaienowo)	—	—	—	—	—	2	—
Herrnkaschüz	—	—	—	—	—	2	—
Kaschüz, Groß-	—	—	1	1	—	3	—
Kendzie (Kendzi)	—	—	—	—	—	1	—
Krutschen, Klein- (Maly-Krocynka)	—	—	—	—	—	—	—
Labschütz (Leobschüz, Labiska)	—	—	1	—	—	1	1
Laschniz (Ladziza)	—	—	—	—	—	3	—
Laskowe (Lauskawe)	—	—	—	1	—	2	—
Leubel (Liublia)	—	—	1	1	—	2	—
Marentschine (Marsencinno)	—	—	—	—	—	1	—
Nesigode	—	—	—	—	—	2	—
Neudorf	—	—	—	—	—	—	—

andere Häuser.	Mühlen. Wasser-	Mühlen. Wind-	Entfernung von Trachenberg. Meil.	Herrschaft.	Anmerkungen und Merkwürdigkeiten.
1	—	—	¼	Adelig.	
8	—	—	1	Fürstl. Dom.	
2	—	—	½	desgl.	
2	—	—	¼	desgl.	
—	—	—	1¼	desgl.	Gehört zu Hammer.
7	—	3	½	Domcapitel zu Breslau.	
4	—	—	1	Fürstl. Dom.	Hierh. gehört Grüneiche u. die Gallhäuser.
—	—	—	½	Adelig.	
0	—	1	½	Domc. z. Bresl.	
2	—	1	¾	Fürstl. Dom.	
7	1	1	1	desgl.	
6	1	1	1	desgl.	
2	—	—	1½	Adelig.	
7	—	—	1¼	Fürstl. Dom.	
1	—	—	1	desgl.	
3	—	1	1½	Adelig.	
1	—	—	1	Fürstl. Dom.	
4	—	1	½	desgl.	
3	—	—	1	Fürstl. Dom.	
0	—	—	2	desgl.	
2	—	—	1¼	desgl.	Hierher gehört Biatauske.
5	—	1	¾	desgl.	
—	—	—	¼	desgl.	
2	—	—	1	desgl.	
6	—	1	—	desgl.	
5	—	—	1	desgl.	
2	—	1	1½	desgl.	
—	—	—	1	Adelig.	Hierher gehören Klein-Klieschwitz und Zerra.
—	—	1	¼	Kloster Strenz.	
—	—	—	2	Fürstl. Dom.	
—	—	—	2	Adelig.	
—	—	—	¾	Fürstl. Dom.	Hierher gehört Tschipki.
—	1	—	2	desgl.	
3	—	—	1½	desgl.	

Nahmen der Dörfer.	Oeffentliche Gebäude. Kirchen. Protest.	Kirchen. Kathol.	Schulen. Protest.	Schulen. Kathol.	Pfarrhäuser.	Gemeinhäuser.	Herrschaftl. Schlösser und Wohnungen.	Vorwerke.
Ossig, Groß-	—	—	1	1	—	4	1	—
Ossig, Klein-	—	—	—	—	—	—	—	1
Pinxen (Pienkoczino)	—	—	1	—	—	1	—	2
Pomizko	—	1	—	1	1	2	—	1
Prittkawiz (Spritzkowiz)	—	—	—	—	—	1	—	—
Radziunz	—	1	1	1	1	3	—	1
Rogojowe	—	—	—	—	—	1	1	1
Sayn (Sani)	—	—	—	—	—	3	—	1
Schmigrode	—	—	1	—	—	2	—	1
Strenz, Groß-	—	—	—	1	—	2	—	1
Strenz, Klein-	—	—	—	—	—	—	—	1
Wangelewe	—	—	—	—	—	1	—	1
Willkawe (Wiltkowa)	—	—	—	1	—	1	—	—
Wirsebenne (Wiersbenda)	—	—	—	—	—	2	1	1

Mühlen. Wasser-	Mühlen. Wind-	Entfernung von Trachenberg. Meil.	Herrschaft.	Anmerkungen und Merkwürdigkeiten.
2	—	1	Fürstl. Dom.	Eine Mühle heißt Jamnig.
—	—	$\frac{3}{4}$	desgl.	Hierh. geh. der Schätzka-Kretscham.
—	—	1	Adelig.	Ein Vorwerk heißt Tschoke.
—	—	1	Fürstl. Dom.	
—	—	1	desgl.	
1	—	$\frac{3}{4}$	desgl.	Hierher gehört Charlottenberg.
—	—	$1\frac{1}{2}$	Adelig.	
—	1	$\frac{3}{4}$	Fürstl. Dom.	
—	—	$\frac{1}{2}$	desgl.	
—	1	2	Adelig.	Hier ein Carmeliterkloster.
—	—	2	Klost. zu Strenz.	
—	—	$\frac{1}{2}$	Fürstl. Dom.	
—	—	2	desgl.	
—	—	2	Adelig.	

Das mittelbare Fürstenthum Neiße.

Erster Abschnitt. Physikalische Beschaffenheit.

Gewässer.

Der Hauptfluß in dem Königlich-Preußischen Antheile des mittelbaren Fürstenthums Neiße ist

1. die Neiße *).

Sie tritt aus dem Frankensteinischen Kreise des Fürstenthums Münsterberg auf den Gründen des Dorfes Kosel in den Neißer Kreis **), strömt Patschkau am rechten, Ottmachau am linken, und Neiße am rechten Ufer vorbei, schlängelt sich nicht eine ganze Meile durch den Grottgauer Kreis, und dann zwischen diesem und dem Falkenberger Kreise des Fürstenthums Oppeln bis

*) Siehe Th. 4. S. 2. ff. Th. 3. S. 3.

**) Nach der Schubarthischen Karte in das Ottmachauer Weichbild, davon jetzt ein Theil, der am rechten Ufer der Neiße, zum Neißer, und der am linken Ufer zum Grottgauer Kreise geschlagen ist.

an die Gränze des Fürstenthums Brieg *). Sie nimmt während ihres Laufes in diesem Fürstenthume auf:

A. Am rechten Ufer:

1) Das **Reichensteiner Wasser**, das auf den Reichensteiner Gründen am Fuße des Jauerobergs **) zusammenläuft, Reichenstein vorbei, und dann an der Gränze der Fürstenthümer Münsterberg und Neiße fließt, genau an der Gränze beim Eintritte der Neiße in das leztere Fürstenthum.

2) Den **Plottnizer Bach**, noch vor Rosel.

3) Einen kleinen **unbenahmten**, auf dem Plottnizer Territorio entstehenden **Bach** zwischen Rosel und Patschkau.

4) Das **Weißwasser**, das bei Rosenkranz aus zwei Bächen zusammenläuft, und die Dörfer Weißwasser und Kamitz bewässert.

5) Den **Gostizer Bach**. Er entsteht am Fuße des Hohensteins, theilt sich unter Gostitz in zwei Arme, davon der eine links oberhalb Patschkau sich mit dem Weißwasser vereinigt, der andere rechts Heinzendorf und Alt-Patschkau bewässert, und sich unterhalb Patschkau ausmündet; so daß diese Stadt zwischen beiden Armen liegt.

6) Den **Krebsbach**, der aus der Vereinigung verschiedener am Fuße des großen Heidelberges,

*) Siehe Th. 3. S. 70.

**) S. Th. 3. S. 11. 96. Th. 4. S. 50.

ges *), des **Winklersberges** **) und im **Krebsgrunde** entspringender Bäche entsteht, zwischen Johannisberg und Jauernig fließt, und in seinem Laufe verschiedene kleine Bäche an sich zieht, bei Friedrichseck.

7) Den **Mittelbach**. Er entsteht aus dem Zusammenflusse mehrerer Bäche, die theils am Fuße des Schwarzberges ***), theils am Fuße des Spitzberges ****) entspringen.

8) Die (**schwarze**) **Schlippe** entspringt am Hundsrücken. Mit ihr vereinigen sich:

† Am rechten Ufer:

a) Die **kleine Schlippe**.

b) Das **Verlorenwasser**, bei Friedberg.

c) Das **Schwarzwasser**, das durch Schwarzwasser fließt. Es entsteht aus der Vereinigung verschiedener Bäche in der Gegend des Kaltesteins, und mündet sich, nachdem es das durch Rothwasser fließende, ebenfalls in der Gegend des Kaltesteins entspringende **Rothwasser** aufgenommen hat, bei Klein-Crosse aus.

d) Die **Mohrau**, bei dem Vorwerke Roßhof. Sie entspringt am Fuße des Heuberges, und nimmt außer andern kleinen Bächen auch das **Kohlsdorfer Wasser** auf.

e) Ein bei Schuberts-Crosse entstehender Bach.

---

*) Siehe Th. 4. S. 50.

**) Ebendaselbst S. 51.

***) Ebendas. S. 59.

****) Ebendas. S. 59.

†† Am linken Ufer:

f) Ein bei Steingrund zusammenfließender Bach, der Gurschdorf und Thomasdorf (Dohmbsdorf) bewässert, bei Jungferndorf.

9) Die **Biele** (Billau) entspringt am Fuße des Neißer Schneeberges in einer an Quellen sehr reichen Gegend. Sie fließt Freiwalde und Ziegenhals vorbei, durch die Stadt Neiße, und nimmt von ihrem Ursprunge bis zu ihrer Ausmündung auf:

† Am rechten Ufer:

a) Den **großen Kinseifen** zwischen Thomasdorf und Adelsdorf, mit dem sich vor dem Eintritte in die Biele der **kleine Kinseifen** vereinigt.

b) Das **Rauschgrundwasser**, zwischen Adelsdorf und Buchelsdorf.

c) Einen **unbenahmten Bach**, mit dem sich noch drei andere vereinigen, in Buchelsdorf.

d) Einen am Fuße des Goldkappen entspringenden Bach, in Böhmischdorf.

e) Einen am Grünberge entstehenden Bach, ebenfalls in Böhmischdorf.

f) **Zwei kleine Bäche** in Kaltseifen.

g) Einen **unbenahmten Bach** in Breitenfurth.

h) Einen dergleichen zwischen Grätz und Niklasdorf.

i) Einen andern unterhalb Niklasdorf.

k) Den **Dürr-Kunzendorfer Bach** bei Ziegenhals, und noch 10 kleine unbedeutende Bäche.

†† Am linken Ufer:

l) Den Hohefahl.

m) Den **Steinseifen**. } in Thomasdorf.
n) Einen unbenahmten Bach. } in Thomasdorf.

o) Den **Wildseifen**, der am Glaserberge entspringt, mit dem sich das Nitschwasser am rechten Ufer vereinigt.

p) Einen unbenahmten Waldbach.

q) Den **Stariz** bei Freiwalde. Er nimmt auf:

a) Das **Logenwasser**, und noch etliche andere unbenahmte Bäche am linken Ufer,

b) das **Kirchgrundwasser** und noch einige andere unbenahmte Bäche am rechten Ufer.

r) Fünf unbenahmte kleine Bäche.

10) Einen durch Altewalde fließenden Bach, mit dem sich noch etliche andere kleine Bäche vereinigen.

11) Das **Neunzer Wasser**, das auf den Gründen von Oppersdorf entsteht.

12) Den **Rückerswalder Bach**.

13) Einen unbenahmten Bach.

14) Einen durch Volkmannsdorf und Mannsdorf fließenden Bach.

15) Einen durch den Bürgerwald fließenden Bach.

16) Das **Hermsdorfer Wasser**, mit dem sich noch einige andere Bäche vereinigen in der Gegend von Bielitz.

17) Den **Schadewitzer Bach**.

18) Das **Mahlendorfer Wasser**, mit dem sich noch ein kleiner Bach bei Ellgut vereinigt.

19) Zwei Bäche, die sich bei **Sonnenberg** vereinigen.

B. Am linken Ufer:

20) Die **Krebsbach**; ein anderer Bach dieses Nahmens, der im **Münsterberger Kreise bei Bärdorf** *) entspringt, zwischen diesem Dorfe **und Hertwigswalde** in den **Grottgauer Kreis** eintritt und sich auf den Gründen von **Ellgut** ausmündet. Sie nimmt in ihrem Laufe am linken Ufer auf:

a) Einen auf den Gründen von **Alt-Altmannsdorf** **) im Frankensteiner Kreise entstehenden Bach, der sich an der Gränze dieses und des Grottgauer Kreises bis zu seinem Eintritte in die Krebsbach hinschlängelt.

b) Den **Liebenauer Bach**, zu dem sich noch ein Feldbach gesellt.

c) Einen unweit einer der Quellen der Ohlau im **Münsterberger Kreise** ***) entstehenden, durch **Glambach** ****) fließenden Bach.

d) Einen durch **Lobedau** fließenden Bach.

e) Einen **Klein-Ellgut** bewässernden Bach, kurz vor ihrem Eintritte in die Neiße.

21) Ein durch **Grädiz** und **Karlowiz** fließender und

*) S. Th. 3. S. 52.

**) S. Th. 3. S. 62.

***) Ebds. S. 1.

****) Ebds. S. 52.

ein auf den Gründen von **Laswiz** entstehender durch **Mazwiz** laufender Bach vereinigen sich bei **Ottmachau**, und fallen bald nach ihrer Vereinigung noch vor dieser Stadt in den aus der Neiße abgeleitteten Mühlgraben.

22) Den **Woitzer Bach.**

23) Den **Tellenzgraben**, der aus dem Zusammenflusse mehrerer Bäche entsteht. Der erste dieser Bäche (Hauptbach) entspringt bei **Pillwesche**. Er nimmt bis zur Ausmündung auf:

† am rechten Ufer:

a) Den **Groß-Neundorfer Bach.**

†† am linken Ufer:

b) Den **Zedlitzer Bach.**

c) Einen bei **Klein-Karlowiz** entspringenden durch **Reisewiz** laufenden Bach.

d) Einen auf dem Territorio von **Groß-Karlowiz** aus der Vereinigung zweier Bäche entstehenden Bach, der noch einen andern von **Bechau** herströmenden, durch **Kuschdorf** fließenden aufnimmt.

24) Das **Friedewalder Wasser**, das in der Petersheider Waldung entspringt; mit dem sich kurz vor seinem Eintritte in die Neiße noch ein anderer Bach vereinigt.

25) Einen bei **Seifersdorf** aus zwei Bächen zusammenfließenden Bach, in den sich mehrere andere ergießen, der **Koppitz** bewässert, mit dem sich endlich noch

der **Grottgauer Bach**, der bei Giersdorf entspringt, vereinigt.

2. Die Ohlau

tritt aus dem Strehlener Kreise in den **Halt Wansen** *) und fließt aus diesem in den Ohlauer Kreis.

Gewässer,

die zwar in diesem Fürstenthume entspringen, aber bald in andere Fürstenthümer fließen.

A. Im Königl. Preußischen Antheile.

1. Die Steine

(Das Steinische Wasser) entspringt im **Neißer Kreise** auf den Gründen des Dorfes **Lindewiese**, schlängelt sich an der Gränze des Neißer und Oppelnschen schen Fürstenthums bis **Nennersdorf**, wo sie ganz in den Falkenbergischen Kreis des letztern Fürstenthums eintritt, und sich endlich im Oppelnschen Kreise am rechten Ufer in die Neiße ausmündet.

2. Die Braune (Prudnig)

entspringt im **Neißer Kreise** bei **Dürr-Kunzendorf** und fließt bald in den Neustädter Kreis des Fürstenthums Oppeln.

3. Das Krönwasser **)

entspringt im **Grottgauer Kreise** bei **Gauersch**, fließt aber gleich unter **Gläsendorf** in den **Münsterberger Kreis**, wo es am **linken Ufer** noch einen andern ebenfalls im Grottgauer Kreise auf den Schützendorfer Gründen, und am rechten Ufer einen auf dem **Hohen-Giersdorfer** Territorio entstehenden Bach aufnimmt.

---

*) S. Th. 3. S. 71.

**) S. Th. 3. S. 6. 7. 72.

4. Das Hünnersche Wasser

entsteht bei Herzogswalde im Grottgauer Kreise bei Dürr-Kunzendorf, fließt aber bald in den Brieger Kreis *).

B. Im Böhmischen Antheile.

Die Oppa.

Sie entsteht aus der Vereinigung der schwarzen, weißen, mittlern und kleinen Oppa bei Würbenthal, und tritt bald in das Fürstenthum Jägerndorf Böhm. Antheils.

A) Die schwarze Oppa entspringt am Knabenstein und nimmt in ihrem Laufe bis zur Vereinigung mit der Mittel-Oppa auf:

* Am rechten Ufer:

a) Das Wasser des Grübelbrunnens.
b) Die weiße Oppa.
c) Den Rinseifen.
d) Den Quarkseifen.
e) Den Quingseifen.
f) Den Motseifen. Sie treibt von ihrem Ursprunge bis hierher 9 Mühlen.

** Am linken Ufer:

g) Einen aus drei Bächen zusammenfließenden Bach.

B) Die Mittel-Oppa entsteht an der Gränze von Mähren am Fuße des Neißer Schneeberges aus der Vereinigung dreier Bäche. Zuerst vereinigen sich der Beerwurzelseifen und der Lauterseifen,

*) S. Th. 3. S. 71.

die noch im Neißischen entspringen, dann tritt noch aus Mähren der Falke hinzu. So vereinigt fließt sie nun an der Gränze bis Würbenthal, wo sie mit der schwarzen Oppa zusammenfließt, zieht aber vorher noch an sich:

* Am rechten Ufer:

a) Den Mittelhübel.

b) Die kleine Oppa. Diese beiden entspringen in Mähren.

** Am linken Ufer:

c) Den Rübenseifen.

d) Den Steinseifen.

e) Den weißen Seifen.

f) Einen unbenahmten Bach.

Seen giebt es in diesem Fürstenthume nicht. Teiche sind:

Im Neißer Kr. K. Pr. Antheils,	3 große
	12 mittlere
	350 kleine
Summa	365
= = = Böhm. Antheils,	50 kleine
Summa	415
Im Grottgauer Kreise:	3 große
	7 mittlere
	88 kleine
Summa Summar.	513

Berge und Ebenen.

Das Fürstenthum Neiße, Königl. Pr. Antheils, ist größtentheils Ebene. Die meisten und höchsten Berge sind gegen Mittag in dem Böhmischen Antheile. Die merkwürdigsten sind:

A. In dem ehemahligen Ottmachauer Kreise:

Der Hohestein, bei Lindenberg Der Heidelberg. Der Brand bei Woyzdorf. Der Schwarzberg. Der Spitzberg. Der Hundsrücken.	An der Gränze der Grafschaft Glatz.

Der Hasenberg bei Würben im Pr. Antheile.
Der Bernberg.
Der Rinberg.
Der Kirchberg.
Der Hutberg.
Der Hausberg mit einer Capelle bei Friedberg.
Der Falkenberg.
Der Grünberg.
Der große Löwenhübel.
Der kleine Löwenhübel.

B. Im Neißer Kreise.

Der Niederberg.
Der Heuberg.
Der Schwarzberg.
Der Wisenberg.
Der Bogenberg.

Der Hockschar.
Der Glaserberg.
Der rothe Berg.
Der Drehberg.
Der große Reilich.
Der kleine Reilich.
Der Hanberg.
Der Grünberg.
Der Knabenstein.
Der Goldkappen.
Der Hünberg.
Der Handelsberg.
Der Brandt.
Der Leiterberg.
Der Nikelsberg.
Der Geiersberg.
Der Steinberg. } Im Pr. Antheil.
Der Hutberg bei Ziegenhals } Im Pr. Antheil.
Der Helzberg.
Der Rehberg.
Der Kahleberg.
Der Ranzenstein.
Der Kalkberg.
Der Querberg.
Der Hirschberg.
Der Burgberg.
Der Stangenberg.
Der Scholasterberg.
Der Kitzelberg.
Der Dürrberg.

Die **Bischofskuppe**. Hier gränzen die beiden Antheile dieses Fürstenthums, das Fürstenthum Oppeln und ein Theil von Mähren.

Der Schneeberg, (Altvater) an der Mährischen Gränze; er ist gewiß 400 Fuß über der Meeresfläche erhaben.

Der Boden ist in beiden Kreisen verschieden, theils lehmig, theils sandig; der schlechteste ist gegen das Gebirge. Der beste, zum Anbau des Weizens tauglichste Boden ist im **Neißer Kreise** zu **Wilmsdorf** bei **Patschkau**, und ein Strich am linken Neiß-Ufer von Neiße gegen Mitternacht z. E. **Mährengasse**, **Heidersdorf**, **Weizenberg**, **Groß-Neundorf**, **Rieglitz**, **Hansdorf**, **Seckwitz**, Nowag: im **Grottgauer Kreise** ebenfalls am linken Neiß-Ufer **Kamnig**, **Gauersch**, **Laßwitz**, **Lobedau**, **Mazwitz**, **Graschwitz**, **Reisewitz**, **Ogen**, **Groß-** und **Klein-Karlowitz**. Etwas schlechtern Boden hat der District von Grottgau bis an die Gränze des Fürstenthums Brieg. Im Ganzen genommen ist der Boden in beiden Kreisen fruchtbares Korn- und Gerstenland. Nur an der Gränze des Neißer Kreises mit dem Falkenberger und Neustadter Kreise des Fürstenthums Oppeln ist ein Strich sandiger und steiniger Boden, desgleichen im Grottgauer Kreise in der Gegend von Ottmachau gegen den Neißer Kreis und gegen die Gränze des Strehlenschen Kreises, **Gläsendorf**, eben so gegen den Münsterberger Kreis **Lindenau**.

Waldungen.

Die Waldungen sind ganz ansehnlich und liefern nicht nur den Einwohnern den Bedarf, sondern es kann auch viel auswärts verkauft werden.

Die beträchtlichsten Waldungen im Königl. Preußischen Antheile des Fürstenthums sind:

A. Im Neißer Kreise:

Bei Altwalde.
= Arnoldsdorf.
= Bechau.
= Klein=Briesen.
= Langendorf.
= Laßot.
= Lindewiese.
= Groß=Mahlendorf.

Bei Oppersdorf.
= Plattnitz.
= Polnischwette.
= Preuland.
= Ritterswalde.
= Rothhaus.
= Schaderwiz.
= Schönwalde.

B. Im Grottgauer Kreise:

Bei Gläsendorf.
Der Grottgauer Stadtwald.
Bei Gruben.

Bei Koppitz.
= Ossig.
= Sonnenberg.

Producte.

A. Das Thierreich.

Pferde und Rindvieh sind von großem Schlage. Zu Koppendorf ist eine bischöfliche Stuterei und zu Heidersdorf werden auch viele Pferde erzogen. Die Butter ist nicht nur im Fürstenthume selbst, sondern auch auswärts wegen ihres guten Geschmackes und ihrer Fettig=

krit sehr beliebt, so daß viel in andere Gegenden, vorzüglich nach Berlin, versendet wird. Die beträchtlichen Schäfereien liefern nach der Verschiedenheit der Triften auch Wolle von verschiedener Güte, indessen ist man auf mehreren Dominien darauf bedacht, die Wolle zu veredeln. Die Zucht der Seidenwürmer und die Bienenwartung sind sehr beträchtlich. Im Neißer Kreise findet man auch Waldbienenstöcke.

Die Wälder liefern Wildbret von allerlei Art, nur giebt es, aus Mangel großer Teiche, wenig Wassergeflügel.

Die Flüsse, Bäche und Teiche liefern zwar verschiedene Arten Fische, die Biele auch Forellen, aber nicht hinreichend für den Bedarf der Einwohner, so daß das Mangelnde von auswärts ersetzt werden muß.

B. Das Pflanzenreich.

Die Waldungen bestehen aus Tannen, Fichten, Kiefern, Buchen, Eichen, Birken und lebendigen Holzarten, z. E. Erlen, Weiden rc. Hin und wieder, besonders bei den Städten, sind mehrere Maulbeer-Plantagen. Unter den gewöhnlichen Getreidearten und Hülsenfrüchten wird besonders viel und schöner Weizen gewonnen. Flachs wird zwar in beiden Kreisen gebauet, jedoch der meiste und schönste im Neißer Kreise, davon wird besonders viel in die Gebirgsgegenden verkauft. Der Obstgewinn ist ganz ansehnlich. Kartoffeln werden zwar überall, aber im Verhältnisse die meisten im Halte Wansen, angebauet, wo man auch einigen Toback und besonders viele Gurken, letztere auch zum auswärtigen Absatze, anpflanzt. Den Heuschlag kann man auf 13 bis 14000 Fuder annehmen. In der Nähe von Neiße sind bei einigen Dörfern, besonders zu Mährengasse und Neuland, eben solche Kräutereien, wie zu Breslau und Liegnitz. Ob seltnere Pflanzen in diesem Fürstenthume wohnen, ist mir bisher unbekannt geblieben: es ist indessen nicht zu zweifeln, daß, besonders in der gebirgigen Gegend, wenn auch nicht eine große Menge, doch wenigstens einige zu finden seyn werden. Mir hat es bisher noch nicht glücken wollen, dieses Fürstenthum in botanischer Absicht zu bereisen: es wäre aber doch sehr zu wünschen, daß irgend ein Freund der Naturgeschichte in jener Gegend sich fände, der sich diesem Geschäfte unterzöge.

C. Das Mineral-Reich.

Das Neißer Fürstenthum ist an Mineralien nicht reich. Die mir bekannt gewordenen sind:

1) **Granat, gemeiner**, von mittlerer Größe, einzeln zerstreuet im **Glimmerschiefer**, bei Kosel, Patschkau und Ottmachau.

2) **Feldspath, gemeiner**, grünlich und gelblichweiß, in einem grobkörnigen Gemenge mit lauchgrüner **Hornblende — Urgrünstein** — Herr von Buch sagt: *) Diese Gebirgsart kommt in ansehnlicher Ausdehnung im Fürstenthum Neiße vor. Es ist eine fast ebene, nur durch flache Thäler unterbro-

*) Siehe dessen geognostische Beobachtungen auf Reisen. Th. 1. S. 70.

chene Fläche, die sie hier bildet, nicht steil und hoch erhabene Berge, wie der Zobtenberg ist. Die Neißer Grünsteinmasse scheint auch etwas älter, als die des Zobtenberges zu seyn. Wenn man **Patschkau** verläßt, das noch auf granatreichem **Glimmerschiefer** liegt, und über die flachen sumpfigen Wiesen, zwischen denen hier die Neiße fließt, die jenseitigen Höhen hinter **Pomsdorf** und **Neuhaus** ersteigt, so sieht man, statt des **Glimmerschiefers**, **Grünstein** hier anstehen, in welchem die **Hornblende** überwiegend zu seyn scheint; und in der ganzen Gegend von **Liebenau**, **Glambach**, **Lobedau** (Bruckstein, Neuhaus) und **Laswiz** ist dann keine andere Gebirgsart sichtbar. Selbst in den felslosen Gegenden von **Groß**- und **Klein-Karlowiz**, scheint sie noch herrschend zu seyn.

3) **Thon, Töpfer-**, bei Heidau, Nowag, Neunz und Oppersdorf.

4) **Thonschiefer**, in nicht genau bestimmten Verhältnissen, bei Arnoldsdorf, Giersdorf, Groß-Kunzendorf und Bischofswalde. Er wird zum Dachdecken gebraucht.

5) **Glimmer, silberweiß**, als Glimmerschiefer bei Kosel, Plottnitz, Patschkau, Ottmachau und auf den Anhöhen bei Zuckmantel.

6) **Hornblende, gemeine:** siehe 2 Feldspath.

7) **Basalt**, bei Kosel und Plottnitz.

8) **Walkererde**, bei Kamitz.

9) **Kalkstein, körniger**, in Thonschiefer, zu Giersdorf, Groß-Kunzendorf, Bischofswalde.

10) **Mergel, verhärteter**, bei Neunz, Nowag, Oppersdorf.

11) **Bituminöse Holzerde**, sehr mächtig mit andern vegetabilischen Ueberresten, so stark mit natürlichem Vitriol durchzogen, daß er ohne Kunst schon in den offenen Räumen der Masse anschießt, bei Kamnig, Gläsendorf, Tschechdorf und Rogau.

Bei Oppersdorf, Schweinsdorf rc. findet man eine große Menge Geschiebe uranfänglicher Gebirgsarten zu Hügeln auf einander gehäuft.

Zweiter Abschnitt.

Manufacturen und Fabriken.

Man wird immer finden, daß in Gegenden, wo der Ackerbau die Bewohner reichlich nährt, man wenig geneigt ist, Manufacturen und Fabriken von großer Bedeutung anzulegen. So ist es auch im Fürstenthume Neiße. Ich kann daher nur folgende anführen.

Tuchmacher sind in Patschkau und Neiße, desgleichen auch **Strumpfstricker** und **Wirker**. An beiden genannten Orten sind **Wachsbleichen**.

In Neiße, Patschkau, Ottmachau und Ziegenhals wird viel **Leinwand**, die meiste aber am letztern Orte, gewirkt.

In Neiße ist eine **Naumburger Band-Manufactur**.

Kraftmehl und Haarpuder wird zu Neiße, Patschkau und Ottmachau gemacht.

In Patschkau ist eine **Oehlschlägerei**.

In Wansen wird **Toback gesponnen**.

Papiermühlen sind zu Arnoldsdorf 1, zu Bielau 3, zu Schönwalde 1.

Bleichen, auf denen sehr viel Garn gebleicht wird, sind:

Zu Arnoldsdorf . . .	11.
Zu Polnischwette . . .	2.
Zu Bischofswalde . . .	1.
Zu Dürr=Kunzendorf .	1.
Zu Lentsch	1.
Zu Langendorf . . .	3.
Zu Mohrau	1.
Zu Schönwalde . . .	2.
Zu Grottgau	1.
Summa	23.

Zu Patschkau ist eine **Pulvermühle**.

Zu Kupferhammer ist ein **Kupferhammer**.

Zu Kamnig ist eine **Vitriol=Hütte**, wo Eisen=Admonter und cyprischer Vitriol, auch Vitriol=Oehl, Scheidewasser und rothe Farbe gemacht wird.

Zu Kamitz sind 3 **Pottaschsiedereien**.

In Neiße ist eine **Buchdruckerei**.

Dritter Abschnitt.
Politische Verfassung.

Gränzen.

Das mittelbare Fürstenthum Neiße, bisweilen, aber fälschlich, das Herzogthum Grottgau genannt (Neiße war schon 1189 ein Herzogthum, als es der Bischof Jaroslaus der Kirche schenkte, Grottgau, sonst ein Theil des Fürstenthums Brieg, kam erst 1341 unter dem Bischofe Przemislaus I dazu, der es von dem Herzoge Boleslaus III kaufte), gehört dem Fürstbischofe von Breslau, hat aber zwei Oberherren, den König von Preußen (beinahe zwei Drittheile) und den König von Böhmen. Es gränzt gegen **Morgen** an das Fürstenthum Oppeln, und zwar an den Falkensteiner und Neustadter Kreis; gegen **Mittag** an Mähren; gegen **Abend** an die Grafschaft Glatz und an das Fürstenthum Münsterberg; gegen **Mitternacht** an Münsterberg und an das Fürstenthum Brieg.

Größe.

Zimmermann *) giebt den Königl. Preußischen Antheil auf 30, und den Böhmischen auf 17 Quadrat-Meilen an. Nach Scheibels Berechnung enthält der Preußische Antheil 22, und nach Sacks Angabe 26 Quadrat-Meilen **).

*) Beiträge zur Beschreibung von Schlesien Th. 3. S 254.
**) Zimmermann allgemeine Nachrichten von Schlesien S. 4.

Kreise.

Dieses Fürstenthum war ehedem in drei Kreise getheilt. Unter der Königl. Preußischen Regierung wurde der Preußische Antheil in zwei Kreise,

1) den Neißer, und
2) den Grottgauer Kreis

eingetheilt. Der Böhmische Antheil macht den Weidenauer Kreis aus.

Volksmenge.

In den Jahren 1791, 1793, 1794, 1795, 1796 und 1800 lebten in dem Preußischen Antheil:

Nahmen der Kreise.	1791.	1793.	1794.	1795.	1796.	1800.
I. In dem Neißer Kreise:						
A. In den Städten:						
1) Neiße . . .	9760	10005	9427	6700	6736	7307
2) Patschkau .	1997	2065	2164	1991	1994	2132
3) Ziegenhals .	1672	1715	1737	1614	1659	1797
B. Auf dem Lande	45206	45217	45387	45034	45959	25618
Summa	58635	59002	58715	55339	56348	36854
II. Im Grottgauer Kr.						
A. In den Städten:						
1) Grottgau .	1622	1500	1467	1388	1368	1551
2) Ottmachau .	1306	1367	1488	1610	1528	1714
3) Wansen . .	644	694	751	611	609	696
B. Auf dem Lande	2[illegible]925	24471	24548	24370	24755	26104
Summa	27497	28032	28254	27979	28260	30065
In den Städten .	17001	17346	17034	13914	13894	15197
Auf dem Lande .	69131	69688	69935	69404	70714	51722
Summa	86132	87034	86969	83318	84608	66919
Nimmt man nach Sack 26 Quadrat-Meilen an, so kommen auf jede Meile . . .	3312	3347	3344	3312	3254	2573

Es sei mir erlaubt, hier in Absicht der Angabe der Volksmenge eine Anmerkung zu machen. Ich habe die angegebene Volksmenge immer aus den Schles. Provinzial-Blättern ausgezogen, und nie an ihrer Richtigkeit gezweifelt, weil ich, da die Herren Redacteurs an der Krieges- und Domainen-Kammer in Breslau stehen, vermuthen konnte, daß sie ihre Nachrichten aus der rechten Quelle geschöpft haben müßten. Indeß sind doch manche Angaben so auffallend verschieden, daß man sich diese Verschiedenheit nicht erklären kann, wenn man nicht Druckfehler, oder bisweilen veränderte Grundsätze, nach denen die Zählung veranstaltet worden, oder unrichtige Angaben, (sollte eine solche Vermuthung wohl gegründet seyn?) annehmen will.

Eine solche Verschiedenheit findet sich in vorstehender Tabelle. Bei der Stadt Neiße 1795 werden gegen 1794 2727 Menschen weniger angegeben. Beim Neißer Kreise ist 1800 gegen 1796 auf dem Lande ein Abfall von 20341 (jährlich im Durchschnitt 5085) angegeben. So viel können in 4 Jahren unmöglich gestorben noch weniger ausgewandert seyn.

Eben so auffallend verschieden habe ich die Angabe (Th. 3. S. 129.) im Brieger Kreise gefunden. 1794 waren 19375 Menschen auf dem Lande angegeben, 1795 schon 46087 (also 26712 mehr) und 1796, 27444 mehr. So viel sind in einem Jahre weder geboren worden, noch eingewandert. Im Jahre 1800 *) werden wieder nur 20388, also gegen 1796, 26431 (jedes Jahr im

*) Schles. Provinzialbl. 1801. Monat Sept. S. 270.

Durchschnitt 6607) weniger angegeben. Im Kreuzburger Kreise ist 1791 die Zahl 15282 und 1793, 19237, 1794 war sie schon wieder auf 15121 gefallen. In der Stadt Glatz ist die Bevölkerung von 1791 — 1794 jährlich gestiegen, und 1795 auf einmahl von 9525 auf 6302 gefallen, mithin wären in einem einzigen Jahre 3223 Menschen weniger geworden. Man erlaube mir, ich bitte, die bescheidene Frage: Woher diese auffallenden Unterschiede?

Sprache.

Man spricht durchgehends Deutsch; nur im Halte Wansen wird Polnisch (sogenanntes Wasserpolnisch) gesprochen.

Aeußere Verfassung.

Der Bischof hat seine eigene Regierung zu Neiße, unter der die Magisträte und Fürstenthums-Bauern stehen. Von hier wird an die Oberamts-Regierung zu Brieg appellirt. In Ansehung der Steuer und Contribution steht das ganze Fürstenthum unter der Kriegs- und Domainen-Kammer zu Breslau.

In Ansehung der Steuer gehören beide Kreise zur ersten Classe und zum zweiten steuerräthlichen Departement, das seinen Sitz in Brieg hat.

In Ansehung der Vieh-Assecuranz gehört der Neißer Kreis zur ersten, und der Grottgauer Kreis zur zweiten Societät.

In Ansehung des Accise- und Zollwesens gehört das ganze Fürstenthum zur Direction von Neiße.

Beide Kreise und sämmtliche Städte gehören zur Salzfactorei Brieg; Mansen aber gehört zur Factorei zu Breslau.

Der Adel und die rittermäßigen Scholtisei-Besitzer machen in Ansehung der Landschaft ein eignes, das Neißer System aus.

Die in Neiße in Garnison liegenden Infanterie-Regimenter haben in beiden Kreisen ihren Canton.

Aeußere kirchliche Verfassung.

Die herrschende Religion ist die katholische, Protestanten findet man nur eine kleine Anzahl, jedoch sind die Einwohner der Dörfer Merzdorf, Guhlau und Guhrau im Grottgauer Kreise Protestanten. Folgende Tabelle zeigt die Kirchen und Klöster im Pr. Antheil.

Nahmen der Kreise.	Kirchen.				Klöster.	
	In Städt.		Auf Dörf.			
	Luth.	Kath.	Luth.	Kath.	Mönchs=	Nonnen=
Im Neißer Kreise . . .	1	13	—	49	3	1
Im Grottgauer Kreise .	2	4	—	31	—	—
Summa	3	17	—	80	3	1

Die protestantischen Prediger stehen unter dem Oberschlesischen Consistorio und unter der Neustädter Inspection.

Die sämmtlichen katholischen Geistlichen stehen unter dem Archidiakonat Breslau und unter dem bischöflichen Commissariat Neiße. Die Archipresbyteriate sind:

I. Neiße; unter diesem stehen die Parochi zu:
1) Bielau. Weltgeistlicher.
2) Bösdorf. W.
3) Deutsch Kamitz. W.
4) Alt Neiße. W.
5) Neunz. W.
6) Oppersdorf. W.
7) Reinschdorf.
8) Rimmerzheide. W.
9) Walddorf. W.

II. Grottgau; darunter gehören die Parochi zu:
1) Falkenau.
2) Hohen-Giersdorf.
3) Herzogswalde.
4) Koppitz.
5) Kühschmalz.
6) Leipe.
7) Leupusch.
8) Lichtenberg.
9) Weißelsdorf.
(1–9: Weltgeistliche.)

III. Ottmachau; unter diesem stehen die Parochi zu:
1) Bischofswalde.
2) Groß-Karlowitz.
3) Gläsendorf.
4) Kamnig.
5) Kalkau.
6) Köppernig.
(1–6: Weltgeistliche.)

7) Nowag. 8) Rathmannsdorf. 9) Stephansdorf. 10) Wiesau.	Weltgeistliche.

IV. Patschkau; dazu gehören die Parochi zu:

1) Gostitz. 2) Heinersdorf. 3) Hertwigswalde. 4) Laswitz. 5) Liebenau. 6) Lindenau. 7) Schwammelwitz.	Weltgeistliche.

V. Ziegenhals; hierher gehören die Parochi zu:

1) Altewalde. 2) Arnoldsdorf. 3) Borkendorf. 4) Deutschwette. 5) Lindewiese. 6) Neuwalde. 7) Polnischwette.	Weltgeistliche.

VI. Friedewalde; hierher gehören die Parochi zu:

1) Bielitz. 2) Gruben. 3) Hennersdorf. 4) Hermsdorf. 5) Mogwitz. 6) Volkmannsdorf.	Weltgeistliche.

I.
Der Neißer Kreis.

Der **Neißer Kreis** Preußischen Antheils, zu dem jetzt derjenige Theil des ehemahligen Ottmachauer Weichbildes gehört, der am rechten Ufer der Oder bis an die Gränze des Böhmischen Antheils liegt, gränzt gegen **Morgen** an den Falkenberger und Neustädter Kreis des Fürstenthums Oppeln; gegen **Mittag** an den Böhmischen Antheil von Neiße; gegen **Abend** an das Fürstenthum Münsterberg und an die Grafschaft Glatz; gegen **Mitternacht** an den Grottgauer Kreis.

Unter den darin fließenden Wassern sind die vorzüglichsten:

Die **Neiße**, die **Krebsbach**, der **Mittelbach**, die **Schlippe**, die **Biele**. Er enthält auf ungefähr 18 Quadrat-Meilen 3 Städte, **Neiße**, **Patschkau**, **Ziegenhals** und 125 Dörfer *).

A. Städte.

1. Neiße.

Neiße, die Hauptstadt des Fürstenthums, und die Kreisstadt, dem Fürstbischofe von Breslau gehörig, jedoch mit Ausnahme der **Friedrichsstadt**, die Königlich ist, liegt zwischen Bergen, in einer morastigen Gegend, nach von Gersdorf 20 Fuß über der Neiße, und

*) Herr Zimmermann giebt in den allgemeinen Nachrichten von Schlesien 131 Dörfer an.

574 Fuß über der Meeresfläche, ist eine wichtige Festung, liegt am linken Ufer der Neiße und hat 3 Thore (das Neustadter, Breslauer und Berliner). Die Biele fließt durch die Stadt, in der folgende Gebäude sind:

I. Königliche:

1) Ein Magazin nebst der Bäckerei in der Friedrichsstadt.

2) Casernen, zwei in der Stadt; dann die zwei alten, und die blauen, und in der Friedrichsstadt die gelben.

II. Bischöfliche:

1) Die fürstbischöfliche Residenz, mit einer schönen Façade, ist ein weitläufiges Gebäude.

2) Das arme Priesterhaus, in welchem arme alte kathol. Geistliche unterhalten werden.

III. Städtische:

1) Das Rathhaus.

2) Das große Hospital.

3) Das Kranken-Hospital.

IV. Kirchen und Schulgebäude:

1) Die Stadt-Pfarrkirche, (die Jacobskirche, Collegiat-Kirche) bei welcher ein Dohm-Collegiat-Stift ist, zu dem sechs Canonici residentes und sechs Canonici non residentes gehören. Einer von den Canonicis ist Stadtpfarrer. In dieser Kirche findet man mehrere schöne Gemählde, z. E. das Blatt am hohen Altar. Von **Willmann** sieht man hier: Christum am Kreuze, ein anderes Christusbild, den Sturz der bösen Engel, und die Schindung Bartholomäi.

Das Stift hat schöne Güter.

a) **Im Neißer Kreise:** Bösdorf, Buchwald, Geltendorf 1 Antheil, Glompenau, Heidersdorf, Krackwitz, Groß-Neundorf 1 Antheil, Nowag 1 Antheil, Weizenberg.

b) **Im Grottgauer Kreise:** Groß-Karlowitz, Graschwitz 1 Anth., Klodebach 1 Anth., Laskowitz 1 Anth., Laswitz, Lichtenberg, Perschkenstein, Seifersdorf 1 Antheil, Starwitz 1 Antheil.

2) Die Kreuzkirche Petri und Pauli, bei dem fürstlichen Stifte der Chorherren des H. Grabes mit dem rothen Sterne (24 Geistliche) *). Auch hier findet man verschiedene schöne Gemählde. Von **Rubens:** 1) eine Abnehmung Christi vom Kreuze; 2) Maria mit ihrem Kinde auf Stroh liegend. Von **Willmann:** Eine Anbetung Christi bei seiner Geburt. Von **unbekannten Meistern:** 1) Adam und Eva, den Tod Abels beweinend; 2) Maria in Rosis; 3) den H. Hieronymus.

Die Güter, die das Stift besitzt, sind:

a) **Im Neißer Kreise:** Beigwitz, Hansdorf, Kaindorf, Lentsch, Naasdorf, Neuland 1 Antheil, Rieglitz.

b) **Im Grottgauer Kreise:** Bittendorf, Niklasdorf.

---

*) Nähere Nachricht von der Entstehung dieses Stiftes findet man in den denkwürdigsten Jahrestagen Schlesiens Th. 1. S. 391 ff.

c) Im Neustädter Kreise des Fürstenthums Oppeln: Achthuben, Kunzendorf, Mackenau, Mühlsdorf.

3) Die Kirche bei dem ehemahligen Jesuitenkloster.

4) Die Kirche bei dem Franziscaner-Kloster (14 Mönche mit dem P. Guardian).

5) Das Nonnenkloster Ord. St. Mariae de Poenitentia, nebst der Kirche. Die acht Nonnen, denen eine Priorinn vorsteht, beschäftigen sich mit der Erziehung meist adeliger Fräulein.

6) Die Bürger- oder Corpus Christi Kirche.

7) Die St. Annakirche.

8) Die evangel. lutherische Kirche ist zwar kein besonderes Gebäude, sondern befindet sich im Rathhause, an der ein Pastor, der zugleich Rector der Schule ist, stehet. Auch die Protestanten von der Garnison halten hier ihre Gottesverehrungen.

9) Die Jerusalemskirche.

10) Die Capelle St. Rochus mit einer Einsiedelei.

11) Die Dominicaner-Residenz mit vier Mönchen.

Diese drei letztern Gebäude sind in der Friedrichsstadt.

Außer dem Gymnasio in dem ehemahligen Jesuiter-Collegio sind hier noch

12) die katholische Stadtschule, und

13) die evangelisch-lutherische Schule.

14 — 22) Wohnungen der Geistlichen.

V. **Bürgerliche oder Privat-Häuser sind**

in der Stadt	= =	446
in der Friedrichsstadt		31
in der Vorstadt	=	45
	Summa	522

Noch ist das Landhaus zu bemerken, in welchem sich das Steueramt befindet.

Die hier befindlichen königlichen Aemter sind:

Die Accise- und Zoll-Direction, unter der folgende Accise- und Zollämter stehen:

a) **Im Fürstenthum Neiße.**

a) **Im Neißer Kreise:** Neiße, Ottmachau, Patschkau.

b) **Im Grottgauer Kreise:** Grottgau, Wansen, Ziegenhals.

b) **Im Fürstenthume Oppeln.**

a) **Im Oppelnschen Kreise:** Oppeln, Krappiz.

b) **Im Falkenbergischen Kreise,** Falkenberg, Schürgast.

c) **Im Lubliniter Kreise:** Lüblinitz, Guttentag.

d) **Im Groß-Strehlitzer Kreise:** Groß-Strehliz, Leschniz.

e) **Im Toster Kreise:** Tost, Peiskretscham, Ujest, Gleiwitz.

f) **Im Roseler Kreise:** Kosel.

g) **Im Neustädter Kreise:** Neustadt, Ober-Glogau, Zülz.

c) **Im Fürstenthume Rattibor.**
Rattibor, Riebnig, Soran.

d) **Im Fürstenthume Brieg.**
Brieg, Löwen, Nimptsch, Ohlau, Strehlen.

e) **Im Fürstenthume Münsterberg.**
Münsterberg.

f) **Im Pleßischen Kreise:** Pleß, Nicolai, Loslau.

g) **Im Leobschützer Kreise:** Bauerwitz, Hultschin, Katscher, Leobschütz.

h) **Im Beuthener Kreise:** Beuthen, Tarnowitz.

Das Accise- und Zollamt.

Das Steueramt.

Das Postamt.

Die Casernen-Inspection.

Das Proviantamt.

Die Salz-Factorei ist Filial von Brieg.

Bischöfliche Aemter:

Die Regierung, die die Justiz verwaltet.

Die Kammer, oder das Hofrichteramt verwaltet die bischöflichen Einkünfte.

Das Wirthschaftsamt.

Die bürgerlichen Nahrungszweige sind: die **Handlung**, größtentheils im Kleinen; das **Bierbrauen**, dazu 374 Häuser berechtigt sind, (71 Dörfer stehen unter dem Bierzwanze) das ziemlich beträchtlich ist; die erlernte **Kunst** oder ein **Handwerk**; der **Anbau von Küchenkräutern**, die weit verfahren werden.

Die Garnison besteht aus 3 Bataillonen Infanterie, 2 Invaliden-Compagnien, 1 Compagnie Garnison-Artillerie nnd 1 Compagnie Mineurs.

Das Stadtwapen ist Johannes der Täufer mit dem Osterlamme, das auf beiden Seiten ein Schild mit 3 Lilien hat. Die Friedrichsstadt aber hat den Preußischen Adler.

Jahrmärkte sind 1) am Tage Agneta, 2) am Palmsonntage, 3) am Sonntage Misericordias Domini, 4) an Jacobi, 5) an Ursula. An jedem dieser Jahrmärkte ist zugleich Viehmarkt. An Urbani und Michaelis sind Wollmärkte. Montags ist Garnmarkt, an welchem jährlich gegen 4000 Schock Garn abgesetzt wird, davon der größeste Theil ins Gebirge geht. Mittwochs, Freitags und Sonnabends ist Wochenmarkt, und am letztern Tage auch Getreidemarkt. Alle diese Märkte werden stark besucht, und gewähren den Bürgern manchen Vortheil.

Neiße wurde 1741 von Friedrich II. belagert und erobert, und nie wieder verloren.

Kaiser Joseph II. wohnte hier 1769 den 25. August der Revue bei, die Friedrich II. über die Oberschlesischen Regimenter hielt.

2. Patschkau.

Diese bischöfliche Stadt liegt am rechten Ufer der Neiße, ist mit zwei Mauern und Gräben umgeben, hat 2 Thore, (das Ober- und Niederthor) und enthält:

I. An

I. An öffentlichen Gebäuden:

1) Eine kathol. Pfarrkirche in der Stadt, an der der Parochus, drei Capelläne und ein Frühmesser die gottesdienstlichen Handlungen besorgen.

2) Die Begräbnißkirche St. Johannis. } in der
3) Die Kirche St. Nicolai. } Vorstadt.

4) Die Wohnung des Parochi.

5) Die kathol. Stadtschule, an der nebst dem Rector der Cantor den Unterricht besorgen.

6) Die evangel. luth. Schule, an der außer dem Rector noch ein Lehrer unterrichten. Der Rector ist zugleich Pastor der evangel. luther. Civil- und Militär-Gemeine, die ihre Gottesverehrungen auf dem

7) Rathhause in einem dazu eingerichteten Saale hält.

8) Ein Hospital.

9) Das Malz- und Brauhaus.

10) Den Marstall.

11) Das kathol. Pfarrhaus.

12) Die Wohnung des Frühmessers.

13) 14) 2 Thorwachhäuser.

15) 16) 2 Thorschreiberhäuser.

17) 18) 2 Sprizenhäuser.

II. Bürgerliche Häuser sind in der Stadt und den Vorstädten 335.

Das erlernte Handwerk oder Kunst, der Ackerbau, der aber meistentheils nur von den Vorstädtern betrieben wird, Handel im Kleinen von keiner Bedeutung, das Bierbrauen (6 Kretschame im Preußischen und 3 im Böhmischen Antheile stehen unter dem Bierzwange) 2 Bleichen und Spinnen ernähren die Bürger.

Hier ist auch eine Pulvermühle.

Königliche Aemter sind:

Das Accise- Zoll- und Postwärteramt. Letzteres wird gemeiniglich von einem Magistrats-Mitgliede verwaltet.

Jahrmärkte sind: 1) Am Feste Epiphanias; 2) am Sonntage Rogate; 3) an Bartholomäi; 4) an Martini.

Die Garnison besteht aus einem Füsilier-Bataillon.

Das Stadtwapen ist ein seitwärts stehender Vogel (vielleicht ein Adler) in einem gezierten Schilde.

3. Ziegenhals.

Diese bischöfliche, zum Theil mit einer Mauer, zum Theil nur mit Pallisaden eingeschlossene Stadt hat 2 Thore (das Ober- und Niederthor), liegt am Bieleflusß in einer sehr angenehmen Gegend, und enthält:

I. **An öffentlichen Gebäuden:**

1) Die katholische Pfarrkirche, an der ein Pfarrer und ein Capellan die Parochialien besorgen.

2) Die Begräbnißkirche St. Rochi.

3) Die katholische Schule.

4) Das Rathhaus.

5) Ein Hospital.

II. **Privat-Häuser** sind 240.

Die Bürger nähren sich vom Handel, der im Kleinen, besonders aber mit Garn getrieben wird; vom Bierbrauen, dazu die Gerechtigkeit auf 104 Häusern haftet, das aber wenig Vortheil bringt; vom erlernten Handwerke (die größte Zunft ist die der Leineweber), und vom Ackerbau. Man betreibt hier vorzüglich den Flachsbau.

Auf den hiesigen sechs Garnbleichen werden gegen 2000 Schock Garn gebleicht.

Das Accise- und Zollamt nebst dem Postwärteramte sind die hiesigen königlichen Aemter.

Jahrmärkte sind: 1) am Sonntage Misericordias Domini; 2) am Tage Laurentii; 3) am Sonntage vor Mariä Geburt.

Eine Invaliden-Compagnie liegt hier in Garnison.

B. Dörf

Nahmen der Dörfer.	Oeffentl. Gebäude: Kath. Kirchen.	Oeffentl. Gebäude: Schulen.	Oeffentl. Gebäude: Pfarrhäuser.	Herrschaftl. Schlösser und Wohnungen.	Vorwerke.	Ganze Bauern.	Halbe Bauern.
Altewalde	1	1	1	—	—	21	49
Arnoldsdorf	1	1	1	1	1	—	32
Arnsdorf, Dürr=	1 C.	1	—	—	—	6	28
Die rittermäßige Scholtisei	—	—	—	1	1	—	—
Baucke	—	1	—	—	—	17	—
Die ritterm. Scholtisei	—	—	—	—	1	—	—
Bauschwiz	—	—	—	1	1	13	—
Bechau	—	1	—	1	1	—	—
Beigwiz	—	1	—	—	—	11	—
Bielau	1	1	1	1	1	16	—
Bieliz	1	1	1	1	—	28	1
Die ritterm. Scholtisei	—	—	—	—	1	—	—
Bischofswalde	1	2	1	—	—	12	28
1) Die ritterm. Scholtisei	—	—	—	—	1	—	—
2) Desgleichen	—	—	—	—	1	—	—
Blumenthal	—	—	—	—	1	—	—
Bösdorf (Bötmannsdorf)	1	1	1	—	—	25	—
Borkendorf	1	1	1	—	—	11	47
Die ritterm. Scholtisei	—	—	—	—	1	—	9
Briesen, Groß=	1	1	1	—	—	28	—
Briesen, Klein=	—	—	—	—	—	5	1
Die ritterm. Scholtesei	—	—	—	—	1	—	—
Brünschwiz	—	—	—	—	—	8	—
Carlshof	—	—	—	—	1	—	—
Deutschwette	1	1	1	—	—	17	8
Die ritterm. Scholtisei	—	—	—	—	1	—	—
Ekwertsheide	—	—	—	1	1	—	—
Eulau	—	—	—	—	—	11	2
Die ritterm. Scholtisei	—	—	—	—	1	—	—
Franzdorf	—	—	—	—	1	—	—
Friedewalde	1	1	1	—	—	24	23
Die ritterm. Scholtisei	—	—	—	—	1	—	—
Friedrichseck	—	—	—	—	1	—	—
Fuchswinkel	—	—	—	1	1	—	—

Papiermühlen.	Schmieden.	Entfern. von der Weichbildstadt. Meil.	Weichbild.	Herrschaft.	Anmerkungen und Merkwürdigkeiten. NB. In der Rubrik Weichbild bedeutet O, daß das Dorf auf der Schubartischen Charte im Ottmachauer, und N, daß es im Neißer Weichbilde liegt.
—	3	$1\frac{3}{4}$	N.	Bischöflich.	Die rittermäßige Scholtisei ist in zwei Theile getheilt.
1	2	$3\frac{1}{2}$	N.	Adelig.	
—	—	2	O.	Bischöflich.	
—	2	—	—	Jungfernstift zu Neiße.	
—	1	1	O.	Bischöflich.	
—	2	—	—	Kämmerei Neiße.	Die Scholtis. heißt Maskowitz.
—	2	$3\frac{1}{2}$	N.	Adelig.	
—	—	$1\frac{3}{4}$	N.	desgl.	
—	2	1	N.	Kreuzstift in Neiße	
3	3	$\frac{3}{4}$	N.	Adelig.	
—	2	$2\frac{1}{4}$	N.	Bischöflich.	
—	1	—	—	Adelig.	
—	1	$1\frac{3}{4}$	N.	Bischöflich.	Hierher gehört Kleinwalde.
—	1	—	—	— —	D. Scholt. heißt der große Hof
—	1	—	—	— —	Sie heißt der kleine Hof.
—	—	$1\frac{1}{4}$	O.	Adelig.	
—	2	$1\frac{5}{8}$	N.	Domcap. zu Neiße.	
—	2	2	N.	Bischöflich.	
—	1	—	—	— —	
—	2	$2\frac{3}{4}$	N.	desgl.	
—	1	1	O.	desgl.	
—	1	—	—	Adelig.	Ist ein Fideicommiß der von Obergischen Familie.
—	1	$\frac{3}{4}$	O.	Bischöflich.	
—	—	—	—	Adelig.	
—	1	$1\frac{3}{4}$	N.	Bischöflich.	
—	2	—	—	Adelig.	Hierher gehört das Vorwerk Cammerau.
—	3	2	N.	desgl.	
—	1	$1\frac{1}{4}$	N.	Bischöflich.	
—	2	—	—	Adelig.	
—	3	$1\frac{1}{4}$	N.	desgl.	
—	2	$2\frac{1}{4}$	N.	Bischöflich.	
—	3	—	—	— —	
—	—	$\frac{3}{8}$	O.	Bischöflich.	
—	2	2	O.	Adelig.	

Nahmen der Dörfer.	Oeffentl. Gebäude: Kath. Kirchen.	Oeffentl. Gebäude: Schulen.	Oeffentl. Gebäude: Pfarrhäuser.	Herrschaftl. Schlösser und Wohnungen.	Vorwerke.	Ganze Bauern.	Halbe Bauern.	Freigärtner
Geltendorf, 1. Antheil	—	—	—	—	—	6	—	[illegible]
Geltendorf, 2. Antheil	—	—	—	—	—	7	—	[illegible]
Gesäße	—	1	—	1	2	16	—	[illegible]
Giersdorf	1	1	—	—	—	7	42	[illegible]
Die ritterm. Scholtisei	—	—	—	—	1	1	7	[illegible]
Giesmannsdorf	—	—	—	1	1	—	—	[illegible]
Glompenau, 1. Antheil	—	1	—	—	—	7	—	[illegible]
Glompenau, 2. Antheil	—	—	—	—	1	9	—	[illegible]
Gostiz, 1. Antheil	1	1	1	—	—	3	33	[illegible]
Gostiz, 2. Antheil	—	—	—	—	1	2	6	[illegible]
Gräferey	—	—	—	—	1	—	—	[illegible]
Greisau	1	—	—	1	1	22	—	[illegible]
Grunau	—	1	—	1	2	1	1	[illegible]
Gutwitz	—	—	—	—	—	6	2	[illegible]
Hansdorf	—	1	—	—	—	9	—	[illegible]
Heidau	1	1	—	—	—	22	4	[illegible]
Die ritterm. Scholtisei	—	—	—	—	—	6	—	
Heidersdorf	—	1	—	—	—	32	—	—
Heinersdorf, 1. Antheil	1	1	1	—	—	15	15	[illegible]
Heinersdorf, 2. Antheil	—	—	—	—	—	3	4	[illegible]
Heinzendorf	—	1	—	—	—	17	3	[illegible]
Hennersdorf (Hünersdorf)	1	1	1	1	1	35	—	[illegible]
Die ritterm Scholtisei	—	—	—	—	1	—	—	[illegible]
Hermsdorf, bei Bielitz	1	1	1	—	—	21	7	[illegible]
Die ritterm. Scholtisei	—	—	—	—	1	—	—	[illegible]
Hermsdorf bei Weidenau, Preuß. Anth.	1	1	1	—	—	4	25	[illegible]
Die ritterm. Scholtisei	—	—	—	—	1	—	—	[illegible]
Jägliz, 1. Antheil	—	—	—	—	—	4	5	
Jägliz, 2. Antheil	—	—	—	—	1	—	—	[illegible]
Jägliz, 3. Antheil	—	—	—	—	—	—	—	—
Jeutriz, Ober-	—	—	—	—	—	9	1	[illegible]
Jeutriz, Nieder-	—	—	—	—	—	4	—	[illegible]
Kalkau	1	1	1	—	—	25	—	[illegible]
Die ritterm. Scholtisei	—	—	—	—	1	—	—	[illegible]
Kaltenberg	—	—	—	—	1	—	—	—
Kamitz	1	1	—	—	1	15	67	
Deutsch-Kamitz	1	1	1	—	2	30	8	—

Papiermühlen.	Schmieden.	Entfern. von der Weichbildstadt. Meil	Weichbild.	Herrschaft.	Anmerkungen und Merkwürdigkeiten.
—	1	$2\frac{1}{4}$	N	Domc. zu Neiße.	
—	—	—	—	Adelig.	
—	2	$1\frac{1}{2}$	O.	desgl.	
—	—	$2\frac{3}{8}$	N.	Bischöflich.	
—	—	—	—	Adelig.	
—	3	1	N.	desgl.	
—	1	$\frac{3}{4}$	N.	Domc. zu Bresl.	
—	—	—	—	Domc. zu Neiße	
—	1	$2\frac{3}{8}$	O.	Bischöflich.	
—	2	—	—	Kämm. Patschkau.	
—	—	$\frac{1}{4}$	N.	Kämm. Neiße.	
—	—	$2\frac{1}{4}$	N.	Bischöflich.	Hier sind auch 2 Rittergüter, davon 1 ein Lehngut, desgl. 3 Gemeinhäuser.
—	2	1	N	Hospital zu Neiße	Das eine Vorw. heißt Roßhof
—	—	$1\frac{3}{4}$	N.	Adelig.	
—	1	$\frac{3}{4}$	N.	Kreuzst. zu Neiße.	
—	1	1	N.	Bischöflich.	
—	—	—	—	Adelig.	Hier sind 2 Gemeinhäuser.
—	2	$\frac{1}{2}$	N.	Domc. zu Neiße.	
—	1	$1\frac{1}{2}$	O.	Bischöflich.	
—	—	—	—	Kämm. Patschkau.	
—	2	2	O.	Hospital zu Neiße.	
—	1	$2\frac{1}{8}$	N.	Bischöflich.	
—	1	—	—	Adelig	
—	3	2	N	Bischöflich.	
—	1	—	—	Adelig.	
—	—	$1\frac{3}{8}$	O.	Bischöflich.	
—	1	—	—	—	
—	—	$2\frac{3}{8}$	N.	Bischöflich.	
—	1	—	—	Adelig.	
—	—	—	—	Bischöflich.	
—	2	$1\frac{3}{8}$	N.	desgl.	
—	1	$1\frac{1}{2}$	N.	Adelig.	
—	1	$1\frac{1}{2}$	O.	Bischöflich.	
—	2	—	—	Adelig.	Ein Fideicomm d Oberg. Fam.
—	—	—	—	— —	Ist eigentlich nur ein Freigut
—	3	$2\frac{1}{2}$	O	Kämm. Patschkau.	
—	2	$1\frac{1}{4}$	N.	Bischöflich.	Die 2 Vorwerke sind Freigüter.

Nahmen der Dörfer.	Oeffentl. Gebäude: Kath. Kirchen.	Schulen.	Pfarrhäuser.	Herrschaftl. Schlösser und Wohnungen.	Vorwerke.	Ganze Bauern.	Halbe Bauern.	Freigärtner
Dürr-Kamitz	—	—	—	—	—	16	4	
Die ritterm. Scholtisei	—	—	—	—	1	—	—	
Raindorf	—	—	—	—	1	—	—	1
Raundorf	—	1	—	—	—	18	1	—
Röppernig	1	1	1	—	—	30	1	1
Die ritterm. Scholtisei	—	—	—	—	1	1	—	
Rohlsdorf (Roßvorwerk)	—	—	—	—	1	—	—	
Koppendorf	—	—	—	—	1	—	—	1
Korkwitz	—	—	—	—	2	—	—	1
Kosel, 1. Antheil	—	—	—	—	—	12	—	
Kosel, 2. Antheil	—	—	—	1	1	—	—	
Krakwiz	—	—	—	—	—	3	—	
Dürr-Kunzendorf, 1. Antheil.	—	—	—	1	—	—	23	—
Dürr-Kunzendorf, 2. Antheil.	—	1	—	—	2	1	42	1
Kunzendorf, Groß-, 1. Antheil.	—	1	—	—	—	5	17	—
Kunzendorf, Groß-, 2. Antheil.	—	—	—	—	—	4	3	—
Kupferhammer, Ober-	—	—	—	—	1	—	—	
Kupferhammer, Nieder-	—	—	—	—	1	—	—	—
Kuschdorf	—	—	—	—	1	—	—	1
Lamsdorf	1	1	1	—	2	16	1	2
Langendorf, Ober-	—	1	—	—	3	7	53	3
Langendorf, Nieder-	1	—	—	—	—	4.	33	
Laßoth	1	1	1	1	—	9	1	
Die ritterm. Scholtis. in Ob. Laß.	—	—	—	—	1	4	—	2
" " " " in Nied. Laß.	—	—	—	—	1	—	—	
Lentsch	—	—	—	—	1	—	—	1
Lindewiese	1	1	1	—	—	16	—	
Die ritterm. Scholtisei	—	—	—	—	1	20	2	2
Ludwigsdorf	1	1	—	—	—	28	14	—
Die ritterm. Scholtisei	—	—	—	—	1	5	1	2
Mährengasse	—	1	—	—	—	13	—	5
Mahlendorf, Groß-	—	—	—	—	1	—	—	3
Mannsdorf	1	1	1	—	—	24	4	1
Die ritterm. Scholtisei	—	—	—	—	1	—	—	
Markersdorf	—	—	—	—	—	15	—	
Mösen	—	—	—	—	—	18	2	
Mogwiz	1	1	1	—	—	30	16	1
Die ritterm. Scholtisei	—	—	—	—	1	3	1	—
Mohrau	—	—	—	—	1	10	1	3

Schmieden.	Entfern. von der Weichbildstadt. Meil.	Weichbild.	Herrschaft.	Anmerkungen und Merkwürdigkeiten.
1	1½	N.	Bischöflich.	
1	—	—	— —	
—	1¾	O.	Kreuzst. zu Neiße.	
—	1⅛	N.	Bischöflich.	Hier ist auch 1 ritterm. Scholtſ.
2	1¼	N.	desgl.	
3	—	—	Adelig.	
—	½	N.	Kämmer. Neiße.	
3	3	N.	Bischöflich.	Hier ist eine Stuterei.
3	1½	N.	Adelig.	
1	2½	O.	Bischöflich.	
2	—	—	Adelig.	
1	1	O.	Domc. zu Neiße.	
—	3¼	N.	Par. zu Ziegenhals.	
1	—	—	Adelig.	Ein Vorw. heißt Altmannsdorf
—	2¾	N.	Bischöflich.	
—	—	—	Adelig.	
—	¾	N.	Freigüter, bürgerl. Besitzungen	Hier ist ein Kupferhammer.
—	—	—		
3	1⅗	N.	Adelig.	
3	2¾	N.	desgl.	Das eine Vorw. heißt Kaltecke.
3	2½	N.	desgl.	Das eine Vorw. heißt Rothfest.
2	—	—	Bischöflich.	
—	1¾	N.	desgl.	
2	—	—	Adelig.	
1	—	—	desgl.	
—	1¾	—	Kreuzst. zu Neiße.	
—	2	N.	Bischöflich.	Ein Th. geh. d. Domc. z. Bresl.
1	—	—	— —	
1	2½	N.	desgl.	
2	—	—	Adelig.	
2	—	N	Kämmer. Neiße.	Hier ist ein Capuzin. Kloster.
2	2¾	N.	Adelig.	
1	1¾	N.	Bischöflich.	
2	—	—	Adelig.	
3	1½	N.	Bischöflich.	Hier ist auch 1 ritterm. Scholtſ.
2	⅚	O.	desgl	
2	1¾	N.	Bischöflich.	
—	—	—	— —	
3	1	N.	Adelig.	

Nahmen der Dörfer.	Oeffentl. Gebäude: Kath. Kirchen.	Oeffentl. Gebäude: Schulen.	Oeffentl. Gebäude: Pfarrhäuser.	Herrschaftl. Schlösser und Wohnungen.	Vorwerke.	Ganze Bauern.	Halbe Bauern.	Freigärtner.
Naasdorf	—	—	—	—	1	—	—	[illegible]
Natschkau	—	—	—	—	1	—	—	[illegible]
Neuland, 1 Antheil	1	—	—	—	1	—	—	6
Neuland, 2. Antheil	—	—	—	—	—	—	—	[illegible]
Neundorf, Groß: 1. Antheil	—	—	—	—	—	18	—	[illegible]
Neundorf, Groß: 2 Antheil	—	1	1	—	—	2	—	
Neundorf, Groß: 3. Antheil	—	—	—	—	—	2	—	—
Neundorf, Groß: 4. Antheil	—	—	—	—	—	19	1	[illegible]
Neunz	1	1	1	—	—	25	10	[illegible]
Neuwalde	1	1	1	—	—	15	52	—
Die ritterm Scholtisei	—	—	—	—	1	—	—	—
Nowag	1	1	1	—	—	15	—	[illegible]
Die ritterm. Scholtisei	—	—	—	—	—	26	7	—
Oppersdorf	1	1	1	—	—	26	7	[illegible]
Die ritterm. Scholtisei	—	—	—	—	1	—	—	[illegible]
Patschkau, Alt: 1. Antheil	1	1	1	—	—	27	8	[illegible]
Patschkau, Alt: 2. Antheil	—	—	—	—	—	—	—	
Die ritterm. Scholtisei	—	—	—	—	1	—	—	[illegible]
Petersheide	1	1	—	—	2	16	6	[illegible]
Die ritterm. Scholtisei	—	—	—	—	2	—	—	[illegible]
Peterwiz	—	—	—	—	1	13	—	[illegible]
Plottniz	—	—	—	—	1	—	—	[illegible]
Polnischwette	1	1	1	—	1	18	—	[illegible]
Preuland	1	1	—	—	—	19	—	[illegible]
Die ritterm. Scholtisei	—	—	—	—	1	1	—	8
Prockendorf	—	1	—	—	—	31	5	7
Rathmannsdorf	1	1	1	—	—	13	3	—
Die ritterm. Scholtisei	—	—	—	—	1	—	—	7
Reinschdorf	1	1	1	—	—	15	—	16
Die ritterm. Scholtisei	—	—	—	—	1	—	—	—
Reumen	—	—	—	—	—	10	4	7
Die ritterm. Scholtisei	—	—	—	—	1	—	—	6
Rennersdorf	1	—	—	—	—	7	6	[illegible]
Die ritterm. Scholtisei	—	—	—	—	1	—	—	5
Rieglitz, 1. Antheil	—	—	—	—	—	8	—	4
Rieglitz, 2. Antheil	—	—	—	—	—	5		2
Rieglitz, 3. Antheil	—	—	—	—	1	—	—	—
Rieglitz, 4. Antheil	—	—	—	—	—	—	—	—
Rimmerzheide	1	1	1	—	—	30	3	29

Papiermühlen.	Schmieden.	Entfern. von der Weichbildstadt. Meil.	Weichbild.	Herrschaft.	Anmerkungen und Merkwürdigkeiten.
—	1	$1\frac{1}{4}$	N	Kreuzst. zu Neiße.	
—	—	$1\frac{3}{4}$	N.	Adelig.	
—	—	$\frac{1}{4}$	N.	Kreuzst. zu Neiße.	
—	—	—	—	Stadtpfarr. z Neiß.	
—	2	$\frac{3}{4}$	N.	Domc. zu Breslau.	
—	—	—	—	Domc. zu Neiße.	
—	—	—	—	Laur. Cap. z. Neiße.	
—	—	—	—	Kämmer. Neiße.	
—	2	$\frac{3}{4}$	N.	Bischöflich.	
—	2	$2\frac{3}{8}$	N.	desgl.	
—	1	—	—	— —	
—	4	$1\frac{3}{8}$	N.	desgl.	
—	2	—	—	Domc., zu Neiße.	
—	2	$1\frac{3}{8}$	N.	Bischöflich.	
—	2	—	—	— —	
—	2	$1\frac{1}{2}$	O.	desgl.	
—	—	—	—	Kämm. Patschkau.	
—	1	—	—	Adelig.	
—	2	$2\frac{3}{8}$	N.	Bischöflich.	Eins d. Vorw. heißt Holdersselber.
—	2	—	—	— —	
—	3	1	O.	Adelig.	
—	3	$2\frac{3}{4}$	O.	Stift Kamenz.	
—	3	$1\frac{1}{2}$	N.	Kämm. Neiße.	
—	1	$1\frac{1}{8}$	N.	Bischöflich.	
—	—	—	—	Kämmer. Neiße.	
—	2	2	N.	Bischöflich.	
—	1	1	O.	desgl.	
—	2	—	—	— —	
—	1	$1\frac{3}{8}$	N.	desgl.	
—	2	—	—	— —	
—	1	2	N.	desgl.	
—	1	—	—	— —	
—	—	$2\frac{1}{2}$	N.	desgl.	
—	1	—	—	— —	
—	2	$\frac{3}{4}$	N.	desgl.	
—	—	—	—	Kreuzst. zu Neiße.	
—	—	—	—	Paroch. zu Neiße.	
—	—	—	—	Hospit. zu Neiße.	
—	2	$1\frac{1}{4}$	N.	Bischöflich.	

Nahmen der Dörfer.	Oeffentl. Gebäude			Herrschaftl. Schlösser und Wohnhäuser.	Vorwerke.	Ganze Bauern.	Halbe Bauern.	Freigärtner.
	Kath. Kirchen.	Schulen.	Pfarrhäuser.					
Ritterswalde (Rückerswalde)	1	1	—	—	—	22	18	[illegible]
Die Scholtisei	—	—	—	—	1	—	—	[illegible]
Rothhaus	—	—	—	—	—	—	—	[illegible]
Rottwitz	—	—	—	—	1	—	—	[illegible]
Senkwitz	—	—	—	—	1	12	—	[illegible]
Schaderwitz	—	—	—	—	1	17	1	[illegible]
Schäferei	—	—	—	—	1	—	—	—
Schilde	—	—	—	—	1	—	—	—
Schlaupitz	—	—	—	—	1	—	—	—
Schleibitz	—	—	—	—	1	1	3	[illegible]
Schmelzdorf	—	—	—	—	1	—	—	[illegible]
Schmolitz	—	—	—	—	—	17	—	[illegible]
Schönheide	—	—	—	—	—	4	—	—
Die ritterm. Scholtisei	—	—	—	—	1	—	—	[illegible]
Schönwalde	—	—	—	—	1	1	5	[illegible]
Schubertskrosse	—	—	—	—	—	12	—	—
Schwammelwitz	1	1	1	—	1	21	1	[illegible]
Die ritterm. Scholtisei	—	—	—	—	1	—	—	[illegible]
Schwandorf	—	—	—	—	1	—	—	—
Sorge	—	—	—	—	1	—	—	—
Steinhübel	—	—	—	—	—	—	—	—
Steinsdorf	1	—	—	—	—	28	3	[illegible]
Stiebendorf	—	—	—	—	1	—	—	[illegible]
Struwitz	—	—	—	—	—	10	—	8
Tannenberg	—	—	—	—	—	18	—	1
Die ritterm. Scholtisei	—	—	—	—	1	—	—	7
Volkmannsdorf	1	1	1	—	—	62	16	[illegible]
Die rittern. Scholtisei	—	—	—	—	1	—	—	7
Walddorf	1	1	1	—	—	36	—	9
Warthe, Klein=	—	—	—	1	1	—	—	8
Weizenberg	—	—	—	—	—	8	—	17
Wellenhof	—	—	—	1	1	—	—	10
Wiensdorf	—	—	—	—	—	26	—	—
Wiesau	1	1	1	—	—	32	—	5
Die ritterm Scholtisei	—	—	—	—	1	—	—	11
Wilmsdorf	—	—	—	—	—	12	—	4
Wischkau	—	—	—	—	—	13	—	10
Würben	—	—	—	—	—	6	—	11

Schmieden.	Entfern. von der Weichbildstadt. Meil.	Weichbild.	Herrschaft.	Anmerkungen und Merkwürdigkeiten.
1	1¼	N.	Bischöflich.	
1	—	—	— —	
1	1½	N.	Kämmer. Neiße.	
—	2¼	N.	Adelig.	
2	¾	N.	Hospit. zu Neiße.	
2	3	N.	Adelig.	
—	—	N.	Bischöflich.	
—	½	N	Paroch. zu Neiße.	
2	2	—	Adelig.	
1	1½	O.	Bischöflich.	
3	1½	N.	Adelig.	
2	1¾	N	Bischöflich.	
—	2¼	N.	desgl.	
1	—	—	Adelig.	
2	3	N.	desgl.	Dazu gehört Endersdorf.
—	1¾	O.	Bischöflich.	
2	1¼	O.	desgl.	
1	—	—	— —	
2	1⅜	O.	Adelig.	
—	2	N.	Bischöflich.	
1	¾	N.	Adelig.	
3	2½	N.	Bischöflich.	Hier ist auch 1 ritterm. Scholtis.
2	⅞	O.	Adelig.	
2	1½	N.	Kämmer. Neiße.	
—	1⅜	O.	Bischöflich.	
—	—	—	— —	
—	1¾	N.	Bischöflich.	
—	—	—	— —	
—	1¼	N.	Bischöflich.	
—	1½	N.	Adelig.	
—	¾	N.	Domc. zu Neiße.	
—	—	—	— —	
—	2	N.	Bischöflich.	
—	1⅜	O.	desgl.	
—	—	—	— —	Ist Fideicomm. d. Fam. v. Oberg.
—	1	O.	Bischöflich.	
—	¾	N.	desgl.	
—	¾	O.	desgl.	

Verzeichniß der Städte, Dörfer und einzelnen Mühlen des Böhmischen Antheils von dem Fürstenthume Neiße.

A.
Im Neißer Kreise.

a) Städte.

Freiwalde.	Zuckmantel.

b) Dörfer.

Adelsdorf.	Koberstein, ein alt. Schloß.
Böhmischdorf.	Kohlsdorf.
Biberteich.	Kunzendorf. Groß=
Breitenfurth.	Kindewiese.
Buchelsdorf.	Mariahülf.
Dambsdorf.	Neudörfel.
Einsiedel.	Niedergrund.
Endersdorf.	Niklasdorf.
Frankenhau.	Obergrund.
Grätz.	Pfütze.
Hammerhau.	Sandhübel.
Hofhau.	Saubsdorf.
Hermbsstadt.	Sauerbrunn.
Kaltseifen.	Thomsdorf.

c) Mühlen.

Die Brandmühle.	Die Hammervogtsmühle.
Eine Brettmühle.	Die Härschmühle.
Drathmühlen 2.	Eine Papiermühle.
Eine Gärberwalke.	Eine Schleifmühle.

B.

Im Ottmachauer Weichbilde.

a) Städte.

Friedberg.
Jauernik.
Weidenau.

b) Dörfer.

Bärzdorf.
Buchelsdorf.
Crosse. Groß-
——— Klein-
——— Voigts-
Forst.
——— Nieder-
Glasenberg.
Grenz. Groß-
Gurschdorf.
Hanberg.
Haugsdorf.
Johannisberg. Bischöfl. Schloß.
Jungferndorf.
Krautwalde.
Lindenberg.
Maierhof.
Petersdorf.
Pilzberg.
Rosenkranz.
Rothwasser. Alt-
——— Neu-
Sätzdorf.
Siebenhuben.
Sorge.
Sorge. Vorwerk.
Sorgsdorf.
Steingrund.
Thomasdorf. (Dohmsdorf.)
Ueberschar.
Waldecke.
Waltersdorf. Nieder-
Weißbach.
Weißwasser.
Wildschütz.
Wilmsdorf. Neu-
Woitzdorf.

II.

Der Grottgauer Kreis.

Der Grottgauer Kreis begreift, nach der jetzigen Einrichtung, das ehemahlige Grottgauer Weichbild, denjenigen Theil des ehemahligen Ottmachauer Weichbildes, der am linken Ufer der Neiße liegt, und den im Fürstenthume Brieg liegenden Halt Wansen. Er gränzt: gegen **Morgen** an den Falkenberger Kreis des Fürstenthums Oppeln; gegen **Mittag** an den Neißer Kreis; gegen **Abend** an die Fürstenthümer Münsterberg und Brieg; gegen **Mitternacht** an das Fürstenthum Brieg und zwar an den Brieger Kreis.

Der Halt Wansen.

aber liegt gänzlich im Fürstenthume Brieg zwischen dem Strehlener und Ohlauer Kreise.

Die **Neiße** und die im Halte Wansen fließende **Ohlau** sind die beträchtlichsten Flüsse dieses Kreises, der auf 12 Quadrat-Meilen 3 Städte, **Grottgau**, **Ottmachau**, **Wansen** und 90 Dörfer enthält.

A. Städte.

1. Grottgau,

dem Fürstbischofe von Breslau gehörig, liegt in einem fruchtbaren Thale, an einem kleinen Bache, ist mit einer Mauer umgeben, hat drei Thore und enthält:

I. Städ-

I. Städtische Gebäude:

1) Das Rathhaus.

2) Ein Hospital.

II. Kirchen und Schulgebäude:

1) Die katholische Pfarrkirche, an der der Parochus und 2 Capelläne die Parochialien besorgen.

2) Die 1791 erbauete evangel. luther. Kirche, an der der Pastor steht, der zugleich Rector der Schule ist.

3) Die kathol. Schule.

4) Die evangel. luth. Schule, an der außer dem Rector noch ein Lehrer unterrichtet *).

III. Privat-Häuser sind 235 **).

Königliche Aemter sind:

Das Steueramt.

Das Accise- und Zollamt.

Das Postamt.

Außer dem Handwerke nähren sich die Bürger vom Ackerbau, der sehr beträchtlich ist, vom Bierbrauen, dazu 189 Häuser berechtigt sind, (14 Dörfer trinken Stadtbier) und von einem kleinen Consumtions-Handel. Es ist hier auch eine Bleiche.

Die Garnison besteht aus 1 Escadron des Kürassier-Regimentes Nr. 8.

---

*) Der in Tschöplowitz verstorbene Consistorial-Rath Krickende hat sich um die evangel. Kirchen- und Schulanstalt dieser Stadt viele Verdienste erworben.

**) Ich nehme diese Summe aus Zimmermanns Beiträgen Th. 3. S. 326. In den allgemeinen Nachrichten giebt er nur 198. an.

Jahrmärkte sind: 1) am Palmsonntage, 2) an Cantate, 3) an Mariä Heimsuchung, 4) Montag vor Michaelis.

2. Ottmachau

ist bischöflich, liegt am linken Neißufer, hat eine Mauer, 3 Thore, und enthält:

Das bischöfliche Schloß.

Die katholische Pfarrkirche, an der ein Pfarrer und 3 Capelläne die religiösen Handlungen besorgen. 16 Dörfer sind eingepfarrt.

Eine Begräbnißkirche in der Vorstadt.

Eine kathol. Schule.

Das Rathhaus.

Ein Hospital.

247 Privat-Häuser.

Die Nahrungszweige der Bürger sind: **Ackerbau**, der ganz ansehnlich ist, das **Bierbrauen**, (25 Dörfer stehen unterm Bierzwange) das erlernte **Handwerk**, und ein ganz kleiner Vereinzelungshandel.

Königliche Aemter sind:

Das Accise- und Zollamt.

Das Postamt.

Bischöfliche Aemter sind:

Das Justiz-Amt.

Das Wirthschaftsamt.

Das Forstamt.

Jährlich sind Jahrmärkte: 1) am Sonntage Sexages., 2) an Trinitatis, 3) an Mariä Geburt, 4) am Tage Nicolai.

Hat jetzt keine Garnison.

3. Wansen,

ist eine offene, im Fürstenthume Brieg an der Ohlau liegende bischöfliche Stadt, mit einer katholischen Kirche und Schule, einem Rathhause, einem Hospital und 122 Privat-Häusern.

Das erlernte **Handwerk**, ein geringer **Consumtions-Handel**, das **Bierbrauen**, der Getreide- Toback- Kartoffeln- *) Küchenkräuter- besonders viel Gurkenbau nähren die Bürger.

Das Accise- und Zollamt ist das einzige königl. Amt.

Jahrmärkte sind: 1) Montags nach Marcelli, 2) am Pfingstdienstage, 3) an Bartholomäi.

---

*) Man erndtet wohl gegen 5000 Scheffel; dagegen bauet man jetzt weniger Toback.

B. Dörf[illegible]

Nahmen der Dörfer.	Oeffentl. Gebäude: Kath. Kirchen.	Oeffentl. Gebäude: Schulen.	Oeffentl. Gebäude: Pfarrhäuser.	Herrschaftl. Schlösser und Wohnhäuser.	Vorwerke	Ganze Bauern	Halbe Bauern.	Gärtner
Beithmannsdorf	1	—	—	—	1	3	—	15
Bischwitz	—	—	—	1	1	—	—	17
Bittendorf	—	—	—	—	1	—	—	8
Bruckstein	—	—	—	—	1	5	—	1[illegible]
Carlowitz, Groß=	1	1	1	—	1	2	—	13
Carlowitz, Klein=	—	—	—	—	1	—	—	14
Ellgut	—	1	—	—	—	17	1	34
Die ritterm. Scholtisei	—	—	—	—	—	—	—	9
Endersdorf	1	1	1	—	1	11	1	2[illegible]
Falkenau	1	1	1	1	2	17	—	44
Gallenau	—	—	—	—	—	11	3	23
Gauersch	—	—	—	—	—	4	2	8
Giehrau	—	—	—	—	1	—	7	20
Gläsendorf, 1. Antheil	1	1	1	—	—	29	0	25
Gläsendorf, 2. Antheil	—	—	—	—	1	—	1	10
Die ritterm. Scholtisei	—	—	—	—	—	1	—	14
Gollendorf	—	—	—	—	1	6	—	8
Gräditz	—	—	—	—	1	—	—	5
Graschwiz, 1. Antheil	—	—	—	—	—	6	—	—
Graschwiz, 2. Antheil	—	—	—	—	—	4	—	—
Gruben	1	1	1	—	—	20	—	30
Guhlau, Groß= und Klein=	—	—	—	—	2	9	—	23
Grottgau, Alt=	1	1	1	—	2	18	—	44
Giersdorf, Hohen=, 1. Antheil	1	1	1	—	2	20	—	18
Giersdorf, Nieder=, 2. Antheil	—	—	—	—	1	—	—	12
Halbendorf	—	—	—	—	—	18	9	24
————	—	—	—	—	—	11	—	—
Hennigsdorf (Hönigsdorf)	1	1	—	—	2	1	4	23
Herbsdorf	—	—	—	—	—	13	12	4
Hertwigswalde	1	1	1	1	4	13	21	28
Herzogswalde	1	1	1	1	2	23	1	38
Jentsch	—	—	—	—	1	—	—	
Johnsdorf	—	—	—	—	1	—	—	8
Jonowiz	—	—	—	—	—	5	—	2

Entfern. von der Weichbildstadt. Meil	Weichbild *).	Herrschaft.	*) G. bedeutet Grottgau. O. ——— Ortmachau. W. ——— Wansen. Anmerkungen und Merkwürdigkeiten.
2	G.	Adelig.	
1/8	W.	Bischöflich.	
1/2	O.	Kreuzst. z. Neiße.	
2 3/8	O.	Adelig	
1 1/2	O.	Domc. zu Neiße.	
1 5/8	O.	Adelig	
3/4	O.	Bischöflich.	
—	—	Adelig.	
1 5/8	G.	desgl.	
1 1/8	G.	desgl.	Hierh. geh. Hammer u. Croschen.
3 [illegible]	O.	desgl.	
2 5/8	O.	Bischöflich.	
1 3/4	G.	Adelig.	
2 1/2	O.	Bischöflich.	
—	—	Adelig.	Außerdem ist hier noch ein kleines Rittergut.
—	—	desgl.	
1 3/4	O.	desgl.	
3/4	O.	desgl.	Hierher geh. Ellgut und Eyle.
1 1/4	O.	Bischöflich.	
—	—	Domc. zu Neiße.	
2 3/8	G.	Adelig.	
1/2	G.	desgl.	
3/4	G.	desgl.	Die beiden Vorw. heißen Sorge und Drotzdorf.
1 1/3	G.	Bischöflich.	Ein Vorwerk heißt Zülzhof.
—	—	Adelig.	Ist nur eine ritterm. Scholtisei.
1/4	G.	Vicar. in Breslau.	
1/8	W.	Bischöflich.	
1 1/8	G.	Adelig.	
1 1/2	O.	desgl.	
2 3/4	O.	desgl.	Das eine Vorw. heißt Reideberg.
1	G.	desgl.	Hierher gehört Sorge.
1	O.	desgl.	
1 1/8	O.	desgl.	
1/2	W.	Bischöflich.	Außerd. sind hier noch 2 Freistellen.

Nahmen der Dörfer.	Oeffentl. Gebäude			Herrschaftl. Schlösser und Wohnhäuser.	Vorwerke.	Ganze Bauern.	Halbe Bauern.	[illegible]
	Kath. Kirchen.	Schulen.	Pfarrhäuser.					
Kamnig, 1. Antheil	1	1	1	—	1	21	—	1
Kamnig, 2. Antheil	—	—	—	—	1	—	—	
Kastischka	—	—	—	—	1	—	—	
Klodebach, 1 Antheil	—	—	—	—	—	22	4	1
Klodebach, 2. Antheil	—	—	—	—	1	2	—	1
Knischwitz	—	1	—	—	—	7	—	
Koppitz	1	1	1	1	2	11	49	
Kospendorf	—	—	—	—	1	—	—	2
Kroschen	—	—	—	—	—	18	—	1
Kühschmalz, Ober-	1	1	1	—	1	—	—	[illegible]
Kühschmalz, Nieder-	—	—	—	—	1	—	—	1
Laskowitz	—	—	—	—	—	3	—	
Laswitz	1	1	1	—	—	22	—	
Leipe, Deutsch-Leipe	1	1	1	—	—	27	—	2
Leupusch	1	1	—	—	—	13	—	
Lichtenberg	1	1	1	—	—	36	—	2
Liebenau	1	1	1	—	—	25	9	2
Lindenau	1	1	1	—	—	31	—	4
Die itterm. Scholtisei	—	—	—	—	1	—	—	
Lobedau	1	1	—	—	—	12	14	
Die ritterm. Scholtisei	—	—	—	—	1	—	—	[illegible]
Märzdorf	1	1	—	—	4	—	5	2
Mahlendorf	—	—	—	—	1	—	—	[illegible]
Matzwitz	—	—	—	—	1	8	—	[illegible]
Neudorf, Klein-	—	—	—	—	1	6	—	1
Neuhaus	—	—	—	—	1	3	1	2
Niklasdorf	—	—	—	—	1	—	—	[illegible]
Nitterwitz	—	—	—	—	1	—	—	1
Ogen	—	—	—	—	—	11	—	
Ossig	1	—	—	1	2	—	—	2
Ottmachauer Vorwerk	—	—	—	—	1	—	—	
Perschkenstein	—	1	—	—	1	4	—	
Pillwesche	—	—	—	—	1	—	—	[illegible]
Pomsdorf, Ober-	—	—	—	—	1	12	—	[illegible]
Pomsdorf, Nieder-	—	—	—	1	1	3	—	2
Reisendorf	—	—	—	—	1	—	—	
Reitzewitz	—	—	—	—	1	—	—	2
Rogau	—	—	—	—	1	—	—	
Sarlowitz	—	—	—	—	—	8	—	2

Hufenbauer.	Entfern. von der Weichbildstadt. Meil	Weichbild.	Herrschaft.	Anmerkungen und Merkwürdigkeiten.
2	2	O.	Bischöflich.	
2	—	—	Adelig.	Ist eine ritterm. Scholtisei.
—	1 1/2	O.	desgl.	
1	1 3/4	O.	Domc. in Neiße.	
2	—	—	Adelig.	
2	1/2	W.	Bischöflich.	
3	1 1/8	G.	Adelig.	Eins der Vorw. heißt Waldau.
2	2	O.	desgl.	
1	1 [illegible]	G.	desgl.	
2	1 3/4	G.	desgl.	
2	—	—	desgl.	
—	3/4	O.	Domc. zu Neiße.	
3	1 1/4	O.	desgl.	
2	3/4	G.	Adelig.	Hier ist auch eine ritterm. Scholtis.
1	1/2	G.	Bischöflich.	
3	1	G.	Domc. zu Neiße.	
3	2	O	Bischöflich.	
2	1 1/2	O.	desgl.	
1	—	—	Adelig.	
1	1 3/8	O.	Bischöflich.	
2	—	—	Adelig.	
2	3/4	G.	desgl.	Hierher gehört Tiefensee und das Vorwerk Breitstück.
3	3/4	O.	desgl.	
—	3/4	O.	Bischöflich.	
1	3/4	G.	Kämm. Grottgau.	
2	2 1/8	O.	Adelig.	
—	1 1/2	G.	Kreuzst. zu Neiße.	
—	3/8	O.	Bischöflich.	
2	1/8	O	desgl.	
1	1	G.	Adelig.	
1	1 1/8	O.	Bischöflich	
2	3/4	O.	Domc. zu Neiße.	
3	1 1/8	O	Adelig.	Hierher gehört der Zültzkretscham.
2	2 1/2	O	desgl.	
2	1 1/2	O.	desgl.	
1	1 1/4	O.	desgl.	
3	1 1/4	O.	desgl.	
2	2	G.	Kämmer. Neiße.	
2	1/2	O.	Bischöflich.	

Nahmen der Dörfer.	Oeffentl. Gebäude			Herrschaftl. Schlösser und Wohnhäuser.	Vorwerke.	Ganze Bauern.	Halbe Bauern.	Gärtner
	Kath. Kirchen.	Schulen.	Pfarrhäuser.					
Satteldorf	—	—	—	—	1	—	—	
Schützendorf	—	—	—	—	1	—	—	1
Schwedlich, (Seifersdorf-Schwedlich)	—	—	—	—	1	—	—	
Seifersdorf	1	1	1	—	1	15	—	1
———	1	1	1	—	2	14	7	2
Sonnenberg	—	—	—	—	2	—	—	3
Sporwitz	—	—	—	—	—	7	—	1
Starwitz, 1. Antheil	—	—	—	—	1	—	—	1
Starwitz, 2. Antheil	—	—	—	—	1	1	—	
Stephansdorf	1	1	1	—	—	28	3	2
Striegendorf	1	—	—	—	1	—	—	2
Tannenfeld	—	—	—	—	1	—	—	—
Tarnau	1	—	—	—	—	24	—	2
———	—	—	—	—	1	—	—	—
Tschauschwitz, 1. Antheil	—	—	—	—	—	4	—	
Tschauschwitz, 2. Antheil	—	—	—	—	1	—	--	1
Tscheschdorf	—	—	—	—	1	—	—	2
Ullersdorf	—	—	—	—	1	—	—	—
Voigtsdorf	—	—	—	—	1	—	—	1
Währdorf	—	—	—	—	1	—	—	
Wansen, Alt-	—	—	—	—	—	24	6	1
Weidich	—	—	—	—	—	5	—	
Winzenberg	1	1	—	—	1	12	2	4
Woiselsdorf	1	1	1	—	—	18	—	1
Woitz	1	1	—	—	—	29	2	2
Die ritterm. Scholtisei	—	—	—	—	1	—	—	
Würben	—	1	—	—	1	—	—	2
Zauritz	—	—	—	—	1	—	—	1
Zedlitz	—	—	—	—	—	10	—	—
Die ritterm. Scholtisei	—	—	—	—	1	—	—	
Zindel	—	—	—	—	1	—	—	2

	Entfern. von der Weichbildstadt. Meil.	Weichbild.	Herrschaft.	Anmerkungen und Merkwürdigkeiten.
1	1	O.	Bischöflich.	
2	$2\frac{1}{2}$	O.	Adelig.	
1	—	—	— —	
2	$\frac{3}{4}$	—	Adelig.	
3	$2\frac{1}{4}$	O.	Domc. zu Neiße.	Ein Theil ist adelig.
3	$1\frac{1}{2}$	G.	Adelig.	Ein Vorwerk heißt Marsche.
—	$\frac{5}{8}$	W.	Bischöflich.	
2	$\frac{3}{4}$	O.	Adelig.	
—	—	—	Domc zu Neiße.	
2	$1\frac{3}{8}$	O.	Bischöflich.	Ein Theil geh. der Kämm. Neiße.
3	$1\frac{1}{2}$	G.	Adelig.	
—	$1\frac{1}{2}$	O.	desgl.	Gehört zu Winzenberg.
3	$\frac{1}{8}$	G.	Kämm. Grottgau.	
—	$1\frac{1}{2}$	O.	Adelig.	
1	$\frac{3}{4}$	O.	Bischöflich.	
2	—	—	Adelig.	
2	$1\frac{1}{4}$	O.	desgl.	
1	2	O.	desgl.	
1	$\frac{3}{4}$	G.	desgl.	
—	$\frac{1}{4}$	O	Bischöflich.	
3	$\frac{1}{4}$	W.	desgl.	
1	$\frac{3}{4}$	O.	desgl.	
6	$1\frac{1}{2}$	G.	Adelig.	Hierher gehören Tannenfeld und Lamberg.
2	$\frac{1}{2}$	G.	Vicar. zu Breslau.	
2	$\frac{1}{2}$	O.	Bischöflich.	
1	—	—	Adelig.	
—	$1\frac{5}{6}$	G.	desgl.	
2	$1\frac{1}{2}$	O.	desgl.	Hierher gehört Mögwitz.
1	1	O.	Bischöflich.	
2	—	—	Adelig.	
2	$1\frac{1}{2}$	G.	desgl.	

Das unmittelbare Fürstenthum Rattibor.

Erster Abschnitt. Physikalische Beschaffenheit.

Gewässer.

Der Hauptstrom dieses Fürstenthums ist

die Oder,

hier schon, aber nur noch mit kleinern Kähnen schiffbar. Sie theilt das Fürstenthum in zwei ungleiche Theile, davon der am rechten Ufer der größeste ist. Sie kommt aus der **Minderherrschaft Oderberg** bei **Ramin** ein, fließt **Rattibor** rechts vorbei, macht von **Ruda** bis **Turzy** die Gränze zwischen diesem und dem Fürstenthum Oppeln (Koseler Kreis) wo sie dann fortströmt. Ob sie gleich im Rattiborer Fürstenthume verschiedene aus mehrern kleinen Bächen zusammenfließende Gewässer aufnimmt, so ist doch keines von eigentlicher großen Beträchtlichkeit; es hat auch keines dieser Gewässer, die **Zinna** ausgenommen, die das beträchtlichste Wasser ist, einen Nahmen. Sie zieht an sich:

† Am rechten Ufer:

A) Einen unbenahmten Bach zwischen **Ellgut** und **Niebotschau**.

B) Einen zweiten bei **Plania**.

C) Einen dritten bei **Schichowitz**.

D) Einen vierten bei **Turzy**.

E) Einen fünften, der in dem Fürstenthume Pleß entsteht, **Sohrau** und **Riebnick** rechts vorbei fließt, und die Seegberger Hammerwerke treibt, bei **Ruda**.

Alle diese Bäche, der letztere ausgenommen, entstehen im Fürstenthume selbst.

†† Am linken Ufer:

F) Die Zinna, die aus dem Leobschützer Kreise in dieses Fürstenthum fließt, bei **Kornitz** den **Kornitzer Bach** am linken Ufer aufnimmt, oberhalb **Rattibor**.

G) Einen zwischen **Silberkopf** und **Rudnick** aus der Vereinigung zweier Bäche entstehenden durch **Rudnick** fließenden Bach, bei **Medani**.

H) Einen durch **Czerwenzitz** und **Brzenzitz** fließenden Bach.

I) Einen Feldbach, bei **Lubowitz**.

Gewässer,

die zwar in diesem Fürstenthume fließen, aber bald wieder über die Gränze ihren Lauf fortsetzen.

1) Ein in der Standesherrschaft Beuthen auf den Gründen von **Bujakow** entstehender Bach tritt aus dem Pleßischen bei **Beleck** in das Fürsten-

thum, bewässert die Dörfer Czerwonka und Czuchow und fließt, nachdem er, außer dem durch Dubensko fließenden Bach, noch etliche andere kleinere in der dasigen Gegend entspringende Bäche aufgenommen hat, in den Gleiwitzer District des Toster Kreises, Fürstenthums Oppeln.

2) Ein auf dem Territorio des Dorfes Ponienziz entstehender Bach, der aber bald in den Koseler Kreis fließt, wo er sich in die Oder ausmündet.

Seen findet man in diesem Fürstenthume nicht, aber eine beträchtliche Anzahl Teiche:

Große . .	5.
Mittlere .	7.
Kleine . .	320.
Summa	332.

Berge und Ebenen.

Ob man gleich in diesem Fürstenthume viele Anhöhen sieht, so findet man doch keine, die eigentlich den Nahmen Berg verdienten. Es ist ein aufgeschwemmtes, aus größern und kleinern Quarzgeschieben, Sand und Thon bestehendes Gebirge. Die schönsten Ebenen sind gegen Mittag in der Gegend von Sohrau, gegen die Minderherrschaften Loslau und Oderberg. Die Fruchtbarkeit des Bodens ist verschieden. Der auf der Deutschen Seite (am linken Ufer der Oder) ist ein guter tragbarer Boden, so daß hier Weizen gebauet wird, dahingegen der auf der Polnischen Seite (am rechten Ufer der Oder) feucht, kalt und sandig ist, so daß man den

Ertrag gewöhnlich nur auf drei Korn berechnen kann. Ja, in einigen Gegenden ist der Boden von so schlechter Güte, daß man ihn, weil man ihm nicht gehörig mit Düngung zu Hülfe kommen kann, mehrere Jahre un-umgearbeitet liegen läßt.

Waldungen.

Die größten Waldungen sind auf der Polnischen Seite gegen die Fürstenthümer Oppeln und Pleß. Man kann annehmen, daß vielleicht die kleinere Hälfte aus Wald besteht. Sie sind jetzt nicht mehr so beträchtlich, wie ehedem: denn man soll ihnen ziemlich zugesetzt haben.

Producte.

A. Das Thierreich.

Auf der Deutschen Seite findet man Pferde und Rindvieh von etwas mehr als mittelmäßigem, auf der Polnischen aber nur von ganz kleinem Schlage. Die Schafe liefern nur eine mittlere Sorte Wolle. Die Bienenwartung ist so ziemlich beträchtlich, doch giebt es, der vielen Waldungen ungeachtet, keine Waldbienen. Die Wälder liefern hohes und niederes Wildbret im Ueberflusse, auch Wölfe, und die vielen Bäche und Teiche nebst der Oder versorgen nicht nur die Einwohner mit dem Bedarf von Fischen, sondern es können auch viele in andere fischarme Gegenden verführt werden.

B. Das Pflanzenreich.

Die Waldungen bestehen zwar grösstentheils aus Nadelholz; man findet aber auch hin und wieder, vorzüglich in der Odergegend, Eichenwälder und anderes Laubholz.

Man erzieht die gewöhnlichen Getreidearten (auf der Deutschen Seite auch Weizen, auf der Polnischen hingegen nur Rocken, Hafer und einige Gerste) und Hülsenfrüchte, Hirse, Kartoffeln, in Gärten die gewöhnlichen Küchenkräuter, Flachs, nur etwas weniges mehr, als man selbst verspinnt, aber in einem Striche von Oderberg gegen Rattibor hin desto mehr Hanf, der in Rattibor auf dem so genannten Hanfmarkte abgesetzt, und in andere Gegenden verfahren wird. Ich zweifle nicht, daß auch in diesem Fürstenthume hie und da manche seltnere Pflanzen, besonders in den vielen Waldungen Kryptogamisten einheimisch sind: es hat mir aber bis jetzt noch nicht glücken wollen, Nachrichten davon zu erhalten.

C. Das Mineral-Reich.

Das Gebirge dieses Fürstenthums ist aufgeschwemmtes, das sich, wie bekannt, nicht dazu eignet, große mineralogische Entdeckungen zu machen. Alles, was bisher hier ist entdeckt worden, schränkt sich auf folgende Mineralien ein *):

*) Resultate einer Untersuchung der Gegend um Rattibor findet man in Kapfs Skizzen aus der Geschichte des Schlesischen Mineral-Reichs S. 111.

Quarz, gemeiner, feinkörnig, ein 8 Zoll mächtiger Gang bei Riebnick; sehr feinkörnig, grauglimmerig, Sandstein, bei Birtultau und Ridultau; weiß, Sandstein, im Walde bei Dubensko.

Töpferthon, aschgrau, auf dem Steinkohlenflötz, bei Dubensko; röthlich, desgleichen weiß, gelblich, schwarz und schwarzgrau, bei Budziska; gelblichweiß bei Kobila.

Walkererde, bei Brzezin.

Kalkstein, gemeiner dichter, weiß und blau, bei Pschow.

Gyps, blätteriger, als älterer über feinem Conglomerat, bei Czerniz, Pogrzebin und Pschow.

Steinkohle, Schieferkohle, bei Birtultau, Rudoltau und Groß-Dubensko; am letztern Orte, ist auf der Grube Neuglück ein $1\frac{1}{4}$ Lachter mächtiges Flötz.

Schwefelkies, gemeiner, mehr oder weniger auf Steinkohlen angeflogen an vorhin angezeigten Orten. Bei Groß-Dubensko ist er sehr dick angeflogen, hier wird er auch in gestreiften Würfeln gefunden.

Brauneisenstein, dichter, mit thonartigem Eisenstein auf einem Köhlerflötz bei Birtultau.

Thoneisenstein.

Röthel, in grauem Thon, bei Rattibor.

Gemeiner Thoneisenstein, bei Barglowka.

Zweiter Abschnitt.
Manufacturen und Fabriken.

In Rattibor wohnen **Mesolanweber**. Mehrere **Strumpfstricker** findet man in Rattibor und Riebnick. In Rattibor und Sorau ist die **Tuchmanufactur** von einiger Beträchtlichkeit. An eben diesen beiden Orten wird **Damastleinwand** gemacht. **Gestreifte Leinwand** verfertigen mehrere Weber in Rattibor.

In Riebnick ist eine **Lederfabrik** und in Rattibor wohnen mehrere **Corduaner** und **Weißgärber**, und in dem Dorfe Rensa viele **Lohgerber**.

In Kornitz ist eine **Bleiche**,

Theerhütten und **Pottaschsiedereien** findet man mehrere.

Hohe Eisenöfen sind: beim Rattiborer (Segenberger) Hammer, zu Rauden, Riebnick, Ruda und Stodoll.

Frischfeuer sind: beim Rattiborer Hammer 5, zu Ober-Ellgut 2, Pallowitz 1, Stodoll 2, Willepole 2.

Zu Rauden ist eine **Drathhütte** und zu Klein-Rauden ein **Kupferhammer**.

In Rattibor ist eine **Buchdruckerei**.

In Riebnick und Rattibor wohnen viele **Töpfer**, die gute Gefäße machen.

Dritter Abschnitt.
Politische Verfassung.

Gränzen.

Das unmittelbare Fürstenthum Rattibor, das kleinste der unmittelbaren Fürstenthümer Schlesiens, das nur einen landräthlichen Kreis ausmacht, gränzt gegen **Morgen** an das Fürstenthum Pleß; gegen **Mittag** an die Minderherrschaften Loslau und Oderberg; gegen **Abend** an die Fürstenthümer Jägerndorf und Troppau, und zwar an denjenigen Theil derselben, der beim Friedesschlusse 1742 an das Königliche Preußische Haus gekommen, der jetzt gröſstentheils deu Leobschützer Kreis ausmacht; gegen **Mitternacht** an das Fürstenthum Oppeln, und zwar an den jetzigen Toster und Koseler Kreis.

Größe.

Zimmermann giebt die Größe dieses Fürstenthums auf 14 — 15 Quadrat-Meilen *), **Scheibel** auf $17\frac{2}{5}$ und **Sack** auf 18 an **).

---

*) Zimmermanns Beiträge zur Beschreibung von Schlesien. Bd. 3. S. 146.

**) Dessen allgemeine Nachrichten von Schlesien. S. 4.

Volksmenge.

In den Jahren 1791, 1793, 1794, 1795, 1796 und 1800 lebten in diesem Fürstenthume:

	1791.	1793.	1794.	1795.	1796.	1800.
A. In den Städten:						
1) In Rattibor .	3511	3629	3829	3460	3412	3457
2) In Riebnick .	1338	1197	1212	1240	1190	1282
3) In Sohrau . .	1693	1640	1557	1468	1332	1679
B. Auf dem Lande .	37729	38406	38804	38420	39449	43553
Summa	44271	44872	45402	44588	45383	49971
In den Städten .	6542	6466	6598	6168	5934	6418
Auf dem Lande .	37729	38406	38804	38420	39449	43553
Summa	44271	44872	45392	44588	45383	49971
Nimmt man nach Sack 18 Quadrat-Meilen an, so kommen auf jede Meile . . .	2459	2492	2521	2477	2521	2776

Sprache.

Die herrschende Sprache auf dem Lande ist die Polnische, in den Städten wird neben der Polnischen auch viel Deutsch gesprochen.

Aeußere Verfassung.

Das Fürstenthum Rattibor steht, in Ansehung der Justiz, unter der Oberschlesischen Ober-Amtsregierung zu Brieg, und in Ansehung der Steuer und Contribution, unter der Krieges- und Domainen-Kammer zu Breslau.

In Ansehung der Steuer gehört es zur dritten Classe.

Die Städte Rattibor und Riebnick gehören zum sechsten steuerräthlichen Departement, das in Neustadt seinen Sitz hat, und Sorau gehört zum siebenten, das seinen Sitz in Tarnowitz hat.

In Ansehung der Vieh-Assecuranz zur dritten Societät.

In Ansehung des Accise und Zollwesens gehört es zur Direction zu Neiße.

Das ganze Fürstenthum gehört zur Salz-Factorei Rattibor.

Den Canton hat das Kürassier-Regiment Nr. 12.

Aeußere kirchliche Verfassung.

Die Einwohner bekennen sich sämmtlich zur katholischen Religion, ausgenommen in den Städten, wo man auch Protestanten findet. Folgende Tabelle zeigt die Zahl der Kirchen und Klöster.

Kirchen.				Klöster.	
In Städten.		Auf Dörfern.		Männliche.	Weibliche.
Luth.	Kath.	Luth.	Kath.		
2	7	—	35	3	1

Die beiden lutherischen Kirchen stehen unter dem Oberschlesischen Consistorio das in Brieg seinen Sitz hat. Die Kirche zu Rattibor unter der Inspection Neustadt, und die zu Riebnick unter der Inspection Pleß.

Katholische Kirchen.

Die Archipresbyteriate, unter denen die Parochi dieses Fürstenthums stehen, gehören unter das Archidiakonat Oppeln und unter das Commissoriat Rattibor.

I. Archipresbyteriat Rattibor.
1) Altendorf. Weltgeistlicher.
2) Benkowitz. W.
3) Janowitz. W.
4) Polnisch Krawarn. W.
5) Krizizanowitz. W.
6) Lubowitz. W.
7) Ostrog. W.
8) Twarkau. W.
9) Woinowiz. W.
10) Rednick. Vom Orden der regulären Chorherren mit dem doppelten rothen Kreuze zu Neiße.

II. Archipresbyteriat Gleiwitz.
1) Brzezin. W.
2) Rauden. Cistercienser aus dem Stifte.

III. Archipresbyteriat Rostenthal.
Autischkau. W.

IV. Archipresbyteriat Lahna.
1) Matzkirchen. Cistercienser aus Rauden.
2) Schlawickau. W.

V. Archipresbyteriat Loslau.
1) Pschow. W.
2) Ridultau. W.

VI. Archipresbyteriat Groß-Dubensko.
Beleck. W.

VII. Archipresbyteriat Pogrzebin.
1) Lißeck. W.
2) Lubom. W.

3) Markowitz. W.
4) Pstronza. W.
5) Rogau. W.

VIII. Archipresbyteriat Sohrau.
1) Riebnick. W.
2) Boguschowitz. Cistercienser aus Rauden.
3) Paulau. W.

Das Fürstenthum Rattibor enthält drei Städte und, 8 Colonien mitgerechnet, 143 Dörfer *).

A. Städte.

1. Rattibor.

Die Immediat-Stadt Rattibor, die Haupt- und Kreisstadt des Fürstenthums, am linken Ufer der Oder, hat eine Mauer, 3 Thore und eine Pforte, und enthält außer

dem am rechten Oderufer befindlichen Schlosse, das aber als Dominium, gegenwärtig dem Grafen von Plettenberg gehörig, zu den Dörfern gerechnet wird.

I. An städtischen Gebäuden.
1) Das Rathhaus.
2) Das Malz- und Brauhaus.
3) Das Hospital St. Lazari, für Weibspersonen.
4) Des Hospital Corporis Christi, für Mannspersonen.

---

*) In den allgemeinen Nachrichten S. 15. giebt Zimmermann 162 Dörfer an, und in den Beiträgen Bd. 3. S. 149. nur 143. Woher diese Differenz?

II. An Kirchen- und Schulgebäuden.

A) In der Stadt.

1) Die katholische Pfarr- und Stiftskirche zur Himmelfahrt Mariä. Zu dem Stifte gehören gegenwärtig 4 Prälaten (sonst 5) 3 Canonici (sonst 4) und 7 Vicarien. Das Stift besitzt in dem Fürstenthume die Dörfer:

Ciprzanow, Gammau, Janowitz — ganz.

Grezegorowitz, Studzienna — einen Antheil.

2) Das Nonnenkloster zum H. Geiste nebst der Kirche. Die Nonnen (21), vom Dominicaner-Orden, stehen unter einer Priorinn. Dieß Kloster besitzt:

Im Fürstenthume die Dörfer: Adamowitz, Autischkau, Benkowitz, Bogunitz, Ellgut, Goschowitz, Warmuntau, Zowade.

Im Leobschützer Kreise: Bauerwitz Stadt, Eiglau, Liskau, Osterwitz, Tschirmkau, Zauchwitz, Zülchowitz.

3) Das Dominicaner-Kloster (10 Mönche) nebst der Kirche.

4) Die Kirche Corporis Christi.

5) Die evangel. luther. Kirche, (seit 1779) in welcher von dem Rector der Schule, der zugleich Pastor ist, die kirchlichen Handlungen des Civil-Standes, und von dem Feldprediger die des Militär-Standes verrichtet werden.

6) Eine katholische und

7) Eine lutherische Schule.

B) In der Vorstadt.

8) **Die Propstkirche St. Petri und Pauli**, eine Parochial-Kirche. Der Propst ist jederzeit ein Geistlicher vom Orden der regulirten Chorherren vom H. Grabe zu Jerusalem mit dem doppelten rothen Kreuze zu Neiße: von diesem Stifte wird auch der Propst eingesetzt. Bei dieser Propstei ist ein Hospital für 10 Personen.

9) **Die Kirche St. Johannis**, jenseits der Oder, ist eine Parochial-Kirche, zu der Ostrog, Plania, Kaminiz, Bosatz und die Neustadt eingepfarrt sind. Ein Vicarius des Collegiat-Stiftes besorgt die kirchlichen Handlungen. Hier ist ein schlecht gemahltes Gnadenbild Jesu, zu dem viel gewallfahrtet wird. Zu dieser Kirche gehört auch noch eine in dem Schloßgarten befindliche Capelle, in welcher bisweilen Messe gelesen wird. Das Grab Christi, das hier vorgestellt ist, wird, besonders in der Charwoche, wo es prächtig erleuchtet wird, von Andächtigen fleißig besucht.

10) Die **Mutter-Gotteskirche**, ist Filial von der Kirche zu Altendorf.

11) Das **Franciscaner-Kloster**, (13 Mönche) nebst der Kirche.

III. **Privat-Häuser** sind in der Stadt und in den Vorstädten 413. Zehn freie Häuser gehören unter die Oberamtsregierung zu Brieg.

Die Bürger nähren sich theils von ihrem erlernten **Handwerke** oder **Kunst**; theils von einem geringen **Ackerbau**; theils vom **Brauurbar**, dazu 203 Häuser berechtigt sind, der aber von geringer Bedeutung ist;

theils vom Handel mit Spezerey- und Schnittwaaren, auch einigem auswärtigen Absatze von Tüchern, und mit Stabholz, das in den Wäldern bereitet wird.

Außer den 5 Jahrmärkten 1) am Tage Marcelli, 2) am Sonntage Lätare, 3) am Frohnleichnamsfeste, 4) am Dienstage nach Bartholomäi, und 5) Dienstags nach Martini, sind 2 Wolimärkte: 1) den 20sten Mai, und 2) den Sonntag nach Michaelis. Donnerstags ist Wochenmarkt. Einer der merkwürdigsten hiesigen Märkte ist der **Hanfmarkt**, der jedesmahl den Tag vor dem Jahrmarkte gehalten wird. Man sagt, daß hier jährlich gegen 4000 Rthlr. Hanf abgesetzt, und in andere Gegenden verführt wird.

Königliche Aemter sind hier:

Das Steueramt.

Das Salzamt.

Das Accise- und Zollamt.

Das Juden-Toleranz-Amt.

Das Postamt.

Das Stadtwapen ist ein weißer halber Adler und ein halbweißes Rad im rothen Felde.

Die Garnison besteht aus 2 Escadrons vom Kürassier-Regimente Nr. 12.

Eine besondere Wasserkunst versorgt die Stadt mit Wasser.

2. Riebnick (Rybnick),

ist zwar eine königliche Stadt, die aber als eine Amtsstadt angesehen wird. Sie enthält:

Ein königliches Invaliden-Haus.

Ein herrschaftliches Schloß.

Eine katholische Pfarrkirche, an der 2 Geistliche stehen.

Ein in dem Invaliden-Hause befindliche 1791 erbauete evangel luther. Kirche, an der 1 Prediger stehet.

Eine katholische und

Eine luth. Schule.

Privat-Häuser zählt man 202.

Der Ackerbau, ein kleiner Consumtions-Handel, das Bierbrauen und das erlernte Handwerk nähren die Bürger.

Die königlichen Aemter sind:

Das Accise- und Zollamt.

Das Postamt.

Hier wohnen viele Juden.

Hier ist keine Garnison.

3. Sorau

ist eine Immediat-Stadt, mit einer Mauer und zwei Thoren, hat, außer

dem Rathhause:

einer katholischen Pfarrkirche,

einer kleinern Kirche,

einer kathol. Schule,

einem Hospital

214 Bürgerhäuser, und noch mehrere wüste Stellen.

Die bürgerlichen Nahrungen sind: Ackerbau, der Brauurbar, unbedeutend, ein kleiner Handel, der meist von den hier wohnenden Juden getrieben wird, und das erlernte Handwerk. Schuster und Leinweber sind die größten Zünfte.

Jährlich sind 4 Jahr- und zugleich Viehmärkte, 2 Wollmärkte.

Das Accise- und Zollamt ist hier das einzige königliche Amt.

Das Stadtwapen hat in einem halben Felde einen halben Adler und im andern halben Felde ein Schwerdt.

Die Garnison besteht aus einer Escadron Husaren von Regimente Nr. 1.

B. Das Kloster Rauden.

Das im Dorfe Rauden befindliche Kloster Cistercienser Ordens (34 Geistliche), 1220 vom Herzoge Wladislaus gestiftet, erhielt erst 43 Jahre nach seiner Stiftung einen eigenen Abt; bis dahin standen die hiesigen Geistlichen noch unter dem Amte des Klosters Andreow in Polen, aus dem der Herzog die erstern Mönche hatte kommen lassen. Erst nach dem dreißigjährigen Kriege wurde das hölzerne Klostergebäude in ein massives verwandelt, und mit einer Mauer umgeben. Die in Form eines Kreuzes gebaute Kirche ist ein sehr altes Gebäude mit zehn Altären und drei Capellen.

Die Geistlichen beschäftigen sich mit dem Unterrichte der Jugend.

Das Kloster besitzt außer einem Kupferhammer und einer Drathhütte noch folgende Dörfer: Chwallenzitz, Dobischau, Jankowitz, Mazkirch, Rauden, Rennersdorf, Stanitz, Stodoll, Zwonnowitz.

C. Dörfe

Nahmen der Dörfer.	Deutsche oder Polnische Dörfer.	Oeffentl. Gebäude: Kirchen.	Schulen.	Pfarrhäuser.	Herrschaftl. Schlösser und Wohnungen.	Vorwerke.	Bauern.
Adamowiz	P.	1	1	—	—	1	[illegible]
Altendorf (Starywies)	D.	1	1	—	—	2	3[illegible]
Autischkau (Uczieskowiz)	D.	1	1	1	—	1	2[illegible]
Babiz	P.	—	—	—	—	—	2[illegible]
Barglowka	P.	—	—	—	—	—	—
Barnowiz (Baronowiz)	P.	—	1	—	—	2	1[illegible]
Beleck, Ober-	P.	—	—	—	—	1	1[illegible]
Beleck, Nieder-	P.	1	1	1	—	1	1[illegible]
Benkowiz (Beinkowiz)	D.	1	1	1	—	1	48
Birtultau	P.	—	—	—	—	1	[illegible]
Bluschzau (Bluschzaw)	P.	—	—	—	—	3	[illegible]
Bogunitz	P.	—	—	—	—	1	[illegible]
Boguschowitz	P.	1	1	—	—	1	1[illegible]
Bojanow	D.	—	—	—	—	1	1[illegible]
Bosatz	D.	—	—	—	—	—	—
Brzezin	P.	1	—	—	—	1	1[illegible]
Brzezniz	D.	—	—	—	1	2	[illegible]
Broneck	P.	—	—	—	1	1	[illegible]
Brzusch	P.	—	—	—	—	1	—
Budisk (Budziska)	P.	—	—	—	—	—	—
Bukau (Bukow)	P.	—	1	—	—	—	1[illegible]
Chwallenzitz	P.	—	—	—	—	1	1[illegible]
Chwallowitz	P.	—	—	—	—	1	[illegible]
Czernitz	P.	—	—	—	—	1	[illegible]
Czerwenzitz	D.	—	—	—	—	2	1[illegible]
Czerwenka	P.	—	—	—	—	1	[illegible]
Cziprzanow (Ciepzanow)	P.	—	—	—	—	—	[illegible]
Czuchow	P.	—	—	—	1	1	1[illegible]
Dobischau (Dobiesow)	P.	—	—	—	—	1	[illegible]
Dobroslowitz	P.	—	—	—	—	1	1[illegible]
Dubensko, Alt-	P.	—	—	—	—	1	[illegible]
Dubensko, Groß-	P.	1	1	1	—	2	2[illegible]
Dziermierz (Dzimierzowiz)	P.	—	—	—	—	1	[illegible]
Eggersfelde, Colonie	P.	—	—	—	—	—	—
Ellgut (Ligotta)	D.	—	—	—	—	—	1[illegible]
—— Tworkau	P.	—	—	—	—	1	[illegible]
—— Ober-	P.	—	—	—	—	1	1[illegible]

Windmühlen.	Herrschaft.	Anmerkungen und Merkwürdigkeiten.
—	Noñenkl. z Rattib.	
—	Adelig.	
—	Noñenkl. z. Rattib.	Nach der Wielandischen Charte gehört dieses Dorf zu dem Koseler Kreise.
—	Adelig.	
—	desgl.	
—	desgl.	
—	desgl.	
—	desgl	
—	Noñenkl. z. Rattib.	
—	Adelig.	
—	desgl.	
—	Noñenkl. z. Rattib.	
—	Adelig.	
—	desgl.	
—	desgl.	Ist Vorstadt von Rattibor.
—	Kämmer. Rattibor.	
—	Adelig.	
—	desgl.	
—	desgl.	
—	desgl.	
—	desgl.	
—	Kloster Rauden.	
—	Adelig.	
—	desgl.	
—	desgl.	
—	desgl.	
—	Domc. zu Rattib.	
—	Adelig.	
1	Kloster Rauden.	Ist vom Koseler Kreise diesem zugeschlagen worden.
—	desgl.	
—	Adelig.	
—	desgl.	
—	desgl.	
—	desgl.	
—	Noñenkl. z. Rattib.	
—	Adelig.	
—	desgl.	2 Frischfeuer.

Nahmen der Dörfer.	Deutsche oder Polnische Dörfer.	Oeffentl. Gebäude: Kirchen.	Schulen.	Pfarrhäuser.	Herrschaftl. Schlösser und Wohnungen.	Vorwerke.
Galnau (Galnow)	P.	—	—	—	—	2
Gammau (Gammou)	D.	—	1	—	—	1
Ganniowiz	D.	—	—	—	—	—
Gaschowiz	P.	—	1	—	—	1
Gorrartowiz	D.	—	—	—	—	1
Grabowka	P.	—	1	—	—	1
Grzegorzowiz, 1. Anth.	D.	—	—	—	—	1
Grzegorzowiz, 2. Anth.	D.	—	—	—	—	1
Gurreck (Gurk)	P.	—	—	—	—	—
Hammer (Kusnia)	P.	—	—	—	1	1
Henriettendorf, Colonie	P.	—	—	—	—	—
Janowiz	D.	1	1	—	—	—
Jeykowiz	P.	—	—	—	—	—
Jonkowiz	P.	—	—	—	—	1
———	P.	—	—	—	—	1
Kamin, Kamien	P.	—	—	—	—	—
Kaminiz	P.	—	—	—	—	—
Klokatschin (Klokoschin)	P.	—	—	—	—	1
Klyschczow	P.	—	—	—	—	—
Kobila	P.	—	—	—	—	—
Korniz	D.	—	—	—	—	1
Kornowietz	P.	—	—	—	1	1
Krawarn, Polnisch-	D.	1	1	1	—	2
Krizeniz, Ksiagienez	P.	—	1	—	—	—
Krziskowiz	P.	—	—	—	—	1
Krzizanowiz	D.	1	1	1	1	2
Lekardowiz (Lekarkow)	D.	—	—	—	—	1
Leschin, Leschczin, Leszina, Lisczin	P.	1	1	—	1	2
Liszek	P.	1	1	1	1	2
Lohniz, Lontze	P.	—	—	—	—	1
Longa (Lengk)	P.	—	—	—	—	—
Lubom, Lubomia	P.	1	1	1	—	1
Lubowiz	D.	1	1	1	—	1
Lukow (Lukau)	P.	—	—	—	—	—
Makkau	D.	—	—	—	—	3
Markowiz, Bidzina, Badzina	D.	1	1	1	—	—
Mathesthal, Colonie	P.	—	—	—	—	—
Mazkirch (Macicowkiez, Macziejowkiers)	P.	1	1	1	—	1
Medani	D.	Unbekannt.				—

Windmühlen.	Herrschaft.	Anmerkungen und Merkwürdigkeiten.
—	Adelig.	Ein Vorwerk heißt Grabowine.
—	Domc. zu Rattib.	
—	desgl.	
—	Noñenkl. z. Rattib.	
—	Adelig.	
—	desgl.	
—	Domc. zu Rattib.	
—	Adelig.	
—	desgl.	
—	desgl.	
—	desgl.	
—	Domc. zu Rattib.	
—	Adelig.	
—	Kloster Rauden.	
—	Adelig.	
—	desgl.	
—	desgl.	
—	desgl.	
—	Kämmer. Sorau.	
—	Adelig.	
—	desgl.	Hier ist eine Bleiche.
—	desgl.	
—	desgl.	
—	desgl.	
—	desgl.	
—	desgl.	
—	desgl.	Das Vorwerk heißt Ottig (Ottiz.)
—	desgl.	
—	desgl.	
—	desgl.	
—	desgl.	
—	desgl.	
—	desgl.	
—	desgl.	
—	desgl.	
—	desgl.	
—	desgl.	
—	Kloster Rauden.	Gehörte sonst zum Koseler Kreise.
—	Adelig.	

Nahmen der Dörfer.	Deutsche oder Polnische Dörfer.	Oeffentl. Gebäude Kirchen.	Schulen.	Pfarrhäuser.	Herrschaftl. Schlösser und Wohnungen.	Vorwerke.	Bauern
Mensa	P.	—	—	—	—	—	—
Neudorf	P.	—	—	—	—	1	—
Neugarten (Nowesogrodi)	D.	—	—	—	—	—	
Neuhof	D.	—	—	—	—	1	—
Niebotschau (Nebotschowy)	P.	—	—	—	—	1	1
Niedobschüz	P.	—	1	—	—	—	1
Niwiadan (Newjedom)	P.	—	—	—	1	4	
Ochcjez	P.	—	—	—	—	—	
Ortowiz, Colonie	P.	—	—	—	—	—	—
Oschin	P.	—	—	—	—	3	
Ostrok, Osrog	P.	1	1	—	—	1	—
Ozzuppowiz	P.	—	1	—	—	—	
Pallowiz	P.	—	—	—	—	1	
Paulau	D.	1	1	1	1	1	1
Paulsdorf, Colonie	P.	—	—	—	—	—	—
Peterkowiz	P.	—	—	—	—	1	—
Plania	P.	—	—	—	—	—	—
Pogrzebin	P.	1	1	1	1	2	
Ponienziz	D.	—	—	—	1	2	
Popelau	P.	—	—	—	—	1	1
Proschowiz	D.	—	—	—	—	—	
Przegenza	P.	—	—	—	—	—	
Pschow	P.	1	1	1	—	—	3
Pstronza	P.	1	1	1	—	1	
Radoschau, 1. Antheil	P.	—	—	—	—	1	
Radoschau, 2. Antheil		—	—	—	—	1	—
Rauden, Groß- (Rudy)	P.	—	—	—	—	1	1
Rauden, Klein- (Kozelska-Rudy)		—	—	—	—	—	1
Raschüz	P.	1	—	—	—	1	1
Renuersdorf, Colonie	P.	—	—	—	—	—	—
Ridultau	P.	1	1	1	1	2	
Rogau	P.	1	1	1	—	2	
Rogoiszna (Rogozna)	P.	—	—	—	—	2	
Roschkau	P.	—	—	—	—	1	1
Rownia (Rowen)	P.	—	—	—	—	—	
Roy	P.	—	1	—	—	1	
Ruda	P.	—	—	—	—	—	—
Ruderswalde (Rudischwald)	P.	1	1	1	—	1	1
Rudnick	D.	1	1	—	1	1	1.
Rzuchow	P.	—	—	—	—	1	

Windmühlen.	Herrschaft.	Anmerkungen und Merkwürdigkeiten.
—	Adelig.	Hier wohnen viele Gärber.
—	desgl.	Ein Antheil heißt Rogoisk, der andere Twardawa.
—	desgl.	
—	desgl.	
—	desgl.	
—	desgl.	
—	desgl.	
—	desgl.	
—	desgl.	
—	desgl.	
—	desgl.	Das Vorwerk heißt Brzuchow.
—	desgl.	
—	desgl.	1 Frischfeuer.
—	desgl.	
—	desgl.	
—	desgl.	
—	Kämmer. Rattib.	Hier ist eine Holländische Kuhmelkerei.
—	Adelig.	
—	desgl.	
—	desgl.	Hierher gehört Radzeow.
—	desgl.	
—	desgl.	
—	desgl.	Hier wohnen viele Handwerksleute.
—	desgl.	Hier ist eine Pottaschsiederei.
—	desgl.	
—	desgl.	
—	Dem dasig. Kloster.	
—	desgl.	Hier ist ein Kupferhammer.
—	Adelig.	
—	Kloster zu Rauden.	
—	Adelig.	
—	desgl.	
—	desgl.	
—	desgl.	
—	desgl.	
—	desgl.	
—	desgl.	
—	desgl.	
—	desgl.	
—	desgl.	Ein Theil dieses Dorfs heißt Lenga.

Nahmen der Dörfer.	Deutsche oder Polnische Dörfer.	Oeffentl. Gebäude			Herrschaftl. Schlösser und Wohnungen.	Vorwerke.	Bauern.
		Kirchen.	Schulen.	Pfarrhäuser.			
Schichowiz	P.	—	—	—	—	—	8
Schlechtendorf, Colonie	P.	—	—	—	—	—	—
Schmoltna	P.	—	—	—	—	3	10
Sch[illegible]nowiz	P.	—	—	—	—	1	4
Schürbiz	P.	—	—	—	—	1	5
Schumowiz	P.	—	—	—	—	1	2
Schwirklau, Ober- und Mittel-	P.	—	—	—	—	2	7
Schwirklau, Nieder-	P.	1	1	—	—	2	8
Sczykowiz	P.	—	—	—	—	—	10
Segenberg (Macziborka Kuknia)	P.	—	—	—	—	—	—
Seibersdorf (S[illegible]rzidowiz)	P	—	—	—	1	1	2
Silberkopf (Srzybrick)	D.	1	—	—	—	1	2
Sirien (Syrin)	P.	1	1	—	—	—	24
Skrzeczkowiz	P	—	—	—	—	1	1
Slawikau (Slawikow)	D.	1	1	1	1	1	5
Sollarina (Solarna, Salarnia)	P.	—	—	—	—	—	—
Straniz	P.	1	1	—	—	1	15
Stanowiz	P.	—	—	—	1	1	10
Stein (Kamin)	P	—	—	—	—	2	4
Stodoll (Stodolly)	P.	—	—	—	—	1	14
Studzinna (Studenna, Studziena)							
1. Antheil	D.	—	—	—	—	1	25
2. Antheil	—	—	—	—	—	—	5
Sudcoll, Sudol, 1. Antheil	—	—	—	—	—	—	11
Sudcoll, Sudol, 2. Antheil	D.	—	—	—	—	—	11
Summin	P.	—	—	—	—	1	—
Thurzy	P.	—	1	—	—	—	8
Twarkau	D.	1	1	1	1	2	24
Vorkigen, Vorwergen	P.	—	—	—	—	1	2
Warmuntau	P.	—	—	—	—	1	3
Wiellopolle (Willepoile)	P.	—	—	—	—	1	5
Wilhelmsberg (Rudelsdorf), Colonie	P.	—	—	—	—	—	—
Woinowiz	D.	1	1	1	—	1	19
Zamislau	P.	—	—	—	—	1	13
Zittna (Zuitna)	P.	—	—	—	—	—	12
Zoredzin (Zardzin)	P.	—	—	—	—	1	—
Zowada (Sawada), Jungfräulich	P.	—	—	—	—	—	—
——, Pschow	P.	—	—	—	—	—	7
Zwonnowiz	P.	—	—	—	—	1	11

Windmühlen.	Herrschaft.	Anmerkungen und Merkwürdigkeiten.
—	Adelig.	
—	desgl.	
—	desgl.	
—	desgl.	
—	desgl.	
—	desgl.	
—	desgl.	
—	desgl.	
—	desgl.	
—	desgl.	Ein hoher Eisenofen, 5 Frischfeuer.
—	desgl.	
1	desgl.	
—	desgl.	
—	desgl.	
—	desgl.	
—	desgl.	
—	Kloster zu Rauden	
—	Adelig.	
—	desgl.	
—	Kloster zu Rauden.	Hier ist ein hoher Eisenofen, 2 Frischfeuer.
—	Kämmer. Rattibor.	
—	Domc. zu Rattib.	
—	Adelig.	Dieser Antheil heißt Brzesniz.
—	desgl.	Dieser Antheil heißt Kornitzer Antheil.
—	desgl.	
—	desgl.	
—	desgl.	
—	desgl.	
—	Kämmer. Rattib.	Gehörte ehedem zum Koseler Kreise.
—	Adelig.	2 Frischfeuer.
—	desgl.	
—	desgl.	
—	desgl.	
—	desgl.	
—	Domc. zu Rattib.	
—	desgl.	
—	Adelig.	
—	Kloster zu Rauden.	

Register.

M.

N.

Q.

R.

S.

Schichowiz.

T.

Geographische, naturhistorische und technologische Beschreibung des souverainen Herzogthums Schlesien.

Von

Johann Adam Valentin Weigel,

Evangelisch-lutherischem Prediger, Mitgliede der Gesellschaft naturforschender Freunde in Berlin, der naturforschenden zu Halle, der mineralogischen zu Jena, und der ökonomisch-patriotischen des Fürstenthums Schweidnitz.

Achter Theil.

Die Fürstenthümer Pleß, Oppeln, der Leobschützer Kreis und die freie Standesherrschaft Beuthen.

Berlin, 1804.

In der Himburgischen Buchhandlung.

Inhalt.

Das mittelbare Fürstenthum Pleß.

Das unmittelbare Fürstenthum Oppeln.

Der Leobschützer Kreis.

Die freie Standesherrschaft Beuthen.

Das mittelbare Fürstenthum Pleß.

Erster Abschnitt. Physikalische Beschaffenheit.

Gewässer.

Unter den Gewässern des Fürstenthums Pleß sind die beträchtlichsten, die **Weichsel** und die **Brzemsa**, die aber beide nur an der Gränze vorbei strömen, und doch bei nahe alle Gewässer des Fürstenthums an sich ziehen.

1. Die Weichsel,

einer der wichtigsten Handelsströme Europens, ist ein wahrer Gränzfluß, denn ihr Lauf bildet bei nahe überall natürliche Gränzen zwischen den Ländern und Provinzen, durch welche sie hinströmt. Sie entspringt auf dem Gebirge **Barania**, im Fürstenthume **Teschen**, beim Anfange des karpathischen Gebirges, aus drei Quellen, die drei Bäche bilden, die **Malinka**, **Biala** und **Czorna**. Bei dem Dorfe **Weichsel** vereinigen sich diese Bäche, und jetzt erhält sie ihren Nahmen **Weichsel**. Sie fließt nun mitternachtwärts durch das Fürstenthum Teschen. Nachdem sie noch im Teschenschen

die Brennicza, mit der sich die Lischnitza vereinigt,

und

den Drahamfluß aufgenommen hat,

wendet sie sich bei **Schwarzwasser** gegen Morgen, und betritt bei **Deutsch-Weichsel** das Fürstenthum **Pleß**, wo sie sich an der Gränze bis zu dem zum Dominio Koptziowitz gehörigen Vorwerke Czarnuchowitz fortschlängelt, und dann ihren Lauf nach Gallizien und Süd-Preußen fortsetzt. Schon hier wird sie für platte und nicht zu schwer beladene Fahrzeuge bei hohem Wasser schiffbar. Sie nimmt während ihres Laufes an der Pleßer Gränze auf:

† Am rechten Ufer:

1) Die aus dem Fürstenthume **Bielitz** herfließende **Illownica**.

2) Die **Biala**, die an der Gränze von Teschen, Bielitz und Gallizien entspringt. Sie nimmt während ihres Laufes an der Gränze noch

die **Meschna** auf.

†† Am linken Ufer:

3) Die **Pszczynka**, die im Fürstenthume Pleß aus vielen Bächen und Teichen zusammen fließt.

4) Die **Korzewitz** (Korzenietz) bei **Jedlin**. Sie entsteht aus der Vereinigung zweier Bäche in den Waldungen des Fürstenthums.

5) Die **Gostine** unterhalb **Jedlin**. Sie ist, wie 3, ein Zusammenfluß vieler Bäche und Teichwasser.

6) Die **Brzemsa.** Sie kommt aus Süd-Preußen, und schlängelt sich an der Gränze, zwischen dem Pleßer Marktflecken **Myslowitz** und der Südpreußischen Stadt **Modrzejow**, bis zu ihrer Ausmündung in die **Weichsel**, eben da, wo letztere die Gränze von Pleß verläßt, fort. In ihrem Laufe nimmt sie auf:

* Am rechten Ufer:

A. Die **Brinnitze**, die aus der Standesherrschaft **Beuthen** kommt, oberhalb **Myslowitz**.

B. Einen ebenfalls aus dieser Standesherrschaft kommenden, bei Schwientochlowitz aus zwei Bächen zusammenfließenden Bach, und noch drei kleinere unbenahmte Bäche.

** Am linken Ufer:

Die **Biala**, die aus Süd-Preußen herfließt.

2. Die Klodnitz.

Sie entsteht an der Gränze des Fürstenthums **Pleß** mit der Standesherrschaft **Beuthen**, macht zwischen beiden die Gränze, und fließt in das Fürstenthum Oppeln. Sie nimmt während ihres Laufes an der Gränze

† am rechten Ufer

zwei im Beuthenschen entstehende unbenahmte, und

†† am linken Ufer

vier im Plessischen entspringende unbenahmte Bäche auf, unter denen der von Nikolai herkommende der beträchtlichste ist.

Gewässer,

die zwar im Fürstenthume fließen, aber bald über die Gränze treten.

1) Die Bierawke, entspringt an der Gränze mit der Standesherrschaft Beuthen auf den Gründen von Bujakow, betritt bald das Fürstenthum, fließt durch **Orzesche** und **Jaschkowitz**, und strömt ins Fürstenthum **Rattibor** *).

2) Ein im Walde entspringender Bach, fließt durch **Ormuntowitz**, und dann bald in den **Gleiwitzer District** des Toster Kreises des Fürstenthums Oppeln, wo er sich am linken Ufer in die **Klodnitz** ausmündet.

Man findet zwar in diesem Fürstenthume keine Seen, aber eine sehr große Anzahl Teiche, unter denen der **Beruner** der größeste ist, so daß er dem Würcherteiche im Fürstenthume Liegnitz nur wenig nachgeben wird. Man zählt überhaupt:

Große	13.
Mittlere . . .	16.
Kleine	391. **)
	420.

*) Siehe Th. 7. S. 156.

**) In einer handschriftlichen Nachricht, die ich vor mir habe, werden 891 angegeben; allein diese Summe scheint mir übertrieben.

Berge und Ebenen.

Außer verschiedenen Anhöhen und Hügeln, unter denen der **Clemensberg** bei **Lendzin** mit einer Kirche und einer schönen Aussicht der beträchtlichste ist, ist das Fürstenthum **Ebene**.

Der Boden, Lehm mit Sand gemengt, ist mittelmäßig, und man rechnet, bei guter Düngung und Bearbeitung, den Ertrag höchstens auf das fünfte Korn.

Die Waldungen,

besonders die fürstlichen, sind sehr ansehnlich, und liefern nicht nur den Bedarf der Einwohner, sondern auch noch zum auswärtigen Absatze eine beträchtliche Quantität Holz.

Producte.

A. Das Thierreich.

In der fürstlichen Stuterei zu Polnisch-Weichsel, der größten in Schlesien, werden zwar sehr schöne und dauerhafte Pferde erzogen, aber die Pferde der Bauern sind geringer. Das Rindvieh und die Schafe sind nur ein Mittelschlag, und die Nutzung von beiden ist also von keinem großen Belange; man sucht jedoch jetzt die Schafzucht zu verbessern. Bienen werden hin und wieder gehalten.

Die Waldungen liefern Hirsche, Rehe, wilde Schweine, Hasen, Füchse, Auer- Birk- und Repphühner, Waldschnepfen 2c.; die Gewässer wilde Gänse, Aenten, Schnepfen, Focken; an Fischen: Sander,

Welse, Störe, Lachse, Karpfen, Hechte, Aale, (die Brezemsa) Perschken ꝛc. Im Winter treten öfter viel Wölfe aus Süd-Preußen über die gefrorne Brezemsa, sehr selten Bären und Luchse. Zu Poremba ist eine Fasanerie.

B. Das Pflanzenreich.

Die Waldungen enthalten außer Kiefern, Fichten und Tannen, Roth- und Weißbuchen, Eichen, Rüstern, Linden, Birken, Aeschen, Erlen, Ahorn ꝛc.

Man bauet die gewöhnlichen Getreidearten, aber doch nur wenig Weizen und Gerste, einige Hülsenfrüchte, mehr Heidekorn, Flachs zum eigenen Bedarf, Kohl und andere Küchenkräuter, Kartoffeln sehr viel. Der Obstgewinn ist nur mittelmäßig. In dem fürstlichen Garten sind vielleicht über hundert Jahre alte Feigenbäume, die sehr große und wohlschmeckende Früchte tragen. Heu wird hinlänglich eingeerntet. Seltnere Pflanzen sind mir nicht bekannt.

C. Das Mineralreich.

I. Erdige Fossilien.

A. Kieselgeschlecht.

1) Quarz.

Gemeiner, weißer, feinkörnig, als Sandstein, auf den Steinkohlen bei Ormuntowitz, grobkörnig zu Poremba.

2) Hornstein. Hin und wieder als Geschiebe.

3) Holzstein. Bisweilen in den Lagern von Eisenerz.

4) Kieselschiefer. In Geschieben.

B. Thongeschlecht.

1) Gemeiner Thon.

a) Töpferthon. Aschgrau, bei den Kohlenflötzen zu Ormuntowitz; bläulich, bei Ellgutt. Mit vielen Muscheln und Schnecken bei Kopziowitz.

b) Schieferthon, als Dach und Sohle des Steinkohlenflötzes zu Mokrau.

2) Basalt. In großen Geschieben, bei Ormuntowitz.

C. Talkgeschlecht.

Walkererde, zu Lonkau.

D. Kalkgeschlecht.

1) Kalkstein, gemeiner, dichter, zu Berun, am Clemensberge, zu Kopziowitz, Lendzin, Mittel-Lazisk, Mokrau (hier in einzelnen Kuppen), Sciern, Smilowitz.

Kalköfen sind: zu Lendzin, Tichau, Smilowitz, Mittel-Lazisk, Mokrau, Sciern.

2) Stinkstein. Bei Berun, am Clemensberge, Ellgut und Lendzin unter dem Kalkstein.

II. Salzige Fossilien.

Wahrscheinlich befindet sich Steinsalz in diesem Fürstenthume: denn in einem Bruche bei dem Vorwerke Solce, zum Dominio Kopziowitz gehörig, geht eine Salzquelle aus. Zwei Quart Sole lieferten bei angestellter Probe ein halbes Loth Salz. Sie würde aber reichhaltiger seyn, wenn der Salzgehalt nicht so sehr durch wildes Wasser vermindert würde. Man hat zwar ehedem Versuchbaue auf Steinsalz versucht, aber wieder eingestellt.

III. Brennliche Fossilien.

Steinkohle.

a) Pechkohle. Kleinmuschelig, glänzend, zu Ormuntowitz auf der Grube Leopold. Man kann hier Schilf und andere in Steinkohle verwandelte Vegetabilien noch erkennen.

b) Schieferkohle. Die Oberschlesische Steinkohle ist von der des Fürstenthums Schweidnitz nicht nur in den äußern Kennzeichen, sondern auch im geognostischen und ökonomischen Verhalten verschieden *). In diesem Fürstenthume, im Rattiborschen und in der Standesherrschaft Beuthen rc. sind die Flötze mächtig; die Kohle ist dünnschieferig mit wenig Blätterkohle, oft mit andern Fossilien, vorzüglich mit braunem und thonartigem Eisensteine gemengt, der die Kohlen verunreinigt. Im Schweidnitzischen besteht das Conglomerat in großen Geschieben, hier, in Ober-Schlesien, ist es bis zum feinkörnigen Sandsteine verändert, der, im Ganzen genommen, doch selten ist, um so mehr und mächtig ist gemeiner Schieferthon. Von den Puncten, wo die Theile los gerissen sind, entfernter haben hierher nur die leichtern kommen und sich absetzen können. Die Hitze, die Ober-

*) Siehe Theil 1. S. 65.

schlesische Steinkohlen geben, ist geringer, als die der Niederschlesischen. Hier in Ober-Schlesien mußte sich das Mittel, das die vegetabilischen Substanzen zum Minerale umänderte (die Vitriol-Säure), weit mehr ausbreiten, und daher konnte weniger Bitumen abgesetzt werden. In unserm Fürstenthume sind folgende Flötze bekannt:

Die Grube Leopold zu Ormuntowitz, 1 Flötz von $\frac{5}{4}$ Lachter Mächtigkeit.

" " Sophie zu Mokrau bei Nikolai, 1 Fl. v. $\frac{5}{4}$ L. M.

" " Emmanuels Segen bei Wessola, 1 Fl. $4\frac{1}{2}$ L. M.

Zu Mittel-Lazisk ist 1 Flötz 1 Lachter mächtig; zu Wyrow sind einige Flötze bis 5 Lachter mächtig. Flötze, deren Mächtigkeit mir unbekannt ist, sind: bei Mislowitz, Nikolai, Ober-Lazisk, Slupna, Poremba, Tichau, Zalenze.

c) **Blätterkohle**, ist selten auf den angezeigten Flötzen.

IV. Metallische Fossilien.

Eisengeschlecht.

1) **Schwefelkies.** Gemeiner. Dick angeflogen und in gestreiften Würfeldrusen auf den Steinkohlen zu Mittel Lazisk und Ormuntowitz: mehr oder minder dick angeflogen auf den Steinkohlen zu Mislowitz und Nikolai.

2) Eisenstein.

a) Dichter Brauneisenstein mit thonartigem Eisensteine auf dem Kohlenflötze zu Mittel-Lazisk.

b) Gemeiner Thon-Eisenstein, auf den Kohlen mit vielen Abdrücken, zu Ober- und Mittel-Lazisk.

Zu Orzesche bricht guter Gestellstein.

Torf findet man hin und wieder, es wird aber nicht gegraben.

Zweiter Abschnitt.
Manufacturen und Fabriken.

In Pleß ist eine **Leder-Fabrik**. Man verfertigt hier auch viele **Hüte** zum auswärtigen Debit. Der ansehnlichste Nahrungszweig dieser Stadt ist die **Tuch-Manufactur**.

In der Gegend um Pleß verfertigen die Landleute eine gute dauerhafte **Leinwand**, die sie in Stücken von 12 bis 15 Ellen selbst bleichen, und nach Breslau zum Verkaufe bringen; ferner eine Art dünner, durchsichtiger Leinwand, $\frac{7}{4}$ und $\frac{8}{4}$ breit. Sie wird in Stücken von 36 Ellen zu Steif- und Wachsleinwand nach Breslau geliefert. Segeltuch wurde sonst in Alt- und Neu-Anhalt gemacht; jetzt ist diese Manufactur eingegangen.

In Golassowitz ist eine **Bleiche**.

In Pleß ist eine **Wachsbleiche**, die sehr schöne Lichter liefert.

Zu Wyrow ist eine **Pottaschsiederei**.

Zu Mokrau, Orzesche, Janow und Wessola sind **Glashütten**, die schönes **Glas** und **Glasgranaten** liefern.

Zu Paprotzan und Althammer sind **hohe Eisenöfen**. An eben diesen Orten sind **Frischfeuer**.

Zu Jaroschowitz und Paprotzan sind **Zainhämmer**.

Dritter Abschnitt.
Politische Verfassung.

Gränzen.

Das mittelbare Fürstenthum Pleß, seit 1767 einer fürstlichen Linie des Hauses Anhalt-Köthen gehörig, gränzt gegen Morgen an Süd-Preußen und Gallizien; gegen Mittag an die Fürstenthümer Teschen und Bilitz und an die Minderherrschaft Loslau; gegen Abend an das Fürstenthum Rattibor; gegen Mitternacht an das Fürstenthum Oppeln und die Standesherrschaft Beuthen.

Größe.

Zimmermann *) giebt die Größe dieses Fürstenthums auf 25, Sack auf 21, und Scheibel auf 22 **) Quadrat-Meilen an.

Kreise.

Dieses Fürstenthum macht nebst der Minderherrschaft Loslau und dem Königl. Preußischen Antheil von Oderberg nur einen landräthlichen Kreis aus.

*) Beiträge zur Beschreibung von Schlesien. B. 2. S. 47.

**) Zimmermanns allgemeine Nachrichten von Schlesien, S. 4.

Volksmenge.

In den Jahren 1791, 1793, 1794, 1795, 1796 und 1800 lebten in diesem Fürstenthume, und der dazu geschlagenen Minderherrschaft Loslau und den Oderberger Dörfern *):

	1791.	1793.	1794.	1795.	1796.	1800.
A. In den Städten:						
1) In Pleß . . .	2183	2199	2339	1632	2298	2236
2) In Nikolai . .	1082	1149	736	858	1127	1233
B. Auf dem Lande .	43406	43919	43623	43300	43423	54509
Summa .	46671	47267	46698	45790	46848	57978
In den Städten .	3265	3348	3075	2490	3425	3469
Auf dem Lande .	43406	43919	43623	43300	43423	54509
Summa .	46671	47267	46698	45790	46848	57978
Rechnet man noch die Stadt Loslau, zum Kreise gehörig, dazu	936	1021	1085	1079	1045	1252
so ist des ganzen Kreises Summa . .	47607	48288	47783	46869	47893	58230
Nimmt man nach Sack 21 Quadrat-Meilen an, so kommen auf jede Meile . . .	2266	2299	2275	2231	2280	2772

*) Ich muß beide letztern dazu nehmen, da ich keine besondern Nachrichten davon erhalten kann.

Sprache.

Die herrschende Sprache ist die Polnische, jedoch wird auch hin und wieder, besonders aber in Pleß, Deutsch gesprochen. Durch die jetzige Einrichtung der Landschulen wird aber das Polnische nach und nach verdrängt werden.

Aeußere Verfassung.

Der Fürst hat zwar seine eigene Regierung, die aber, so wie die Gerichtsämter der Dominien, unter der Oberamtsregierung zu Brieg steht.

In Ansehung der Steuer und Contribution steht das Fürstenthum unter der Kriegs- und Domänen-Kammer zu Breslau.

Die Städte gehören zum siebenten steuerräthlichen Departement der Breslauer Kammer, das in Tarnowitz seinen Sitz hat.

In Ansehung des Accise- und Zollwesens steht es unter der Direction zu Neiße.

Der ganze Kreis gehört zur Salz-Factorei Pleß.

Das Infanterie-Regiment Nr. 50. hat hier seinen Canton.

Aeußere kirchliche Verfassung.

Die Religion ist zwar untermengt, aber die Zahl der Katholiken übersteigt die Zahl der Protestanten bei weitem.

In Pleß und zu Golassowitz sind evangelisch-lutherische Kirchen, die unter das Oberschlesische Ober-Consistorium gehören, und zwar unter die Inspection zu Pleß.

In Neu-Anhalt ist eine reformirte Kirche, die unter das Consistorium zu Breslau gehört.

Die sämmtlichen katholischen Kirchen gehören zur bischöflichen Diöcese Cracau. Der Bischof läßt die kirchlichen Angelegenheiten durch einen Commissarius besorgen.

Das Fürstenthum Pleß enthält 2 Städte (Pleß und Nikolai), 2 Marktflecken (Berun und Mislowitz), und 95 Dörfer, davon 56 fürstlich und 39 adelig sind.

A. Städte.

1. Pleß (Pszczyna).

Pleß, die Haupt- und Residenz-Stadt des Fürstenthums, und die Kreisstadt, hat zwei Thore, und enthält:

I. An fürstlichen Gebäuden:

1) Das Schloß.
2) Ein Hospital.

II. An städtischen Gebäuden:

1) Das Rathhaus.
2) Das Malz- und Brauhaus.
3) Ein Hospital.

III. An Kirchen- und Schulgebäuden:

1) Die katholische Pfarrkirche, an der zwei Geistliche, ein Dechant und ein Vicarius stehen, in der Stadt.

2) Die Kreuzkirche.
3) Die Hedwigs-Kirche. } Beide in der Vorstadt.

4) Die evangelisch-lutherische Kirche, in welcher von zwei Pastoren Polnisch und Deutsch gepredigt wird.

5) Die lutherische Schule, an der drei Lehrer unterrichten.

6) Die katholische Schule, der ein Rector vorsteht.

Die evangel. lutherische Kirche ist 1743 von dem damahligen Standesherrn, Erdmann Grafen von Promnitz, erbauet, und die Gehalte der Prediger und Schullehrer auf die standesherrlichen Einkünfte angewiesen worden.

IV. An Bürger- oder Privat-Häusern:

253 in der Stadt und den Vorstädten.

Der bei weitem beträchtlichste Nahrungszweig der Bürger ist, außer andern Handwerken, die Tuch-Manufactur, der unbedeutende Brauurbar, der sich bloß auf die Stadt einschränkt, und ein kleiner Consumtions-Handel.

Jahrmärkte sind: 1) am Neujahrstage; 2) am Sonntage Lätare; 3) am Tage Viti; 4) am Tage Bartholomäi; 5) am Tage Hedwig. Tags vorher ist Viehmarkt.

Königliche

Königliche Aemter sind hier:

Das Salzamt.

Das Postamt.

Das Accise- und Zollamt.

Das Steueramt.

Die Garnison besteht aus einer Escadron Husaren vom Regiment Nr. 6.

2. Nikolai

ist ein offenes Städtchen, und enthält:

Das Rathhaus.

Eine katholische Pfarrkirche, an der, so wie an der Filial-Kirche, ein Propst, ein Vicarius und ein Präbendarius die Parochialia besorgen.

Eine katholische Schule.

Die Wohnungen der Geistlichen.

Privat-Wohnungen zählt man 206.

Nebst dem erlernten Handwerke nähren sich die Bürger größtentheils vom Ackerbau. Der Brauurbar und der Consumtions-Handel sind unbedeutend.

Die königlichen Aemter sind:

Das Postamt.

Das Accise- und Zollamt.

Das Juden-Toleranz-Amt.

Jahrmärkte sind: 1) Dinstag nach Märiä Reinigung; 2) am Palmsonntage; 3) Dinstag nach Pfingsten; 4) an Jacobi; 5) am Tage Ursulä. Tags vorher ist Viehmarkt.

Die Garnison besteht aus einer Escadron Husaren vom Regimente Nr. 6.

B. Marktflecken.

1. Berun,

ein offener Ort, am großen Beruner Teiche, hat eine katholische Pfarrkirche, an der außer dem Pfarrer noch ein Vicarius steht, eine Filial-Kirche, eine Schule, ein Pfarrhaus und 92 Bürgerhäuser.

Die Einwohner nähren sich vom Ackerbau, und unter den wenigen Handwerkern, die hier wohnen, sind die Kürschner die zahlreichsten.

Es ist hier nur ein einziges königliches Amt, das Zollamt.

Jahrmärkte sind: 1) am Tage Valentin; 2) am Tage Stanislai; 3) an Mariä Heimsuchung; 4) am Tage Bartholomäi; 5) an Michaelis.

2. Mislowitz,

zum Majorat Mislowitz gehörig, liegt nahe an der Gränze von Süd-Preußen, an der Brzemsa, hat eine katholische Kirche, an der ein Propst und ein Präbendarius die Sacra administriren, eine katholische Schule, die Wohnung der Geistlichen, und 103 Privat-Häuser. Außer diesen besteht noch die Schloßgemeine aus drei

Bauern, 33 Gärtnern, drei Häuslern, zwei Müllern, und einer Glashütte.

Die Einwohner nähren sich bloß vom Ackerbau, und ungefähr nur ein Drittel sind Handwerker.

Das Zollamt ist das einzige königliche Amt.

Jahrmärkte sind: 1) Am Sonntage nach Epiphanias; 2) am Sonntage Judica; 3) am Sonntage Exaudi; 4) Sonntags nach Mariä Heimsuchung; 5) an Mariä Geburt; 6) am Sonntage nach Simonis Judä.

C. Dörfe[r]

Nahmen der Dörfer.	Oeffentliche Gebäude. Kirchen. Protest.	Kirchen. Kathol.	Schulen. Protest.	Schulen. Kathol.	Pfarrhäuser.	Herrschaftl. Schlösser und Wohnhäuser	Vorwerke.	Freigüter.	Freischoltiseien.
Altdorf	—	—	—	1	—	—	1	1	—
Althammer	—	—	—	—	—	1	—	—	—
Anhalt, Colonie	—	—	—	—	—	—	—	-	—
——— Neu-Colonie	—	—	—	—	—	—	—		—
Blassowitz	—	—	—	—	—	—	1	—	—
Bogutzitz	—	1	—	1	1	—	1	—	—
Bogutzkerhammer (Kotowiz)	—	—	—	—	—	1	3	—	—
Borin, 1. Antheil	—	—	—	—	—	1	2	—	—
Borin, 2. Antheil	—	—	—	—	—	1	1	1	-
Boyschof	—	1	—	—	1	—	—	—	—
Brzenczkowitz	—	—	—	—	—	1	—	-	—
Brzestz	—	1	—	1	1	—	—	-	—
Brzezinka	—	—	—	—	—	—	—	—	—
Crassow	—	—	—	—	—	—	—	-	—
Creuzdorf	—	1	—	1	1	—	1	—	—
Czarkow	—	—	—	—	—	—	1	-	
Czarnuchowitz	—	—	—	—	—	—	1	—	—
Czicimetz	—	—	—	—	—	—	—	-	—
Czwiklitz	—	1	—	—	—	—	3	-	
Deutschweichsel	—	1	—	—	—	—	1	—	—
Dziedzkowitz	—	1	—	1	—	1	2	-	—
Ellgut	—	—	—	—	—	—	—	—	—
Erdmannsbruch, Colonie	—	—	—	—	—	—	—	—	—
Gardawitz	—	—	—	—	—	1	2	—	—
Gollassowitz	1	1	1	1	2	1	2	—	—
Golawietz	—	—	—	—	—	1	1	—	—
Goldmannsdorf, 2 Anth.	—	—	—	—	—	1	1	—	—
Goldmannsdorf, 2 Anth.	—	—	—	—	—	1	2	—	—
Goldmannsdorf, 1 Anth.	—	—	—	—	—	1	1	—	—
Gostin	—	—	—	—	—	—	—	—	—
Gottschalkowitz	—	2	—	1	—	—	—	—	—
Adeliger Antheil	—	—	—	—	—	—	1	-	
Grzawa	—	1	—	1	—	—	—	—	—
Gura	—	—	—	—	—	—	3	—	-

[illegible]	Colonie-Häuser.	Mühlen.			Schäfereien.	Herrschaft *).	Anmerkungen und Merkwürdigkeiten.
		Mahl-	Brett-	Walk			
3	—	—	—	—	1	F Sch	Hier ist eine Ziegelei.
1	—	1	—	—	—	F A.	1 Hoher Ofen, 1 Frischfeuer.
—	—	—	—	-	—	desgl.	Beide Colonien haben einen reform. Prediger und Schullehrer; die Einwohner sind 1772 aus Pohl. emigrirt.
—	—	—	—	·	—	desgl.	
0	—	—	—	—	1	F. L.	Hierher gehören Kopain und Jajost.
3	..	—	—	—	—	Adel.	
3	—	—	1	—	—	desgl.	
—	—	—	—	—	1	desgl.	
—	10	—	—		1	desgl.	
—	—	1	—	—	-	desgl.	
3	—	—	—	—	..	desgl	
2	—	1	—	—	—	F. Sch.	
4	—	—	—	—	—	Adel.	
—	—	—	—	—	..	F. L.	
7	—	1	—	—	1	F. D.	
4	—	1	—	—	—	F. Sch.	
—	—	—	—		—	Adel.	
5	—	—	—	—	—	F. L.	
—	—	1	—	—	1	Adel.	
5	—	1	—	—	1	F. D.	
—	—	—	—	--	1	Adel.	
4	—	1	—	—	—	F A.	Hierher gehört Kostuchna.
—	10	—	—	—	—	F. A.	
—	—	2	1		1	Adel.	
.	20	1	1	1	—	desgl.	Eine Bleiche und eine Ziegelei.
—	14	-	—		—	desgl.	
1	59	—	—		1	desgl.	
1	20	--	—	-	1	desgl.	
—	—	—	—	—	1	desgl.	
0	—	—	1	—	—	F. Sch.	
0	—	2	—	-	—	F. Sch.	
2	—	—	-		—	Adelig.	
4	—	..	—	—	—	F. L.	
3	—	—	—	..	2	F. A.	

*) F bedeutet Fürstlich; der dabei stehende Buchstab A. zeigt, daß das Dorf unter das Amt Althammer, D. daß es unter Deutschweichsel, L. daß es unter Lendzin, Sch. daß es unter Schedlitz gehört.

Nahmen der Dörfer.	Oeffentliche Gebäude. Kirchen. Protest.	Kirchen. Kathol.	Schulen. Protest.	Schulen. Kathol.	Pfarrhäuser.	Herrschaftl. Schlösser und Wohnhäuser.	Vorwerke.	Freigüter.	Freischoltiseien.
Gurkau	—	—	—	—	—	—	—	—	—
———	—	—	—	—	—	—	—	—	—
Jankowitz	—	—	—	—	—	—	—	—	—
Jaroschowitz	—	—	—	—	—	—	1	—	—
Jarzomkowitz	—	—	—	—	—	1	2	—	—
Jaschkowitz	—	—	—	—	—	—	1	—	—
Jedlin	—	—	—	—	—	1	1	—	—
Kobielitz	—	—	—	—	—	—	—	—	—
Kobier	—	—	—	—	—	—	1	—	—
Kopziowitz	—	—	—	—	—	1	2	—	—
Kralowka	—	—	—	—	—	—	1	—	—
Lazisa (Lazisk)	—	1	—	—	—	—	—	—	—
Lazisk, Mittel-	—	—	—	—	—	1	2	—	—
Lazisk, Nieder-	—	—	—	—	—	—	—	—	—
Lazisk, Ober-	—	—	—	—	—	—	—	—	—
Lendzin	—	2	—	1	1	1	1	1	-
Lonkau	—	1	—	1	1	—	2	1	-
Medzna	—	1	—	1	1	—	—	—	-
Meserzitsch	—	—	—	—	—	—	—	—	-
Miserau	—	—	—	—	—	1	3	—	-
Mokrau	—	1	—	1	—	1	3	—	-
Neudorf	—	—	—	—	—	—	—	—	-
Ornuntowiz, 1. Antheil	—	—	—	—	—	1	4	—	-
Ornuntowiz, 2. Antheil	—	—	—	—	—	1	1	—	-
Ornuntowiz, 3. Antheil	—	1	—	—	—	1	1	—	-
Orzesche	—	1	—	—	—	1	2	—	-
Panewnik	—	—	—	—	—	—	—	—	-
Paprotzan	—	—	—	—	—	—	—	—	-
Pawlowitz, 1. und 2 Antheil	—	—	—	—	—	1	2	—	-
Pawlowitz, 3. Antheil	—	1	—	1	—	1	1	—	-
Petrowitz	—	—	—	—	—	—	—	—	-
Pilgramsdorf	—	1	—	—	1	1	2	—	-
Podlesle	—	—	—	—	—	—	—	—	-
Polnischweichsel	—	—	—	—	—	—	—	—	
Poremba	—	—	—	—	—	—	—	—	
Porombek	—	—	—	—	—	—	1	—	-
Radostowitz	—	—	—	—	—	—	—	—	-
Rozdzien	—	—	—	—	—	—	—	—	-

Häusler.	Colonie-Häuser.	Mühlen. Mahl-	Brett-	Walk-	Schäfereien.	Herrschaft.	Anmerkungen und Merkwürdigkeiten.
o	—	—	—	—	—	F. L.	
—	—	—	—	—	—	Adel.	
33	—	1	—	—	—	F.Sch	Die Mühle u. 13 Häusler gehören der Kämmerei Pleß.
25	—	1	1	—	—	F. L.	Ein Zainhammer.
1	10	—	—	—	1	Adel.	
—	—	—	—	—	—	desgl.	
4	—	1	—	—	—	desgl.	
9	—	—	—	—	—	F.Sch	
42	—	1	—	—	—	F.Sch.	
—	1	—	—	—	—	Adel.	Ein Vorwerk heißt Solze.
1	—	—	—	—	—	desgl.	
4	—	1	—	—	—	desgl.	
—	—	2	1	—	—	desgl.	Hier ist ein Kalkbruch und eine Steinkohlengrube.
9	—	—	—	—	—	F. A.	
8	—	—	—	—	—	desgl.	
8	—	2	—	—	—	F. L.	Ein Kalkbruch.
3	—	1	—	1	1	F.Sch.	6 Häusler gehören zum Freigute und 5 zur Freischoltisei.
5	—	—	—	—	—	F. L.	
4	—	1	—	—	—	desgl.	
3	—	—	—	—	1	F. D.	
4	—	—	—	—	1	Adel.	1 Glashütte, 1 Kalkbruch, die Steinkohlengrube Sophie.
8	—	—	—	—	—	F. A.	
3	—	—	—	—	1	Adel.	Hier die Steinkohlengrube Leopold.
—	—	—	—	—	—	desgl.	
1	—	—	—	—	—	desgl.	
—	—	—	—	—	1	desgl.	Eine Glashütte.
5	—	—	—	—	—	F. A	
2	—	—	1	—	—	F. L.	1 Hoher Ofen, 2 Frischfeuer, 1 Zainhammer.
6	—	—	—	—	1	Adel.	
3	—	—	—	—	1	desgl.	
5	—	—	—	—	—	F. A	
0	—	—	—	—	1	Adel.	
4	—	1	—	—	—	F. A.	
5	—	1	—	—	—	F. D.	Eine Stuterei.
8	—	—	—	—	—	F.Sch.	Eine Fasanerie.
—	—	—	—	—	—	Adel.	Gehört zu Kopziowitz.
4	—	—	—	—	—	F.Sch.	
1	—	—	—	—	—	Adel	Gehört zu Mislowitz.

Nahmen der Dörfer.	Oeffentliche Gebäude. Kirchen. Protest.	Kirchen. Kathol.	Schulen. Protest.	Schulen. Kathol.	Pfarrhäuser.	Herrschaftl. Schlösser und Wohnungen.	Vorwerke.	Freigüter.	[illegible]
Rudoltowitz	—	—	—	—	—	1	—	—	—
Sand	—	—	—	—	—	—	—	—	—
Schedliz, 1. Anth. Baumgarten	—	—	—	—	—	—	1	—	—
Schedliz, 2. Anth. …rzeblowitz	—	—	—	—	—	—	—	1	—
Schedliz, 3. Anth. Katschaut	—	—	—	—	—	—	—	1	—
Schedliz, 4. Anth. Louisenhof	—	—	—	—	—	—	1	—	—
Schopienitz	—	—	—	—	—	—	—	—	—
Sciern	—	—	—	—	—	—	1	—	—
Smarzowitz	—	—	—	—	—	—	—	—	—
Smilawitz	—	—	—	—	—	—	1	—	—
Stande	—	1	1	1	1	—	1	—	—
Studzienitz	—	—	—	—	—	—	—	—	—
Suzetz	—	1	1	1	1	—	1	—	—
Swierklanietz	—	—	—	—	—	—	—	—	—
Tichau	—	1	—	1	1	1	1	—	—
Timmendorf	—	1	—	—	1	—	1	—	—
Urbanowitz	—	—	—	—	—	—	1	—	—
Warschowitz	—	1	1	1	1	—	—	—	—
Wessola	—	—	—	—	—	—	—	—	—
Wohlau, nebst Gillowitz	—	—	—	—	—	—	—	—	—
Woschzitz	—	1	—	—	1	1	1	—	—
Wyrow	—	—	—	—	—	1	1	—	—
Zabrzeg	—	—	—	—	—	—	1	—	—
Zalenze	—	—	—	—	—	1	1	—	—
Zarzetsche	—	—	—	—	—	—	—	—	—
Zawada	—	—	—	—	—	1	3	—	—
Zawadka	—	—	—	—	—	—	1	—	—
Zawistz	—	—	—	—	—	—	1	—	—
Zgoin	—	—	—	—	—	—	—	—	—

Die Dörfer Chelm, Jemlin und Koszyrow liegen auch i… Fürstenthume, gehören aber zum Crakauer Bisthum. No… Landeshoheit streitig.

Häusler.	Colonie-Häuser.	Mühlen. Mahl-	Brett-	Walk-	Schäfereien.	Herrschaft.	Anmerkungen und Merkwürdigkeiten.
2	—	1	—	—	1	Adel.	
21	—	1	—	—	—	F.Sch.	
—	—	—	—	—	—	Adel.	
—	—	—	—	—	—	desgl	
—	—	—	—	—	—	desgl	
—	—	—	—	—	—	F.Sch.	Hier ist ein Fürstl. Waisenhaus.
1	—	—	—	—	1	Adel.	Gehört zu Mislowitz.
—	—	—	—	—	1	desgl.	Gehört zu Kopziowitz. Ein Kalkbruch.
13	—	—	—	—	—	F.L.	
38	—	—	—	—	1	F.A.	Ein Kalkofen.
31	—	—	—	—	—	F.D.	
21	—	—	—	—	—	F.Sch.	
35	—	—	—	—	1	F.D.	
—	—	—	—	—	—	F.L.	
141	—	4	—	—	—	desgl.	Ein Kalkofen und eine Ziegelei.
32	—	—	—	—	—	F.D.	
54	—	2	—	—	—	F.L.	
27	—	1	—	—	—	F.D.	
37	—	—	—	—	—	F.L.	Eine Glashütte.
20	—	2	—	—	—	desgl.	
—	—	3	3	—	1	Adel.	
53	—	1	—	—	1	F.A.	Eine Pottaschsiederei.
—	—	—	—	—	—	Adel.	Gehört zu Kopziowitz.
—	—	1	—	—	—	desgl.	
17	—	—	—	—	—	F.A.	
—	20	—	—	—	1	Adel.	
1	—	—	—	—	—	Fürstl.	
—	—	—	—	—	—	Adel.	
41	—	—	—	—	—	F.Sch.	

Das unmittelbare Fürstenthum Oppeln.

Erster Abschnitt. Physikalische Beschaffenheit.

Gewässer.

1. Die Oder.

Der Hauptstrom des Fürstenthums Oppeln, verläßt das Fürstenthum Rattibor bei Ruda *), und tritt in den Koseler Kreis, strömt eine kleine Strecke in demselben, und bestimmt dann die Gränze zwischen diesem Kreise und dem Schlawenzitzer Districte des Toster Kreises und dem Groß-Strehlitzer Kreise bis Zuzella. Von hier aus fließt sie in dem Oppelnschen Kreise fort, bis sie ihn und das ganze Fürstenthum zwischen den Dörfern Riebnig und Lichten verläßt, und in das Fürstenthum Brieg tritt **). Sie theilt das Fürstenthum

*) Siehe Th. 7. S. 157.

**) Siehe Th. 3. S. 69.

in zwei sehr ungleiche Theile, und nimmt während ihres Laufes, außer verschiedenen kleinen unbenahmten Bächen, in demselben auf:

A. **Am rechten Ufer:**

1) Die **Bierawka** (Jakobswalder Bach), die in der Standesherrschaft Beuthen auf den Gründen von Bujakow entsteht, und durch die Fürstenthümer Pleß und Rattibor *) fließt. Sie verläßt das letztere unterhalb Czuchow, um in den **Gleiwitzer** und Schlawenzitzer Districten des Toster Kreises ihren Lauf fortzusetzen. Sie treibt in dem letztern Districte die Jakobswalder Werke, und mündet sich bei Birawa aus. Sie nimmt von der Rattiborer Gränze bis zu ihrer Ausmündung auf:

† Am rechten Ufer:

* Im Gleiwitzer Districte:

a) Einen unbenahmten, im Rattiborschen aus zwei Bächen zusammenfließenden Waldbach bei **Seiglowitz**.

b) Einen ebenfalls unbenahmten im Rattiborschen aus der Vereinigung zweier Bäche entstehenden Waldbach, eben daselbst.

c) Den **Knurower Bach**, mit dem sich bei Kriwald ein anderer kleinerer vereinigt.

d) Einen kleinen Feldbach bei Nieborowitz.

e) Den **Zernitzer Bach**.

** Im Schlawenzitzer District:

f) Den **Schmollnitzer Bach**.

---

*) Siehe Th. 7. S. 156. und oben S. 4.

g) Den Sosnischowitzer Bach.

h) Einen auf den Gründen von Rachowitz entstehenden, durch Groß- und Klein-Schierakowitz fließenden Bach.

i) Einen auf den Gründen von Latscha entstehenden Bach, mit dem sich kurz vor seiner Ausmündung noch ein kleiner Waldbach vereinigt.

†† Am linken Ufer:

* Im Gleiwitzer District:

k) Einen auf den Gründen von Krizenitz im Fürstenthum Rattibor entstehenden Bach.

l) Den Pilchowitzer Bach.

** Im Schlawenzitzer District:

m) Den Neudorfer Bach.

2) Die Klodnitz *). Sie verläßt die Standesherrschaft Beuthen bei dem Dorfe Makoschau, und schlängelt sich an der Gränze des zum Beuthener Kreise geschlagenen Theils des Ujester Halts bis an die Gränze des Gleiwitzer Districtes fort, strömt Gleiwitz rechts vorbei in den Schlawenzitzer District, läßt Ujest und Schlawenzitz rechts, und mündet sich an der Gränze des Groß-Strehlitzer und Koseler Kreises aus. Sie nimmt in ihrem Laufe im Fürstenthume Oppeln auf:

† Am rechten Ufer:

a) Einen aus dem Ujester Halt herfließenden Feldbach zwischen Makoschau und Sosnitze.

---

*) Siehe oben S. 4.

b) Einen andern durch Sosnitze fließenden Feldbach, bald am Ende dieses Dorfes.

c) Das **Beuthener Wasser**, mit dem sich nebst andern kleinen Bächen auch das **Zernitzer Wasser** vereinigt.

d) Den Przischowkaer Bach unweit Laband.

e) Den **Czechowitzer Bach**.

f) Den **Tarnowitzer Bach**, der in der Gegend von Tarnowitz aus verschiedenen Bächen entsteht, **Peiskretscham** vorbei strömt, und sich in seinem Laufe durch mehrere kleine Bäche verstärkt.

g) Den **Schirother Bach**, der **Pniow** und **Klein-Patschin** bewässert.

h) Einen von Tost herkommenden Bach, mit dem sich noch einige andere kleine Bäche vereinigen.

i) Einen unbenahmten Bach, mit dem sich noch einige andere vereinigen, bei **Wiedzierow**.

k) Das **Ujester Wasser**.

l) Das Schlawenzitzer Wasser.

m) Einen von Salesche herfließenden Bach, bei **Lenortowitz**.

†† Am linken Ufer:

n) Einen auf dem Territorio von Mokrau im Fürstenthum Pleß entstehenden, durch Mokrau und Neudorf fließenden Bach, genau an der Gränze, wo die **Klodnitz** das Fürstenthum Pleß verläßt.

o) Einen im Walde entspringenden durch Ormuntowitz Pleßischen Fürstenth. fliessenden Bach, mit dem sich noch einige andere Bäche vereinigen *).

p) Den Schönwalder Bach.

q) Den Richtersdorfer Bach bei Gleiwitz, nebst noch einigen kleinen unbedeutenden Bächen.

Seit einigen Jahren wird an einem Canale gearbeitet, vermittelst dessen die Klodnitz bis zu ihrer Ausmündung schiffbar gemacht wird. Dieses große Werk, eines der ersten Deutschlands, wird am Ende des Jahrs 1804 gänzlich beendiget werden, und im Frühjahr 1805 soll der Anfang mit der Verschiffung der Kohlen aus den Kohlengruben und der übrigen Producte und Fabrikate Ober-Schlesiens gemacht werden. Auf diese Weise wird eine ehemahls in gewisser Hinsicht wüste Gegend unter Friedrich Wilhelms III. Regierung in einen blühenden Zustand versetzt werden. Ich setze

die Beschreibung des Klodnitz-Canals

her, wie sie mir vom Director dieses Werkes, Herrn Promnitz, gütigst mitgetheilt worden.

Der Canal zerfällt in drei verschiedene Navigationen.

Die erste und zwar die oberste geht unter der Oberfläche der Erde durch einen gewölbten Stollen fort, der ein außerordentlich mächtiges Kohlenfeld aufschließt.

---

*) Siehe oben Seite 4.

Die andere und zwar die nächstfolgende hat, nach dem neuesten System in einer gebirgigen Gegend, wo in den Sommermonaten wenig Wasser ist, keine Schiffschleusen, sondern Plana inclinata.

Die dritte Navigation wird nach dem mehr bekannten Navigations-Systeme auf Schiffschleusen ausgeführt.

* * *

Der unterirdische schiffbare Stollen wird verschiedene Richtungen von dem Dorfe Saborze und der Colonie Dorotheendorf im Beuthener Kreise erhalten. Die Hauptrichtung geht jedoch von Osten nach Westen. Er kommt bei dem Dorfe Sabrze zu Tage.

Von dem Dorfe Sabrze geht der Canal zu Tage an den Anhöhen fort, und wird mittelst eines Aquaducts bis zu dem ersten plano inclinato an die Sabrzer und städtische Gleiwitzer Gränze gebracht.

Nun geht der Canal im Gleiwitzer Districte bis zu der neuerdings von dem königl. Oberbergamte angelegten sehr ansehnlichen Eisengießerei bei Gleiwitz fort, und hier fängt das zweite Planum inclinatum an.

Bis hierher wird der Canal theils von den Steinkohlengruben-Gewässern, theils von dem Beuthener Wasser gespeiset, und seine Inclination geht von Nordost nach Süden. Seine Breite ist auf dem Wasserspiegel ungefähr $2\frac{1}{2}$ Ruthe.

Nunmehr verändert der Canal seine Bahn, und geht

von der Eisengießerei dicht an der Vorstadt von Gleiwitz vorbei von Nordost nach Südsüdwest, nimmt bei

bei Gleiwitz den Klodnitzfluß auf, durch welchen der Canal gekreiset wird, und kommt zu einer dort anzulegenden Speditions-Niederlage, und unweit davon zur ersten Schiffschleuse.

Von hier geht der Canal längs dem Thale zur rechten Seite der Klodnitz fort nach dem Dorfe **Laband**; bis hierher sind drei Schiffschleusen.

Von **Laband** bleibt der Canal noch rechter Hand des Flusses, und passiert unterhalb die vierte Schiffschleuse, alsdann wendet sich der Canal bei dem Dörfchen **Czerwiunke** quer über die **Klodnitz** zur linken Seite derselben, und wird bei **Rzetzitz** vorbei nach dem Dorfe **Tatischau** geleitet. Während dieser Tour passiert sie die fünfte und sechste Schleuse.

Nun setzt der Canal seinen Lauf bei dem Vorwerke Schwiedrow vorbei, weiter bis nach dem Dorfe Plawniowitz fort, und passiert die siebente Schleuse, und hinter Plawniowitz die achte und neunte Schleuse.

Unweit von dem Dorfe Rudzinez erreicht der Canal die zehnte Schleuse.

Nun geht er bei dem Dorfe Niesdrowitz vorbei, erreicht die Stadt Ujest und nahe dabei die eilfte Schleuse.

Von hier setzt er seinen Lauf nach **Schlawenzitz** fort, wo er die zwölfte, bei **Blechhammer** die dreizehnte und bei den **Medarer Hütten** die vierzehnte Schleuse passiert.

Von hier aus nimmt er seinen Weg nach dem Dorfe **Lenortowitz**, woselbst die funfzehnte und bei dem Dorfe Kanderzin die sechzehnte Schleuse.

Nunmehr geht der Canal quer über den Klodnitzfluß wieder auf dessen rechte Seite in gerader Linie nach dem Dorfe Klodnitz, und in dieser Richtung fort bis in die Oder unterhalb der Festung Kosel, und passiert auf diesem Wege die siebzehnte und achtzehnte Schleuse.

Von Gleiwitz bis Tatischau hat der Canal auf dem Wasserspiegel eine Breite von drei Ruthen, und von Tatischau bis Kosel eine Breite von 3½ Ruthe.

Von Sabrze bis Gleiwitz sind die Plana inclinata und die Brücken, und von Gleiwitz bis Schlawenzitz sämmtliche Schleusen und Brücken massiv. Von Blechhammer aber bis in die Oder die Schleusen und Brükken von Holz gebauet, die aber in der Folge, wenn sie eingehen, ebenfalls massiv gebauet werden.

Von der Ausmündung des Klodnitz-Canals fließen bis Oppeln mehrere kleine Bäche, die aber keine eigenen Nahmen haben, und deren Lauf ohne Karte nur mit Worten nicht genau bestimmt werden kann, in die Oder. Ich gehe also zu den größern Gewässern fort.

3) Die **Malapane**. Sie entspringt im Lublinitzer Kreise bei dem Städtchen **Woischnik** an der Südpreußischen Gränze, strömt aus dem Lublinitzer Kreise in den Großstrehlitzer, und aus diesem in den Oppelnschen, wo sie bei Czarnowanz sich ausmündet. Sie nimmt während ihres Laufes auf:

† Am rechten Ufer:

* Im Lublinitzer Kreise:

a) Den **Babienitzer Bach** beim **Metkauer Hammer**.

b) Einen von Strezebin herfließenden Bach, beim Frischfeuer Drotarnia.

c) Einen bei dem zum Dominio Strezebin gehörigen Vorwerke Brande aus drei Bächen zusammen fließenden Bach, zu dem sich noch ein anderer, aus der Vereinigung zweier Bäche entstehender, gesellt, bei Wüstenhammer. Er treibt das Poschmiker Hammerwerk.

d) Das Lublinitzer Wasser, mit dem sich bei Koschmieder noch ein anderer Bach vereinigt.

** Im Großstrehlitzer Kreise:

e) Den Lagiewniker Bach, dem in der Gegend von Flüder noch einige andere Bäche ihr Wasser mittheilen.

*** Im Oppelnschen Kreise:

f) Das Guttentager Wasser, zu dem sich bei Makowzitz ein von Rzendowitz herfließender Bach gesellt.

g) Einen aus dem Rosenberger Kreise herfließenden Bach, der auf den Gründen von Osszizko im Walde aus zwei Bächen zusammenfließt, durch Radau geht, und an seinem linken Ufer noch zwei unbenahmte Bäche aufnimmt, davon der eine durch das Dorf Proskau und durch Lenke, und der andere durch Poczolkau und Zembowitz fließt.

An der Gränze des Vorwerks Turawa, zu Groß-Rottors gehörig, wird nun in einem sechs Ruthen breiten Canal das Wasser auf die Eisenwerke Königshuld geleitet, der sich aber unweit Kollanowitz wieder in die Malapane ausmündet.

†† Am linken Ufer:

h) Die Stola, die in der Standesherrschaft Beuthen, in der Gegend von Lassowitz entspringt. Sie fließt, nachdem sie noch etliche kleine Bäche am rechten Ufer an sich gezogen hat, in den Toster Kreis, wo sich am linken Ufer ein durch Pohlam fließender Bach bei Tworog, und kurz vor ihrer Ausmündung an der Großstrehlitzer Gränze noch ein die Gründe von Jasten, Woisko, Schwiniowitz und Czarkow bewässernder Bach zu ihr gesellt.

i) Einen unbenahmten Bach bei Keltsch.

k) Das Himmelwitzer Wasser. Es entsteht im Toster Kreise aus drei Bächen, die sich bei Himmelwitz im Großstrehlitzer Kreise vereinigen, tritt aus diesem Kreise in den Oppelnschen, wo es am rechten Ufer das Dembiehammerwasser, und am linken Ufer bei Chronsto einen im Großstrehlitzer Kreise aus der Vereinigung verschiedener Bäche entstehenden Bach aufnimmt, und dann, kurz vor der Ausmündung der Malapane bei Czarnowanz, sich mit derselben vereinigt.

4) Einen kleinen bei Groß-Döbern fließenden Bach.

5) Die Brinnitze, die im Rosenbergischen entspringt. Sie nimmt bald nach ihrem Eintritte in den Oppelnschen Kreis noch einige in demselben entstehende

Bäche auf, und fällt in die Oder kurz vor ihrem Austritte aus dem Fürstenthum Oppeln in das Fürstenthum Brieg.

B. Am linken Ufer:

* Im Koseler Kreise:

6) Einen in dem Fürstenthume Rattibor auf dem Territorio des Dorfes **Ponienzitz** entstehenden Bach *), der im Koseler Kreise durch die Dörfer **Blasewitz, Lohnau** und **Dzielnitz** fließt.

7) Einen bei **Grzendzin** aus einigen Bächen zusammenlaufenden, durch **Polnisch-Neukirch**, **Sakrau** und **Steblau** fließenden Bach.

8) Einen in der Gegend von **Przeborowitz** aus drei Bächen zusammenfließenden Bach bei **Kosel**.

9) Die **Straduna**, die im Koseler Kreise in der Gegend von Groß-Grauden entsteht.

** Im Oppelnschen Kreise:

10) Die **Hotzenplotz**, oberhalb **Krappitz**. Sie entspringt im **Böhmischen Antheile** Schlesiens, am Fuße **der Bischofskoppe** **), fließt durch den Troppauer Kreis, läßt Johannsthal nnd Hotzenplotz links, nnd betritt, nachdem sie noch einige Bäche aufgenommen hat, den Oberglogauer District des Neustädter Kreises, fließt **Ober-Glogau** am rechten Ufer vorbei, und strömt kurz vor ihrer Ausmündung in den Oppelnschen Kreis. Sie nimmt während ihres Laufes

---

*) Sieh Th. 7. Seite 157.

**) Sieh Th. 7. Seite 107.

am linken Ufer auf:

a) Die Braune (Prudnig), unterhalb Hotzenplotz. Sie entspringt im königl. Preußischen Antheile des Fürstenthums Neiße bei Dürr-Kunzendorf *) und fließt bald in den Neustädter Kreis, wo sie noch einige Bäche aufnimmt. Sie strömt Neustadt vorbei.

b) Das Zülzer Wasser, unterhalb Klein-Strehlitz. Es entsteht im Zülzer Districte des Neustädter Kreises, fließt Zülz vorbei, und dann in den Oberglogauer District, wo es noch verschiedene unbenahmte Bäche und Teichwasser an sich zieht.

11) Den Schimnitzer Bach.

12) Das Proskauer Wasser, das in der Gegend von Proskau entsteht, und noch etliche andere kleine unbenahmte Bäche an sich zieht.

13) Die Neiße. Sie tritt unterhalb Löwen aus dem Fürstenthum Brieg bei Rauske in den Falkenbergischen Kreis, läßt Schürgast rechts und mündet sich gleich beim Eintritte der Oder in das Fürstenthum Brieg in dieselbe aus *). Sie nimmt kurz vor ihrem Eintritte in das Fürstenth. Oppeln auf:

Die Steine,

(das Steinische Wasser **). Sie kommt aus dem Fürstenthume Neiße, tritt aus diesem in den Falkenberger Kreis, strömt eine kleine Strecke durch den Oppelnschen

*) Siehe Th. 4. S. 3. ff. Th. 3. S. 3. ff. Th. 7. S. 95. ff. Th. 3. S. 70.

**) Siehe Th. 7. S. 103.

Kreis, und aus diesem in den Falkenberger zurück, bis zu ihrem Eintritte in die Neiße.

2. Die Stober

entspringt im Rosenberger Kreise, fließt aber bald in den Kreuzburger Kreis. Sie nimmt

† am linken Ufer

a) die Bartsch im Kreuzburger Kreise des Fürstenthumes Brieg, und

b) das Schwarzwasser im Namslauer Kreise des Fürstenthums Breslau *), und

† am rechten Ufer

nahe an der Gränze des Fürstenthums Oppeln mit dem Fürstenthum Brieg auf:

c) Den Schlegenberger Floßbach, der in dem Rosenberger Kreise aus einigen Bächen zusammen, und eine Strecke durch den Oppelnschen Kreis fließt.

d) Den Budkowitzer Bach, zwischen Althammer und Karlsmarkt. Er entsteht ebenfalls im Rosenberger Kreise aus einigen Bächen, die sich bei Budkowitz im Oppelnschen Kreise vereinigen. Er treibt die Kreuzburger Hüttenwerke.

3. Die Briesnitz.

Auch dieses Gewässer entsteht im Rosenberger Kreise **).

4. Die Warthe.

Ein Arm dieses Flusses entsteht im Lublinitzer Kreise, fließt aus diesem in den Rosenberger Kreis, aus dem er

*) Siehe Th. 3. S. 70.

**) Siehe Th. 3. S. 73.

sich nach Süd-Preußen wendet, wo er sich mit dem andern in dem der Provinz Schlesien incorporirten Antheile der Woiwodschaft Krakau, oberhalb **Mrzyglod** im Pilicaer Kreise, entspringenden Arme vereinigt.

5. Der Steinbach,

ein Arm der **Oppa**, fließt im Neustädter Kreise bei Langenbrück, geht aber bald über die Schlesische Gränze.

Ehedem waren, besonders in den Waldungen des Oppelnschen Kreises, viele Sümpfe, die aber in den neuern Zeiten bei Anlegung von Colonien vermindert worden sind.

Eigentliche Seen findet man in diesem Fürstenthume nicht, man müßte dann den **Kalischteich**, unweit Oppeln, zum dasigen Amte gehörig, und die morastigen Tiefen bei **Centawa** und **Wielmerzowitz** im Großstrehlitzer Kreise, in welchen zur Nachtzeit geleuchtet, und mit einer Art Lanze Fische gestochen werden, Seen nennen wollen. Teiche sind aber eine große Anzahl. Man zählt

	Große.	Mittl.	Kleine.	Summa.
Im Oppelnschen Kreise . . .	1	3	57	61
Im Falkenberger Kreise . .	4	8	188	200
Im Neustädter Kreise:				
a) Im Neustädter District .	—	—	14	14
b) Im Zülzer District .	—	—	25	25
c) Im Oberglogauer District	1	1	110	112
Im Koseler Kreise . . .	1	2	97	100
Im Großstrehlitzer Kreise . .	1	—	81	82
Im Toster Kreise:				
a) Im Toster District . .	—	—	89	89
b) Im Gleiwitzer District .	—	—	42	42
c) Im Schlawenzitzer District	—	6	88	94
Im Lublinitzer Kreise . . .	7	4	264	275
Im Rosenberger Kreise . . .	—	3	180	183
Summa	15	27	1235	1277

Berge und Ebenen.

Das Fürstenthum Oppeln ist zwar größtentheils Ebene, jedoch findet man in allen Kreisen mehrere Anhöhen und Hügel von verschiedener Erhebung, meist aus Sand, Lehm oder Thon bestehend. Ich führe bloß die merkwürdigsten und höchsten an.

Im Falkenberger Kreise

zieht sich von **Mulwitz** über **Groß- und Klein-Guhre** eine durch mehr oder minder tiefe Schluchten unterbrochene aus Basalt bestehende Kette von Bergen gen Tarnitze hin, wo sie sich gegen die Neiße in eine gänzliche Ebene verlieren.

Von dem Dorfe **Weschele** in eben diesem Kreise, zieht sich eine Kette von Sandhügeln ebenfalls gegen die Neiße in die Gegend von Grottgau hin, die von Schluchten und kleinen Thälern unterbrochen wird.

Im Neustädter Kreise

ist gegen Abend eine Kette von Bergen, die mit dem Mährischen Gebirge zusammen hängen. Die merkwürdigsten sind:

Der **Burgberg**;

Der **Capellenberg**; beide bei Neustadt.

Auf dem letztern befindet sich außer einem Hause, von zwei Capucinern aus dem Neustädter Kloster, und drei Eremiten bewohnt, eine Capelle, zu der, vorzüglich am Portiuncula-Feste, große Wallfahrten gethan werden. Ehedem waren auf diesem Berge nur zwei Einsiedler, zu denen sich endlich (1747) noch ein dritter gesellte.

Sie lebten so lange von Almosen, bis der Kaufmann Paul Weidinger in Neustadt zu ihrer Unterhaltung eine Stiftung von 2400 Rthlr. machte. Diese Stiftung wurde nicht nur von dem damahligen Breslauer Bischofe (dem Cardinal von Sinzendorf) bestätigt, sondern er gab auch den Eremiten gewisse Ordensregeln, und setzte sie unter die Aufsicht des Erzpriesters zu Neustadt. Der Commerzien-Rath Weidinger, ein Sohn des obigen Stifters, vermehrte die Stiftung seines Vaters, und bauete (1751) eine massive Capelle und ein größeres Haus, damit außer den Eremiten noch zwei Capuciner hier wohnen sollten. Der damahlige Bischof (von Schafgotsch) bestätigte diese Anstalt, und auch Friedrich II. gab (1753) ein Privilegium darüber. Seitdem steht das Ganze mit dem Capuciner-Kloster in Neustadt in Verbindung. Außer diesen beiden sind noch zu bemerken:

Die Kunzendorfer Berge;
Die Langenbrücker Berge;
Der Leimberg bei Ober-Glogau.

Im Koseler Kreise

zieht sich gegen die Gränze des Fürstenthumes Rattibor von Nieschnaschin über die Dörfer Miestitz, Blazejowitz, Wietaslowitz, Radoschau bis gen Militsch eine Kette von Anhöhen, die sich mit denen im Leobschützer Kreise vereinigen.

Im Großstrehlitzer Kreise

sind außer einigen unbedeutenden Anhöhen zu bemerken:

Der **St. Anna- oder Chelmberg** (Swieta Anna), auf dessen Rücken sich ein Franciscaner-Kloster, in welchem 21 Mönche wohnen, die unter die Diöcese des Bischofs von Cracau gehören, 35 Capellen und ein Dorf befinden. Zu dem in der Kirche befindlichen Gnadenbilde geschehen große Wallfahrten.

Der **Calvari-Berg** mit mehrern Capellen.

Im Lublinitzer Kreise

zieht sich sowohl mitten durch, als an der Gränze von Süd-Preußen eine Kette von Bergen, die aber gar keine beträchtliche Höhe haben, und aus Sand und Lehm bestehen. Die beträchtlichsten sind:

Der **Lubezko**, bei dem Dorfe gleiches Nahmens.

Der **Wissoka**, bei Sodow.

Der **Lubschauer Berg**, bei Lubschau.

Der **Kamionka**, bei Boranow.

Die Fruchtbarkeit dieses Fürstenthums ist sehr verschieden. Man kann den Boden ganz füglich in **fruchtbaren, mittelmäßigen und sandigen** eintheilen.

Fruchtbaren Boden hat im **Oppelnschen Kreise** die linke oder Deutsche Seite der Oder; im **Falkenberger Kreise** die Gegend um Falkenberg, Friedland und Schürgast; mehr als die Hälfte des **Neustädter Kreises**; im **Roseler Kreise** die Gegend gegen den Großstrehlitzer und Leobschützer Kreis, wo besonders viel Weizen gebaut wird, davon in guten Jahren der Ertrag über 8, und in mittelmäßigen 7 bis 8 Korn ist.

Mittelmäßigen Boden haben im **Falkenbergischen Kreise** die Gegenden, wo der Boden lettig, feucht und kiesig ist; im **Roseler Kreise** die Gegend gegen den Oderstrom; im **Toster Kreise** in der Gegend von Gleiwitz und einigen andern Orten; ein kleiner Theil des Lublinitzer Kreises.

Sandiger Boden ist im **Oppelnschen Kreise** auf der rechten oder Polnischen Seite der Oder (die an der Malapane liegenden Dörfer **Kollanowitz, Kraschеow** und **Wengern**, so wie die gegen den Großstrehlitzer Kreis liegenden Dörfer **Fallmirowitz** und **Tarnow** haben so gar Flugsand); im **Falkenberger** und **Neustädter Kreise** der kleinste Theil; im **Großstrehlitzer Kreise** durchgehends, die Gegenden um Salesche, **Wissoka** und **Leschnitz** ausgenommen, wo der Boden etwas thonig ist; im größten Theile des **Toster** und gänzlich im **Lublinitzer** und **Rosenberger Kreise**. Im letztern ist der unfruchtbarste Boden des ganzen Fürstenthums.

Waldungen.

In dem königl. Preußischen Antheile von Schlesien sind in diesem Fürstenthume unstreitig die größten Waldungen, ob man gleich hin und wieder viel niedergeschlagen, ausgerodet, Ackerland gemacht, und Colonien, da wo sonst Wald war, besonders im Oppelnschen Kreise, angelegt hat. Die königlichen Waldungen im Oppelnschen Kreise sollen allein 80000 Quadrat-Morgen enthalten. Der Lublinitzer und Großstrehlitzer Kreis sind beide mehr als die Hälfte Wald. Weniger Wald als die andern Kreise hat der Falkenberger Kreis, jedoch haben die Einwohner ihren Holzbedarf. Die andern Kreise aber haben alle Ueberfluß. Die Klafter Holz kostete im Walde ehedem sechs gute Groschen, jetzt aber ist der Preis erhöhet.

P r o d u c t e.

A. Das Thierreich.

Pferde und Rindvieh sind im Neustädter Kreise in den gegen den Leobschützer Kreis liegenden Dörfern von großem, im Koseler Kreise von mittlerem, sonst aber überall von kleinem Schlage. Man findet jedoch auch auf manchen Dominien besseres Zucht- und Zugvieh, als bei den Unterthanen, deren viele oft zu viel Vieh halten.

Die Schafzucht ist, so wie auch die Wolle, nach Beschaffenheit der Trift verschieden, zum Theil eine grobe, meistentheils eine Mittelwolle; man sucht aber auch hier die Schafzucht durch Spanische Stähre zu veredeln.

Auf die Wartung der Bienen wird hin und wieder viel Fleiß gewendet, und, sie immer mehr und mehr zu vervollkommnen, ist in Oppeln eine Bienengesellschaft gestiftet worden. In dem Neustädter und Koseler Kreise ist die Zahl der Bienenstöcke geringer, als in den übrigen Kreisen. Waldbienen findet man im Lublinitzer, Großstrehlitzer, Koseler, Toster und Oppelnschen Kreise.

Zu Oppeln wendet man viel Fleiß auf die Pflege der Seidenwürmer.

An Wild liefern die vielen und weitläufigen Waldungen Hasen, Rehe, Hirsche, Schweine, Füchse, Reppühner rc.; Wölfe und Luchse werden immer seltener; Bären und Elendthiere sieht man jetzt gar nicht mehr.

Die Gewässer liefern an Geflügel: Wasserhühner und Schnepfen, Gänse und Aenten; an Fischen, Karpfen, Hechte, Weißfische, Schleihen, Perschken, Brassen, die **Oder** auch Welse und Sander, und die **Steinbach** im Neustädter Kreise auch Forellen, so daß die meisten Kreise Ueberfluß an Fischen haben, der in andere Gegenden, besonders nach Süd-Preußen, verführt wird.

B. Das Pflanzenreich.

Kiefern, Tannen und **Fichten** machen den größten Theil der weitläufigen Waldungen dieses Fürstenthums aus. Im Neustädter Kreise ist auch der Lärchenbaum (Pinus Larix Lin.) einheimisch. Die Wälder des Falkenberger Kreises, besonders die an der Neiße, des Großstrehlitzer, Koseler und Oppelnschen Kreises enthalten viele **Eichen**, die des Lublinitzer Kreises weniger, und die des Rosenberger Kreises vor dem Amerikanischen Kriege mehr, als jetzt. **Buchen** findet man vorzüglich viele in dem Großstrehlitzer, Koseler und Oppelnschen Kreise; **Birken** in den Lublinitzer und Koseler Waldungen, und **Erlen** in allen sumpfigen Gegenden des Fürstenthums.

Außer den gewöhnlichen Getreidearten und Hülsenfrüchten (in mehreren, besonders sandigen Gegenden, wird jedoch weder Gerste noch Weizen, sondern nur

Rocken und Hafer gewonnen) werden Hirse, Heidekorn (Buchweizen), Kartoffeln, aber wenig Küchenkräuter angebauet.

Der Flachsbau wird zwar überall, im Rosenbergischen Kreise aber am wenigsten betrieben; denn man säet hier bloß so viel, als man zu brauchen gedenkt. Der der Dörfer Dittmannsdorf, Leuber, Riegersdorf, Schnellenwalde, und der Stadt Zülz im Neustädter Kreise hat vor allen andern den Vorzug. Hopfen wird im Neustädter, Falkenberger, Lublinitzer, Toster, am wenigsten im Rosenberger Kreise gewonnen.

Obstbäume findet man zwar in allen Kreisen, doch zeichnet sich hierin der Oppelnsche, Neustädter und Großstrehlitzer Kreis vor den andern aus. Im letztern Kreise ist vorzüglich die Gegend um den Annaberg, so wie der Berg selbst wegen der vielen Borsdorfer Aepfel *) zu bemerken.

Im Lublinitzer Kreise wächst der Mannaschwingel (Festuca fluitans L.) häufig wild. Die Einwohner sammeln den Samen dieses Grases, um ihn theils selbst zu verspeisen, theils in andere Gegenden unter dem Nahmen Schwaden zu verkaufen.

In der Gegend von Czarnowanz wird Tobak gebauet.

Seltnere in diesem Fürstenthume wildwachsende Pflanzen sind:

---

*) Die ersten Borsdorfer Apfelbäume sollen die aus dem Kloster Pforte verschriebenen Cistercienser nach Leubus gebracht haben. Siehe Th. 5. S. 121.

Erste Classe.

Callitriche verna L.

——— *autumnalis L.*

Zweite Classe.

Ligustrum vulgare L.

Veronica spuria L. Auf Sandbergen.

——— *maritima L.* Bei Falkenberg.

——— *scutellata L.* Bei Ober-Glogau und Schönau.

——— *Teucrium L.*

Utricularia vulgaris L.

Salvia pratensis L.

——— *verticillata L.*

Circaea lutetiana L.

Dritte Classe.

Polycnemum arvense L.

Gladiolus communis L.

Iris sibirica L.

Schoenus albus L. Bei Falkenberg und Schedlau.

——— *compressus L.*

Cyperus fuscus L.

Panicum verticillatum L.

——— *viride L.*

——— *miliaceum L.*

Phleum nodosum L.

Alopecurus agrestis L.

Cynosurus durus L.

Festuca myurus L. Bei Schönau und Proskau.

——— *fluitans L.*

Bromus giganteus L.

——— *pinnatus L.*

Vierte

Vierte Classe.

Dipsacus pilosus L.
Sherardia arvensis L.
Centunculus minimus L.
Trapa natans L.
Aphanes arvensis L. Bei Schönau.
Cuscuta monogyna Wild. lupuliformis Krock.

Fünfte Classe.

Lithospermum purpureo-caeruleum L.
Cynoglossum cheirifolium L.
Symphytum tuberosum L.
Lycopsis pulla L.
Lysimachia thyrsiflora L. Um Carlsruhe.
Phyteuma orbicularis L.
——— *spicata L.*
Lonicera Xylosteum L.
Verbascum phoeniceum L.
Hyoscyamus albus L.
Atropa Belladonna L.
Physalis Alkekengi L.
Ribes rubrum L.
—— *nigrum L.*
Glaux maritima L. Zu Ober-Glogau im Fasanengarten vom Herrn Professor Heide in Breslau 1781 entdeckt.
Vinca minor L.
Chenopodium polyspermum.
Ulmus effusa Wild.
Eryngium campestre L.

Sanicula europaea. L.
Astrantia major L.
Caucalis Daucoides L.
Conium maculatum L.
Sium Falcaria L. Bei Schönau.
—— *latifolium L.*
Scandix odorata L.
Oenanthe fistulosa L.
Sambucus Ebulus L.
Parnassia palustris L.
Drosera rotundifolia L.
—— *longifolia L.*

Sechste Classe.

Galanthus nivalis L.
Levcojum vernum L.
Allium ursinum L.
Lilium martagon L.
Ornithogalum pyrenaicum L.
Anthericum ramosum L.
—— *Liliago.*
Helonias borealis Wild. Anthericum calyculatum L.
Convallaria polygonatum L.
Berberis vulgaris L.
Loranthus europaeus L.
Scheuchzeria palustris L.
Triglochin palustre L.
Colchicum autumnale L.

Siebente Classe.

Trientalis europaea L.

Achte Classe.

Vaccinium uliginosum L.
——— *Vitis idaea L.*
——— *Oxycoccos L.*
Erica tetralix. In den Wäldern hin und wieder.
Daphne Mezereum L.
Paris quadrifolia L.
Adoxa moschatellina L.

Zehnte Classe.

Monotropa hypopithys L.
Ledum palustre L.
Arbutus uva ursi L. Bei Carlsruhe, Groß-Strehlitz und im Oppelnschen.
Andromeda polyfolia L. Im Oppelnschen und Rosenberger Kreise.
Pyrola rotundifolia L.
——— *minor L.*
——— *secunda L.*
——— *umbellata L.*
——— *uniflora L.*
Chrysosplenium alternifolium L.
Saxifraga tridactylides L.
Gypsophila fastigiata L. Bei Groß-Lassowitz.
Dianthus superbus L.
Cucubalus bacciferus Bei Kasimir und Schönau.
——— *catholicus.* Bei Kasimir.
——— *otites L.*
Arenaria rubra L.
Sedum reflexum L.

Eilfte Classe.

Asarum europaeum L.

Lythrum hyssopifolia L. Bei Polnisch Rasselwitz.

Reseda lutea L.

Zwölfte Classe.

Mespilus germanica L.

Rosa arvensis L.

—— *pumila L.*

Rubus saxatilis L.

Potentilla hirta L.

—— *alba L.*

Comarum palustre L.

Dreizehnte Classe.

Nymphaea lutea L.

—— *alba L.*

Stratiotes aloides L.

Cistus Fumana L.

Anemone hepatica L.

—— *vernalis L.*

—— *pulsatilla L.* In dem Proskauer Walde.

—— *pratensis L.*

—— *Ranunculoides L.*

Ranunculus Lingua L.

Vierzehnte Classe.

Teucrium Scordium L.

Leonurus marrubiastrum L. Bei Kasimir und Schönau.

Scutellaria galericulata L.

Lathraea squamaria L.

Antirrhinum minus L.

Digitalis lutea L.

——— *purpurea L.*

Orobanche major L.

Linnaea borealis L.

Funfzehnte Classe.

Iberis nudicaulis L.

Sechzehnte Classe.

Lavatera thuringiaca L.

Siebzehnte Classe.

Fumaria bulbosa L.

Polygala amara L. Bei Gläser im Neustädter Kreise.

Orobus vernus L.

Lathyrus sativus L. Bei Schedlau im Falkenberger Kreise.

Astragalus glycyphyllos L.

Cytisus supinus Jacq.

—— *capitatus L.*

—— *nigricans L.*

Ornithopus perpusillus L.

Lotus siliquosus L.

Achtzehnte Classe.

Hypericum humifusum L.

Neunzehnte Classe.

Tragopogon orientale L. Bei Krappitz.

Scorzonera taraxaci Roth. Leontodon salinum Ehrh.

——— *humilis.* Bei Carlsruhe.

Lactuca saligna L.

Chondrilla juncea L.

Eupatorium cannabinum L.

Gnaphalium luteo-album L.

Tussilago petasites L.

Aster amellus L.

Inula Helenium L. Bei Glogau, Polnisch=Rasselwitz, Groß=Lassowitz und Schönau.

Arnica montana L.

Zwanzigste Classe.

Orchis coriophora L.

—— *mascula L.*

—— *militaris L.*

—— *sambucina L.*

Satyrium viride L.

Ophris nidus avis L.

Serapias grandiflora L.

Aristolochia Clematitis L.

Ein und zwanzigste Classe.

Chara vulgaris L.

Sagittaria sagittifolia L.

Poterium sanguisorba L.

Zwei und zwanzigste Classe.

Empetrum nigrum L.

Mercurialis perennis L.

Taxus baccata L. In den Wäldern des Falkenberger Kreises.

Drei und zwanzigste Classe.

Holcus odoratus L.

Valantia cruciata L.

C. Das Mineralreich.

Dieses Fürstenthum gehört zu dem weit ausgedehnten Flötzgebirge Ober-Schlesiens, das sich nicht allein zu beiden Seiten der Oder verbreitet, sondern sich auch als vorzüglich interessant von Rattibor und Hultschin, Loslau, Nicolai, Myslowitz, Beuthen und Tarnowitz bis über die Schlesische Gränze fort zieht. Die mir bisher bekannt gewordenen Mineralien sind:

I. Erdige Fossilien.

A. Kieselgeschlecht.

1) Olivin, im Basalt bei Mullwitz, Groß- und Klein-Guhrau im Falkenberger Kreise, und am St. Annaberge im Großstrehlitzer Kreise.

2) Quarz, in Geschieben von Eigröße in den hochaufgeschwemmten Geschieben bei Carlsberg und Schweinsdorf im Neustädter Kreise.

3) Hornstein, Holzstein. Gelblichbraun und schwarz, in kleinen Stücken, im aufgeschwemmten Gebirge bei Rosel, bei Ollschin im Lublinitzer Kreise. Der Kern wird zu Wetzstein gebraucht.

4) Zeolith, faserig, aus einander laufend, ferner in ziemlich großen Körnern, in dem Basalt bei Groß- und Klein-Guhrau, bei Mullwitz und Tarnitze.

B. Thongeschlecht.

5) Gemeiner Thon.

Töpferthon. Bläulichgrau, sehr mächtig, gleich unter der Dammerde, bei Chrzelitz im Neustädter Kreise, bei Ellgut im Falkenberger Kreise, bei Kosel, Oppeln, Kup und Krappitz.

Schwarz und schwarzgrau, bei Falkenberg und Gleiwitz.

Weiß, an vorigen beiden Orten, bei Lubetzko im Lublinitzer Kreise; er wird zur Fayance-Fabrik in Gleiwitz, und der feinere zur Pfeifenfabrik zu Zborowsky gebraucht.

Graulichweiß mit Muschelschalen, bei Neudorf im Oppelnschen Kreise, bei Raschowitz und Petersdorf im Falkenberger Kreise, sehr feinerdig bei Proskau im Rosenberger Kreise; er wird in der dasigen Fayance-Fabrik gebraucht.

Roth, bei Sakrau im Oppelnschen Kreise.

Bei Wischowa im Toster Kreise wird der Thon zu den Schmelztiegeln des Jacobswalder Messingwerks gegraben.

6) **Thonschiefer**, dünngeschichtet, am Fuße des Toster Schloßberges.

7) **Glimmer**, in feinschieferigem Schieferthon auf der Höhe des Toster Schloßberges.

8) **Hornblende**. Basaltische, in dem Basalte von Groß- und Klein-Guhrau bei Tarnitze.

9) **Basalt**, bei Groß- und Klein-Guhrau, Mullwitz, Tarnitze und Kosel.

C. **Talkgeschlecht**.

10) **Walkererde**. Zu Wierske im Rosenberger Kreise.

D. Kalkgeschlecht.

11) Kalkstein.

a) Dichter, bei Blottnitz, Schedlitz, Simlschow, Zyrowa, Stubendorf, Wissoka im Großstrehlitzer Kreise; bei Boranow, Koschentin, Lubetzko, Woischnik im Lublinitzer Kreise; bei Oppeln, Ottmuth, Sakrau, Tarnau, Groß-Döbern, Krappitz, Tarnow, Toliwoda *) im Oppelnschen Kreise; bei dem Vorwerke Großstein unweit Malapane; bei Kaminietz, Lubiow, Petersdorf und Sarnau; bei Kosel.

b) Blätteriger Kalkspath. Von hyacinthrother Farbe in dünnstängelich abgesonderten Stücken, bei Petersdorf im Toster Kreise.

12) Märgel.

a) Märgelerde, bei Pawlowitzke und Groß-Grauden im Koseler Kreise; bei Ujest.

b) Verhärteter Märgel, bei Pawlowitzke und Groß-Grauden.

II. Brennliche Fossilien.

13) Schieferkohle, bei Gleiwitz.

III. Metallische Fossilien.

A. Eisengeschlecht.

14) Eisenglanz. Eisenglimmer, bei Ujest.

15) Rotheisenstein.

---

*) Toliwoda ist ein Hau unweit der gräflichen Gaschinischen Güter.

a) Rother Eisenocher, bei Sakrau.

b) Dichter Rotheisenstein, bei Falkenberg und Lissikont *).

16) Brauneisenstein.

a) Brauner Eisenrahm, bei Ujest.

b) Dichter Brauneisenstein, zu Grabitze **), bei Großstein, bei der Kreuzburger Hütte, bei Lissikont, mit thonartigem bei Malapane, bei Menezyke ***) und bei Oborra †).

c) Brauner Glaskopf, bei Malapane.

17) Spatheisenstein, bei Tarnow und Ujest.

18) Thoneisenstein. Gemeiner. Gelblichbraun, röthlich und nelkenbraun.

Im Oppelnschen Kreise bei Althammer, Danietz, Großstein, Neudorf, Schubenik ††), (hier mit darauf befindlichem krystallisirten Gyps, kleine vierseitige Säulen mit vier auf den Kanten aufgesetzten Flächen zugespitzt); Malapane, Toliwode, Winow, Tarnow.

Im Rosenberger Kreise bei Bodzanowitz.

Im Lublinitzer Kreise bei Boranow.

Im Toster Kreise bei Schmollwitz.

Im Großstrehlitzer Kreise bei Stubendorf.

---

*) Lissikont ist ein Hau im Dombrowkaer Forst, unweit Malapane.

**) Grabitze ist ein Hau bei der Kreuzburger Hütte.

***) Menezyke ist ein Hau im Oppelnschen Kreise.

†) Ein Hau bei der Malapaner Hütte.

††) Schubenik ist ein Hau bei der Kreuzburger Hütte.

Im Falkenberger Kreise bei Brande und Schedlau.

19) Raseneisenstein. Wiesenerz, bei Groß-Strehlitz und Radlub.

B. Bleigeschlecht.

20) Bleiglanz. In dichten Kalkstein eingesprengt, bei Großstein; bei Sakrau in verschiedenen Abänderungen.

Torf findet man bei Lublinitz, bei Zabzrizau im Neustädter Kreise und auf der Herrschaft Polnisch-Neukirch, desgleichen auch auf den Oderwiesen im Koseler Kreise.

Bei Miestitz hat man Urnen mit Asche und kleinen metallenen Figuren gefunden, die aber zu unkenntlich sind, um etwas sicheres darüber sagen zu können.

Bei Borislawitz hat man zwei Urnen und einen Topf mit silbernen, zu Ende des 13ten oder 14ten Jahrhunderts geprägten Münzen, Schlesischen Bracteaten, gefunden.

Zweiter Abschnitt.

Manufacturen und Fabriken.

Das Fürstenthum Oppeln ist zwar arm an Manufacturen, die ins Große gehen, aber desto reicher an wichtigen, seit 1779 getroffenen und seit dieser Zeit immer vermehrten und verbesserten metallischen Fabrik-Anstalten *), durch die in dieser — darf ich so reden? — verwilderten Gegend Schlesiens Wohlstand und Cultur schon jetzt verbreitet ist, und gewiß noch mehr verbreitet werden wird. Ich führe in diesem Abschnitte die mir bekannt gewordenen Manufacturen und Fabriken dieses Fürstenthums auf. Ob ich mir gleich die äußerste Mühe gegeben habe, die zuverlässigsten Nachrichten zu sammeln, so fürchte ich doch, daß seit dieser Zeit hier und da eine Veränderung vorgefallen, und in dieser Hinsicht wird man mir, hoffe ich, einen vorkommenden Irrthum verzeihen.

*) Der verstorbene Staats-Minister und Chef des Berg- werks- und Hütten-Departements, Freiherr von Heinitz, und der gegenwärtige Ober-Berghauptmann Graf von Reden, haben sich durch die Einrichtung und Verbesserungen dieser Anstalten ein monumentum aere marmoreque perennius gestiftet.

Eisenwerke im Fürstenthum Oppeln.	Hohe Oefen.	Luppenfeuer.	Frischfeuer.	Zainhämmer.
A. Im Oppelnischen Kreise:				
Asche	1	—	—	—
Brinnitze	1	—	—	—
Czarnowanz	1	—	2	1
Dembohammer	—	—	1	—
Jedlitze	—	—	3	1
Kreuzburger Hütte . . .	1	—	4	1
Kraschеow	—	—	2	2
Königshuld	—	—	1	—
Kroguluo	1	—	3	—
Malapane	2	—	4	—
Poliwoda, zu Groß-Kottors gehörig	1	—	—	—
Trzenczin, zu Klein-Kottors gehörig	—	—	1	—
B. Im Großstrehlitzer Kreise:				
Blottnitz	1	—	1	—
Centawa	1	—	—	—
Kadlub	1	—	2	—
Ocziek	—	—	1	—
Groß-Stanisch	1	—	2	—
Ziandowitz	—	2	—	—
Zuldau	—	2	—	—
C. Im Toster Kreise:				
Althammer	1	—	2	—
Brenneck	1	—	2	—
Bitschin	1	—	—	—
Latus	15	4	31	5

Eisenwerke im Fürstenthum Oppeln.	Hohe Oefen.	Luppenfeuer.	Frischfeuer.	Zainhämmer.
Transport	15	4	31	5
Ellgut	1	—	—	—
Gleiwitz	1	—	—	—
Goschütz	1	—	—	—
Gural	—	—	1	—
Jacobswalde	2	—	6	1
Jarischau	—	—	1	—
Kleinberger Hammer . . .	—	—	1	—
Kothen	—	2	—	—
Kurzinna	1	—	1	—
Lohnia	—	—	1	—
Medar	1	—	2	—
Mikoschowinna	—	—	1	—
Nieroda	—	—	1	—
Ottmuchau	—	—	1	—
Peiskretscham	1	—	—	—
Pilkarmühlen	—	2	—	—
Plawniowitz	—	—	2	—
Pohlsdorf	—	—	3	1
Potempa	—	—	1	—
Rzezitz	—	—	1	—
Sborowski	1	—	—	—
Schaalscha	—	—	1	—
Sosnischowitz	1	—	—	—
Tatischau	—	—	2	—
Tworog	—	2	—	—
Wessola	1	—	—	—
Latus	26	10	57	7

Eisenwerke im Fürstenthum Oppeln.	Hohe Oefen.	Luppenfeuer.	Frischfeuer.	Zainhämmer.
Transport	26	10	57	7
D. Im Lubliniger Kreise:				
Bonke	1	—	—	—
Boranow	—	—	1	—
Bruscheck	1	—	1	—
Bzenitz	—	—	2	—
Chwosteck	1	—	—	1
Dolna Kuschnitza	—	—	1	—
Drotarnia	—	—	1	—
Ellgut bei Guttentag . . .	—	—	1	—
Figlarnia	—	—	—	1
Gallonek	—	—	1	—
Guttentag	1	—	—	—
Hadra, Neu-, ...	—	—	2	—
Kalina	1	—	1	—
Kia	—	—	1	—
Kutschau	1	—	1	—
Koschmieden	1	—	1	—
Kokotek, gehört zu Ruschinowitz	1	—	—	—
Lissauer Hammer	1	—	2	—
An der Liswarte	1	—	2	—
Lublinitz	—	—	1	—
Lubschau	1	—	—	—
Machala zu Wiersbie . . .	—	—	1	—
Makowzitz	—	—	1	—
Mollna	1	—	2	—
Mokrus	—	—	1	—
Latus	38	10	81	9

Eisenwerke im Fürstenthum Oppeln.	Hohe Oefen.	Luppenfeuer.	Frischfeuer.	Zainhämmer.
Transport	38	10	81	9
Metkauer Hammer . . .	—	—	1	—
Peitscherasow	—	—	1	—
Petershof	—	—	4	—
Pluszoch, gehört zu Mollna .	—	—	2	—
Poschmick, gehört zu Ruschinowitz	—	—	2	—
Punoschau	—	—	1	—
Pusta, gehört zu Wüstenhammer	—	—	1	1
Schwokau	—	—	1	—
Stahlhammer	1	—	1	—
Tanina, gehört zu Kochanowitz	1	—	1	—
Turze	—	—	1	—
Wendzin	—	—	1	1
E. Im Rosenberger Kreise:				
Bodland	1	—	2	—
Bodzanowitz	1	—	—	—
Groß-Boreck	1	—	2	—
Kaminietz	1	—	—	—
Krzizanowitz	1	—	1	—
Kuzober Hammer	1	—	2	—
Leschne	—	—	2	—
Pilnik, gehört nach Bodzanowitz	—	—	1	—
Latus	46	10	108	11

Eisenwerke im Fürstenthum Oppeln.	Hohe Oefen.	Luppenfeuer.	Frischfeuer.	Zainhämmer.
Transport	46	10	108	11
Rademin	—	—	1	—
Sausenberg	—	—	1	—
Thule	—	—	1	—
Turzy	—	—	1	—
† Sowrsee	1	—	—	—
† Sambowitz *)	1	—	—	—
Summa	48	10†)	112	11

Malapane

ist der Hauptort der königlichen Eisenwerke, dazu noch **Gleiwitz**, die **Kreuzburger Hütte**, **Dembyhammer** und **Kraſcheow** gehören. Malapane selbst enthält, außer den oben angeführten zwei hohen Oefen ††) und zwei Frischfeuern, eine Zeughütte, ein Bohrwerk, ein Schlackenpochwerk, Stabeisen- und Blechschmieden.

*) Die beiden mit † bezeichneten hohen Oefen sind neu angelegt; ich habe aber nicht erfahren können, in welchem Kreise sie sich befinden.

†) Von den Luppenfeuern sollen jetzt etliche eingegangen seyn: aber welche? — Auch davon habe ich keine Nachricht erhalten können.

††) Friedrich Wilhelm II besah den 18. August 1789 bei seinem Hierseyn das Beschicken des einen hohen Ofens oben an einer Stelle, wo die Hitze fast unerträglich ist. Zum Andenken dieses hohen Besuches ist an dieser Stelle eine Tafel aufgerichtet, um das Andenken davon zu erhalten.

Der Rohstahl wird hier und zu Kutschau im Lublinitzer Kreise mit abgeschwefelten Steinkohlen raffinirt. Auf den gesammten königlichen Werken werden Kanonen und Ammunition gegossen. Man verfertigt eiserne Kessel, große Kammräder, Wellenzapfen, Thorwege, Einfassungen, Geländer, Fenster, Brücken *), Lampen, Gallerien, Medaillons von allen Größen und Formen, Küchengeschirre, Steinkohlen-Kamine (Bogen-, gerade und Bauch-Kamine), alles, was man zum häuslichen Gebrauche nöthig hat, und aus Eisen gemacht werden kann **), im allerneuesten Englischen Geschmacke.

Zu Dembyhammer und bei Medar sind Schwarzblechhämmer.

Zu Jedlitze, Krascheow und Kutschau sind Rohstahlfeuer und Hämmer, unter denen raffinirter Stahl verfertigt wird.

Zu Kutschau ist eine Feilen-Fabrik.

Die Königliche Eisengießerei bei Gleiwitz liegt etwa ⅛ Meile vor der Stadt. Sie besteht aus den nö-

*) Die von dem Herrn Grafen von Burghaus über das Strigauer Wasser auf seinem Gute Laahsen im Strigauer Kreise 1796 erbauete eiserne Brücke ist hier gegossen worden. Auch der 25000 Pfund wiegende und 72 Fuß hohe eiserne Obelisk, den der Herr Graf Magni auf seinem Gute Ullersdorf in der Grafschaft Glatz in der Linden-Allee vor dem Schlosse, wo Preußens Königinn den 22. August 1800 zum Dejeuné einige Erfrischungen eingenommen hatte, zum Andenken dieses hohen Besuches hat setzen lassen, ist in Malapane gegossen worden.

**) Von den Abbildungen dieser Eisenwaaren sind jetzt zwei Hefte heraus, davon das erste Heft 13, und das zweite 12 Kupfer in Folio mit den Beschreibungen enthält.

thigen Hüttengebäuden, Magazinen, Beamtenwohnungen und zehn Familien-Häusern für die Arbeiter. Es befindet sich hier 1 hoher Ofen, 2 Cupoloöfen, 6 Flammöfen. Der erstere dient zur Erzeugung von Roheisen; neben her werden aber auch beim Abstechen Gußwaaren verfertigt; die andern 8 Oefen werden bloß zu Gußwaaren angewendet, indem man darin Roheisen verschmilzt. Es können jährlich 12000 Centner Gußwaaren verfertigt werden.

Nebst der Gießerei werden auch nach Erfordern Sachen gebohrt, gedreht und geschliffen, wozu die besten Vorrichtungen vorhanden sind. Man hat schon Feuer-Maschinen und Blase-Cylinder von 72 Zoll Weite und 9 Fuß Länge gegossen und sauber gebohrt. Auch andere Maschinen-Theile von hundert und mehr Centnern werden hier gegossen. Neben her werden auch saubere Cameen, Medaillons von verschiedener Form und Größe, ja es werden so kleine Stücke gegossen, daß man 50 auf ein Loth rechnen kann *).

Das Ganze wird mit rohen und abgeschwefelten Steinkohlen (jährlich 70 — 80000 Scheffel) aus den Zabrzer Gruben betrieben. Die Erze erhält das Werk theils von Tarnowitz, theils nebst dem Kalkstein aus der Nachbarschaft. Da, wo jetzt diese wichtige Anstalt ist, stand bis 1792 eine unbedeutende Mühle. Jetzt werden

*) Schon jetzt bedienen sich Tischler und Ebenisten dieser Sachen, (schwarz, vergoldet, versilbert ꝛc.), um Mobilien, statt der Verzierungen von Bronze, damit zu schmücken.

auf diesem kleinen Puncte, wo einige hundert Menschen wohnen und thätig sind, jährlich 36 — 40000 Rthlr. in Umlauf gebracht.

Zu **Königshuld** an der Malapane ist eine **Kleineisen- und Stahlwaaren-Fabrik**. Sie ist eine Unternehmung mehrerer Breslauer Kaufleute. Friedrich II schenkte ihnen den Platz dazu, und Friedrich Wilhelm II 70000 Rthlr.

Die Anlage besteht aus einem Officianten-Hause, zwei Nebengebäuden, einem Wirthshause, eilf Häusern, jedes zu zwei Familien, zwölf Hintergebäuden, die zu Stallungen und Schmieden gebraucht werden können, einem Frischfeuer, einer Hütte zum rohen Stahl, zwei Raffinier-Stahlhütten, jede auf zwei Hämmer und vier Feuer, einer Sensenhütte auf fünf Hämmer, davon der eine ein Reck-, der andere ein Breit- und die übrigen drei Klipper- oder Blankhämmer sind, einer Hütte zu den Schleif- und Polier-Werken, und einer Mahlmühle. Zum Behuf dieser Werke sind mehrere Canäle, Brücken und Schleusen, Abzugsgräben und Dämme angelegt, desgleichen eine zwischen den Hütten liegende Wasserarche, die 32 Räder, 5 unterschlächtig und 27 oberschlächtig treibt.

Die Waaren, die diese Fabrik liefert, sind: Cement- und raffinirter Stahl, Kutschenfedern-, Büchsenfedern-Stahl, Bratenwenderfedern, Pflug- und Hakenschare, Schwanenhalseisen, Reifeneisen, Schlosser- und langes Stabeisen, Zain- und Reckeisen, ordinäres Schien- und Stabeisen, schwarzes Blech,

Sturzblech, verschiedene Arten Schaufeln, Pfannen, Schraubstöcke, Wagebalken, Strohmesser, Sensen, Feilen und Raspeln, alle Arten Sägen, Stämmeisen, Hobel, Sicheln, Schippen, Aexte, Beile, Bohrer, Kaffeemühlen, Feuerstähle, Messer, Gabeln, Schnitzmesser, Bandmesser, Raupen=, Hecken= und andere Scheren, Wagenwinden, Feuerstähle und Korkzieher rc.

Zu **Jacobswalde** ist eine 1656 von dem Sächsischen General Jacob von Flemming angelegte **Messing=Fabrik**, die aus vier Messingbrennöfen, fünf Latturhütten, zwei Drahthütten und einer Galmeymühle besteht. Man macht hier Messingblech, einfach und doppelt geschabten Rollmessing, Uhrmachermessing, Messingdraht. Von einigen Klempnern werden allerhand Sachen in eleganter Form verfertigt. Hier werden auch die Löffel geschmiedet, die dann zu Blechhammer verzinnt werden.

* * *

Zu Neustadt, Rosenberg und Peiskretscham wird zwar **Tuch** und **Flanell** gemacht; jedoch ist diese Manufactur in diesen Städten im Verhältnisse gegen andere Schlesische Städte nur geringe. Nur in Gleiwitz ist die Tuch=Manufactur von einiger Bedeutung.

In Neustadt, Groß=Strehlitz und Gleiwitz wohnen **Strumpfstricker** und **Strumpfwirker**.

In Oppeln sind verschiedene **Leder=Fabriken**.

Zu Neustadt ist eine **Wachsbleiche**.

In der Gegend um Neustadt wird weißgarnige Leinwand von innerer Güte und Haltbarkeit gemacht, die meistens auf den Breslauer Märkten abgesetzt wird. Neustadt selbst liefert etwas Damastleinwand, Schachwitz mehr buntgestreifte Leinwand und Schnupftücher. Uebrigens befinden sich auch in Oppeln, Groß-Strehlitz und Leschnitz viele Leinweber.

Zu Neustadt und Zülz werden von den Weibspersonen sehr viele Spitzen geklöpfelt.

Bleichen sind zu Neustadt, Klein-Strehlitz, Sodow und Tworog; es wird aber meist Garn gebleicht. Auch im Rosenberger Kreise sind verschiedene Bleichen: ich habe aber die Orte nicht erfahren können.

Papiermühlen sind eine zu Jacobswalde, und zwei im Rosenberger Kreise.

Zu Proskau und Glinitz sind Fayance-Fabriken, davon die erstere von größerer Beträchtlichkeit ist, als die letztere.

Glashütten sind zu Horst, Brinnitze, Dambowa-Gura. Außer der zu Marienfeld bei Thule, sind im Rosenberger Kreise noch vier, und im Toster Kreise fünfe.

Zu Friedrichsfelde werden gute hölzerne Tobakspfeifenköpfe geschnitten, und zu Zborowsky ist eine irdene Tobakspfeifen-Fabrike.

In Landsberg wird viel Töpfergefäß verfertigt, das guten Abgang findet.

Pottaschsiedereien sind im Oppelnschen Kreise zu Dambrowka und Proskau; im Lubliniger Kreise zu Czissowa, Lublinitz, Pawonka und Skrzidlowitz; im Toster Kreise zu Langendorf, Marienau, Pniow, Rudzinetz, Sosnischowitz und Wischowa.

Zu Pryschetz im Oppelnschen Kreise ist ein Theerofen.

Zu Neustadt und Gleiwitz wird Kraftmehl und Haarpuder gemacht.

In Rosenberg ist eine Oehlschlägerei.

Die Oppelnschen und Rosenberger Pfefferkuchen sind sehr beliebt.

Zu Neustadt und besonders zu Krappitz wird viel und gute Buchweitzengrütze gemacht und versendet.

Dritter Abschnitt.
Politische Verfassung.

Gränzen.

Das unmittelbare Fürstenthum Oppeln gränzt gegen Morgen an Süd-Preußen, und an die freie Standesherrschaft Beuthen; gegen Mittag an die Fürstenthümer Rattibor, Jägerndorf und Troppau; gegen Abend an die Fürstenthümer Neiße und Brieg, und zwar an den Brieger Kreis des letztern; gegen Mitternacht an den Namslauer Kreis des Fürstenthums Breslau, an das Fürstenthum Oels, an den Kreuzburger Kreis des Fürstenthums Brieg und an Süd-Preußen.

Größe.

Nach Scheibel enthält dieses Fürstenthum 132, und nach Sack 139 Quadrat-Meilen *).

Kreise.

Das Fürstenthum Oppeln wird jetzt in 8 (ehedem in 12) landräthliche Kreise getheilt. Diese sind:

1) Der Oppelnsche,
2) der Falkenberger,
3) der Neustädter,

*) Zimmermann allgem. Nachrichten von Schlesien S. 4.

4) der Koseler,
5) der Großstrehlitzer,
6) der Toster,
7) der Lublinitzer und
8) der Rosenberger Kreis.

Volksmenge.

In den Jahren 1791, 1793, 1794, 1795, 1796 und 1800 lebten in diesem Fürstenthume:

	1791.	1793.	1794.	1795.	1796.	1800.
I. In dem Oppelnschen Kreise:						
A. In den Städten:						
1) In Oppeln . .	3322	3159	3192	3460	3412	2963
2) In Krappitz . .	1199	1218	1083	1029	1072	1114
B. Auf dem Lande .	40151	40151	41182	41012	41941	46618
Summa .	44672	44528	45457	45501	46425	50695
II. In dem Falkenberger Kreise:						
A. In den Städten:						
1) In Falkenberg .	1236	1185	1047	1132	1114	1314
2) In Schürgast .	344	355	399	345	344	397
B. Auf dem Lande .	13495	13794	13509	13373	13643	14272
Summa .	15075	15334	14955	14850	15101	15983
III. In dem Neustädter Kreise:						
A. In den Städten:						
1) In Neustadt .	3694	3677	3580	3445	3339	3469
2) In Ober-Glogau	2367	2382	2147	2136	1896	2231
3) In Zülz . . .	2044	1977	2025	1996	2052	2254
B. Auf dem Lande .	39968	40551	40455	39489	48519	42766
Summa .	48073	48587	48207	47066	55806	50720

	1791.	1793.	1794.	1795.	1796.	1800.
IV. In dem Koseler Kreise:						
A. In der Stadt Kosel	3812	3092	3240	1974	1870	2139
B. Auf dem Lande .	20505	20657	20518	19739	19753	20736
Summa .	24317	23749	23758	21713	21623	22875
V. In dem Großstrehlitzer Kreise:						
A. In den Städten:						
1) In Groß-Strehlitz	1136	1048	899	809	948	975
2) In Leschnitz . .	678	716	745	736	757	807
B. Auf dem Lande .	14553	14999	14747	14841	15285	15362
Summa .	16367	16763	16391	16386	16990	17144
VI. In dem Toster Kreise:						
A. In den Städten:						
1) In Tost . . .	746	701	696	686	637	722
2) In Peiskretscham	1596	1621	1636	1633	1717	1839
3) In Gleiwitz . .	1859	2168	2214	2088	2122	2731
4) In Ujest . . .	826	1977	828	840	1103	1052
B. Auf dem Lande .	33655	34203	33553	33638	33764	36515
Summa .	38682	40670	38927	38885	39343	42859
VII. In dem Lublinitzer Kreise:						
A. In den Städten:						
1) In Lublinitz . .	901	953	943	914	838	1192
2) In Guttentag .	1052	1130	1128	1116	1031	1215
B. Auf dem Lande .	17886	18089	18115	17613	17986	19027
Summa .	19839	20172	20186	19643	19855	21434

	1791.	1793.	1794.	1795.	1796.	1800.
VIII. In dem Rosenberger Kreise:						
A. In den Städten:						
1) In Rosenberg .	1252	1214	1199	1215	1349	1349
2) In Landsberg .	584	514	501	489	488	537
B. Auf dem Lande .	18775	18779	18803	18470	18478	20555
Summa .	20611	20507	20503	20174	20315	22441
In den Städten .	28648	29087	27502	26043	26091	28300
Auf dem Lande .	198988	201581	200882	224218	209367	215737
Summa .	227636	230668	228384	250261	235458	244037
Nimmt man nach Sack 139 Quadrat-Meilen an, so kommen auf jede Meile . . .	1637	1659	1643	1800	1693	1755

Sprache.

Die Polnische Sprache, die aber nicht rein, sondern mit vielen Deutschen Wörtern vermischt ist, so genanntes **Wasser-Polnisch**, wird zwar von dem größten Theile der Einwohner, besonders auf dem Lande, gesprochen; jedoch spricht man im Falkenberger Kreise und Neustädter Districte mehr Deutsch, auch die Colonisten und Fabrikanten reden Deutsch. In der Colonie Friedrichsgrätz ist die Böhmische Sprache gebräuchlich.

Aeußere Verfassung.

Das Fürstenthum Oppeln steht, in Ansehung der Justiz, unter der Oberschlesischen Ober-Amtsregierung zu Brieg, und in Ansehung der Steuer und Contribution unter der Kriegs- nnd Domänen-Kammer zu Breslau.

Zum sechsten steuerräthlichen Departement der Breslauer Kammer, das in Neustadt seinen Sitz hat, gehören die Städte Kosel, Falkenberg, Ober-Glogau, Krappitz, Leschnitz, Neustadt, Oppeln, Groß-Strehlitz, Ujest und Zülz.

Zum siebenten Departement, das in Tarnowitz seinen Sitz hat, gehören Gleiwitz, Guttentag, Landsberg, Lublinitz, Peiskretscham, Rosenberg, Tost.

Zum zweiten Departement, das in Brieg seinen Sitz hat, gehört Schurgast.

In Ansehung der Steuer gehören zur zweiten Classe der Oppelnsche, der Falkenberger, der Neustädter, der Koseler Kreis; theils zur dritten theils zur vierten Classe der Großstrehlitzer und der Toster Kreis; zur vierten Classe der Lublinitzer und Rosenberger Kreis.

In Absicht der Vieh-Assecuranz gehören der Falkenberger, Neustädter, Koseler Kreis zur zweiten, und der Oppelnsche, Großstrehlitzer, Toster, Lublinitzer und Rosenberger Kreis zur dritten Societät.

In Ansehung des Accise- und Zoll-Wesens gehört das Fürstenthum zur Direction zu Neiße, ausgenommen der Rosenberger Kreis, der zur Breslauer Direction gehört.

Der Koseler und Neustädter Kreis gehören zur Salz-Factorei Kosel, (in Neustadt ist eine Filial-Factorei); der Falkenberger, Oppelnsche und Groß-strehlitzer Kreis gehören zur Factorei Oppeln, (Groß-Strehlitz hat eine Filial-Factorei); der Lublinitzer und Toster Kreis zu der zu Beuthen; und der Rosenberger Kreis zu der zu Kreuzburg im Brieger Fürstenthume.

Der Adel, die Klöster und die Geistlichen machen ein System, das Oberschlesische, aus.

Die Werbung haben im Toster, Lublinitzer und Rosenberger Kreise das Infanterie-Regiment Nr. 47.; im Oppelnschen, Falkenberger und Neustädter Kreise das Küraßier-Regiment Nr. 9., und im Koseler Kreise das Infanterie-Regiment Nr. 38.

Das Bergbauwesen steht unter dem Bergamte zu Tarnowitz, und dieses unter dem Oberbergamte zu Breslau, unter dem auch die Hüttenämter zu Malapane und Kreuzburg stehen.

Aeußere kirchliche Verfassung.

Die Religion ist untermengt; die Zahl der Katholiken übersteigt aber die der Protestanten bei weitem; auch wohnen in diesem Fürstenthume viele Juden. Folgende Tabelle zeigt die Zahl der Kirchen und Klöster dieses Fürstenthums.

Kreise.	Kirchen.				Klöster.	
	In Städt.		Auf Dörf.			
	Luth.	Kath.	Luth.	Kath.	Männlich.	Weiblich.
Im Oppelnschen Kreise . .	—	9	3	27	2	1
Im Falkenberger Kreise . .	1	2	1	15	—	—
Im Neustädter Kreise . .	1	10	1	34	4	—
Im Koseler Kreise . . .	—	1	—	18	1	—
Im Großstrehlitzer Kreise .	—	5	—	12	2	—
Im Toster Kreise	—	8	1	41	1	—
Im Lublinitzer Kreise . . .	—	2	2	10	—	—
Im Rosenberger Kreise . .	—	5	1	19	1	—
Summa .	2	42	9	176	11	1

Die Böhmisch=reformirte Gemeine in Friedrichsgrätz hat eine Kirche.

In **Plümikenau** ist eine reformirte Kirche.

In **Gnadenfeld** hat die Brüdergemeine einen Bethsaal.

Die Lutheraner halten ihre Gottesverehrungen in **Oppeln**, **Groß=Strehlitz** und **Kosel** auf dem Rathhause, in **Krappitz** und **Malapane** auf dem Schlosse; am letztern Orte wohnt auch der Prediger auf dem Schlosse.

In **Blottnitz** ist eine evang. luth. Schloß=Capelle, und in Weißdorf ist, so wie in Budzan, eine katholische Capelle. In Friedland ist eine Begräbniß=Capelle.

Die Juden haben Synagogen in Zülz und in Czieschowa.

Die protestantischen Kirchen und Prediger stehen unter dem Oberschlesischen Consistorio zu Brieg. Zur **Neustädter Inspection** gehören die Kirchen zu Falkenberg, Grase und Schnellenwalde. Zur **Carlsruher Inspection** Bischdorf, Krappitz, Kup, Malapane, Molna und Proskau. Zur **Pleßner Inspection** Jacobswalde und Ludwigsthal.

Die katholischen Kirchen gehören größtentheils zur bischöflichen Diöcese Breslau, und nur einige wenige zur Krakauer Diöcese.

A. Unter das Archidiakonat **Breslau** gehören in diesem Fürstenthume die Archipresbyteriate:

I. **Namslau**; unter diesem stehen die Parochi zu

1) Falkowitz. Weltgeistlicher.
2) Carlsruhe. W. Local-Capellan.

II. **Neustadt**; unter diesem stehen die Parochi zu

1) Dittersdorf. W.
2) Kunzendorf. Kreuzherr aus Neiße.
3) Langenbrück. W.
4) Leuber. W.
5) Wiegersdorf. W.
6) Schnellenwalde. W.

B. Unter das Archidiakonat **Oppeln** gehören in diesem Fürstenthume die Archipresbyteriate:

I. **Bodland**; unter diesem stehen die Parochi zu

1) Bodland. W.
2) Klein-Lassowitz. W.

II. **Groß-Dubensko**; unter diesem stehen die Parochi zu

1) Gieraltowitz. W.

2) Preisewitz. W.
3) Pilchowitz. W.

III. Falkenberg; unter diesem stehen die Parochi zu
1) Brande. W.
2) Czeppelwitz. W.
3) Dambrau. W.
4) Falkenberg. W.
5) Friedland. W.
6) Przicho. W.
7) Schürgast. W.

IV. Ober-Glogau; unter diesem stehen die Parochi zu
1) Gläser. W.
2) Glogau. W.
3) Deutsch-Rasselwitz. W.
4) Polnisch-Rasselwitz. W.
5) Schreibersdorf. W.
6) Klein-Strehlitz. W.
7) Kujau. W.
8) Komorn. W.
9) Krappitz. W.
10) Friedersdorf. W.
11) Casimir. Aus dem Stifte Leubus.
12) Schönau.

V. Gleiwitz; unter diesem stehen die Parochi zu
1) Petersdorf. W.
2) Zabrze. W.
3) Sosnischowitz. W.
4) Nachowitz. W.
5) Brezezinka. W.

6) Laband. W.
7) Schönwalde. W.
8) Zernitz. W.

VI. **Kostenthal**; unter diesem stehen die Parochi zu
1) Kostenthal. W.
2) Groß-Grauden. W.
3) Nimsdorf. W.
4) Twardawa. W.
5) Dittmerau. W.
6) Walzin. W.
7) Broschütz. W.
8) Mechnitz. W.
9) Lenzetz. W.
10) Redschütz. W.

VII. **Landsberg**; unter diesem steht
Landsberg.

VIII. **Lahnau**; unter diesem stehen die Parochi zu
1) Polnisch-Neukirch. W.
2) Lahnau. W.
3) Gzrzendzin. W.
4) Krzanowitz. W.
5) Kosel. W.
6) Sakrau. W.
7) Ostrosnitz. W.

IX. **Lublinitz**; unter diesem stehen die Parochi zu
1) Lublinitz. W.
2) Guttentag. W.
3) Pawonka. W.
4) Lubetzko. W.
5) Lissau. W.

6) Sodow. W.
7) Boranow. W.
8) Koschentin. W.

X. Oppeln; unter diesem stehen die Parochi zu
1) Oppeln. W.
2) Raschow. W.
3) Groschowitz. W.
4) Chrostzinna. W.
5) Proskau. W.
6) Schimnitz. W.
7) Chrzumbzütz. W.
8) Tarnow. W.
9) Sczerczick. W.

XI. Peiskretscham; unter diesem stehen die Parochi zu
1) Peiskretscham. W.
2) Groß-Patschin. W.
3) Bitschin. W.
4) Tworog. W.
5) Koppinitz. W.
6) Kaminietz. W.
7) Broslawitz. W.
8) Wischowa. W.
9) Zimminzitz. W.

XII. Rosenberg; unter diesem stehen die Parochi zu
1) Rosenberg. W.
2) Kostelisk. W.
3) Sternadlitz. W.
4) Bodzanowitz. W.
5) Zembowitz. W.

XIII. Schialkowitz; unter diesem stehen die Parochi zu

1) Jellowa. W.
2) Groß-Kottors. W.
3) Schialkowitz. W.
4) Groß-Döbern. Vincentiner aus Breslau.
5) Zelasna. W.
6) Czarnowanz. W.
7) Budkowitz. W.

XIV. Groß-Strehlitz; unter diesem stehen die Parochi zu

1) Groß-Strehlitz. W.
2) Leschnitz. W.
3) Groß-Rosmierka. W.
4) Stubendorf. W.
5) Ottmuth. W.
6) Groß-Stein. W.
7) Jaschione. W.
8) Wissoka. W.
9) Dollna. W.
10) Himmelwitz. Cisterzienser des Stiftes.

XV. Tost; unter diesem stehen die Parochi zu

1) Wischnitz. W.
2) Tost. W.
3) Groß-Pluschnitz. W.
4) Groß-Kottulin. W.
5) Centawa. W.
6) Keltsch. W.
7) Langendorf. W.
8) Schiroth. W.

XVI. **Ujest**; unter diesem stehen die Parochi zu

1) Ujest. W.
2) Ponischowitz. W.
3) Klutsch. W.
4) Groß=Rudno. W.
5) Janischau. W.
6) Chechlow. W.
7) Schlawenzitz. W.
8) Alt=Kosel. W.
9) Rokitsch. W.
10) Salesche. W.

XVII. **Zülz**; unter diesem stehen die Parochi zu

1) Lontschnitz. W.
2) Zülz. W.
3) Ellgut. W.
4) Groß=Pramsen. W.
5) Schmiez. W.
6) Simsdorf. W.
7) Steinau. W.
8) Deutsch=Mülmen. W.
9) Alt=Zülz. W.

I.

Der Oppelnsche Kreis.

Der **Oppelnsche Kreis** gränzt gegen **Morgen** mit dem Rosenberger und Großstrehlitzer Kreise; gegen **Mittag** an den Großstrehlitzer und Neustädter Kreis; gegen **Abend** an den Falkenberger Kreis und an das Fürstenthum Brieg; gegen **Mitternacht** an den Namslauer Kreis des Fürstenthums Breslau.

Er wird von der **Oder**, dem **Himmelwitzer Wasser**, der **Malapane**, der **Brinnitze** und dem **Budkowitzer Bache** durchflossen, und enthält auf (nach Sack) 30 Quadrat-Meilen *) 2 Städte (Oppeln, Krappitz), 1 Marktflecken (Proskau), und 169 Dörfer, darin 197 Antheile **), 38 Colonien mit gerechnet.

Von diesem Kreise ist nach der neuern Eintheilung ein Theil an der linken Seite der Oder, die Gegend um Schürgast, weggenommen und zu dem Falkenberger Kreise geschlagen worden.

---

*) Zimmermann giebt 24 Quadrat-Meilen an. S. Beiträge Th. 3. S. 22.

**) Dessen allgemeine Nachrichten S. 14.

A. Städte.

1. Die Immediat-Stadt

Oppeln (Poln. Oppolie),

die Hauptstadt des Fürstenthums und die Kreisstadt, liegt auf der rechten Seite der Oder, die sich hier in zwei Arme theilt, die sich aber bald wieder vereinigen, hat Ringmauern und 4 Thore. Sie enthält

I. An königlichen Gebäuden:

1) Das königliche Schloß, das von dem Beamten und einigen Officianten bewohnt wird.
2) Zwei Salz-Magazine.
3) Zwei Mühlen.

II. An kirchlichen und Schulgebäuden:

1) Die Dom- und Pfarrkirche zum h. Kreuz; das Collegiat-Stift besteht aus 4 Prälaten, 8 Canonicis und 5 Vicarien.
2) Die Kirche zur h. Dreieinigkeit, die ehemahlige Jesuiter-Kirche.
3) Die Dominicaner-Kirche nebst dem Kloster, (8 Mönche).
4) Die Minoriten-Kirche nebst dem Kloster, (12 Mönche).
5) Die Kirche St. Sebastian.
6) Die Kreuzkirche vor dem Oder-Thore.

7) Die Kirche St. Barbarä vor dem Groschwitzer Thore.

8) Die Kirche beim Hospital.

9) Das katholische Gymnasium, das jetzt mit den andern eine neue Einrichtung erhalten hat.

10) Die katholische Stadtschule.

11) Die ev. luth. Schule, an der ein Rector unterrichtet.

12 — 19) 8 Wohnungen der Geistlichen.

Zu den hiesigen Unterrichtsanstalten gehört noch **die Polnische Hebammen-Schule.**

III. **An städtischen Gebäuden:**

1) Das Rathhaus. Auf einem dazu eingerichteten Saale halten die Protestanten ihre Gottesverehrungen.

2) Ein Hospital für alte Leute beiderlei Geschlechts und arme Waisen.

3) Das bürgerliche Schießhaus.

IV. Bürgerhäuser sind:	in der Stadt	.	196
	in der Vorstadt	.	127
			323.

Königliche Aemter sind hier:

1) Das Domänen-Amt.

2) Das Steueramt.

3) Das Accise- und Zollamt.

4) Das Postamt.

5) Das Salzamt; dazu die Städte Oppeln, Falkenberg, Schürgast, Krappitz, Leschnitz, Groß-Strehlitz, der Marktflecken Friedland und die Dörfer des Oppelnschen nnd Falkenberger Kreises gehören.

6) Das Juden-Toleranz-Amt.

7) Das Forstamt.

8) Das Bauamt.

Außer dem **Ackerbau**, der ziemlich beträchtlich ist, (die Bürger haben 2357 Scheffel Land) nähren sich die Einwohner von ihrem **Handwerke** oder von ihrer **Kunst**, vom **Bierbrauen**, dazu 200 Häuser berechtigt sind, (36 Dörfer stehen unter dem Bierzwange) von der **Branntweinbrennerei**, (jeder Hausbesitzer kann brennen, ausgenommen die Handlungsgerechtigkeits-Besitzer) vom **Handel**, der mit Schnitt-, Material- und Eisenwaaren im Kleinen getrieben wird. Ehedem wurde hier ein starker Weinhandel getrieben, er ist aber jetzt bei weitem nicht mehr so beträchtlich. Die **Bienenwartung**, die von der hiesigen patriotischen Bienengesellschaft getrieben wird, ist von einem ansehnlichen Belange. Auch die Pflege der **Seidenwürmer** wirft denen, die sich damit beschäftigen, einigen Vortheil ab.

Jahrmärkte sind: 1) Am Montage nach Epiphanias; 2) nach Georgi; 3) nach Lamperti; und 4) nach dem Feste aller Heiligen.

Viehmärkte, auf die viel Schwarzvieh gebracht wird, sind: 1) An Mitfasten und 2) Montags nach Margarethe.

Es sind hier zwar auch zwei Wollmärkte, die aber nicht stark besucht werden.

Die Besatzung besteht aus dem Stabe und 1 Escadron des Kürassier-Regiments Nr. 9.

2. Die Mediat-Stadt

Krappitz (Poln. Krzapkowitz)

ist nebst den dazu gehörigen Dörfern ein Majorat der gräflichen Familie von Haugwitz. Sie liegt an der Deutschen Seite der Oder, eben da, wo sich die Hotzplotz ausmündet, ist mit einer Mauer umgeben, und enthält außer

dem herrschaftlichen Schlosse, in welchem die Protestanten ihre Gottesverehrungen in einem Saale halten,

eine katholische Pfarrkirche, an der ein Parochus und Capellan die religiösen Handlungen besorgen;

eine katholische Schule;

eine lutherische Schule, an der der Prediger, der zugleich Rector ist, und noch ein anderer Lehrer unterrichten;

ein Hospital, das von der Herrschaft unterhalten wird.

Privat-Häuser werden 187 gezählt.

Königliche Aemter sind:

Das Postamt, und
Das Accise- und Zollamt.

Nebst ihrem **Handwerke** nähren sich die Bürger vom Grützmachen, vom Ackerbaue, vom Bierbrauen und einem kleinen Consumtions-Handel.

Jahrmärkte sind: 1) An Lichtmeß; 2) an Exaudi; 3) am Tage Hedwig; 4) an Mariä Empfängniß. Donnerstags ist Wochenmarkt.

Die Besatzung besteht aus einer Escadron Kürassier vom Regimente Nr. 9.

Der vorige Besitzer des Majorats hat den Unterthanen und Einwohnern die Dominial-Aecker, Wiesen und Holzungen, alle Robothen und die Erbunterthänigkeit für 82500 Rthlr. verkauft, und sich bloß die Gerichtsbarkeit, Laudemien, Jagd, Bier- und Brannt-wein-Urbar vorbehalten.

B. Der Marktflecken Proskau

liegt auf der linken Seite der Oder, ist immediat, hat außer der katholischen Kirche und Schule 38 Bürgerhäuser. Das königliche Schloß, mit einem schönen Garten, das Domänen-Amt und die Fayance-Fabrik befinden sich in dem Dorfe Proskau.

Jahrmärkte sind: 1) Am Sonntage nach Pauli Bekehrung; 2) am Tage Georgi; 3) am Sonntage nach Bartholomäi; 4) am Sonntage nach Caroli Borromäi.

Vom Dorfe siehe die Dörfer.

C. Das Stift

C z a r n o w a n z

Prämonstratenser-Nonnen, liegt an der Malapane, unweit ihrer Ausmündung in die Oder. Anfänglich war es in Riebnick, wurde aber von da 1228 hierher verlegt. Das Kloster hat einen Prälaten, (keine Aebtissinn), der aus dem Vincentiner-Stifte zu Breslau erwählt wird. Der Convent besteht gewöhnlich aus etlichen und zwanzig Nonnen. Es besitzt im Oppelnschen Kreise die Dörfer Biadacz, Boreck, Chrostzinna, Frauendorf, Grabzock, Horst, Klein-Döbern, Krzanowitz, Muchowitz, Wroseck, Zelasna, Zuzella.

C. Dörfe[r]

Nahmen der Dörfer.	Oeffentliche Gebäude. Kirchen. Protest.	Kirchen. Kathol.	Schulen. Protest.	Schulen. Kathol.	Pfarrhäuser.	Herrschaftl. Schlösser und Wohnhäuser.	Vorwerke.	Bauern.	Gärtner.
Antonia, Colonie . . .	—	—	—	—	—	—	—	—	—
Baumgarten	—	—	—	—	—	—	—	—	3
Biadacz	—	—	—	—	—	—	1	1	17
Bierdzahn	—	—	—	1	—	—	2	14	17
Biestrzinick	—	—	—	—	—	—	—	—	11
Birkowitz	—	—	—	—	—	—	1	—	2
Blumenthal, Colonie . .	—	—	—	—	—	—	—	—	—
Boguschütz	—	—	—	1	—	—	1	12	16
Boreck (Borku) . . .	—	—	—	—	—	—	—	—	9
Bowalno	—	—	—	—	—	—	—	32	5
Brinnitze (Brennitz, Brennicza)	—	1	—	1	—	—	2	31	29
Budkowitz, Alt- . . .	—	1	—	1	—	—	—	10	32
——— Neu- . . .	—	—	—	—	—	—	—	—	14
Carlsruhe (Pokoi) . . .	1	—	1	—	1	—	—	—	—
Carmerau, Colonie . . .	—	—	—	—	—	—	—	—	—
Chmiellowitz (Kmelwitz) .	—	—	—	1	1	—	1	—	8
Chobie (Mischline) . . .	—	—	—	—	—	—	—	—	—
Chorulla	—	—	—	—	—	1	1	12	10
Chronstau (Chrasty) . .	—	—	—	—	—	—	—	9	10
Chrostzinna (Kroschczina) .	—	1	—	1	1	—	1	18	19
Chrostütz (Kroscize) . .	—	1	—	1	—	—	—	36	26
Chrzowitz	—	—	—	—	—	—	—	8	6
Chrzumbzütz (Chrzumbizize).	—	1	—	1	1	—	—	11	11
Creuzthal, Colonie . . .	—	—	—	—	—	—	—	—	—
Czarnowanz	—	1	—	1	1	—	1	18	19
Damratsch (Dommoracz) .	—	—	—	—	—	—	23	27	2[illegible]
Damratsch-Hammer . .	—	—	—	—	—	—	—	—	[illegible]
Damratsch, Colonie . . .	—	—	—	—	—	—	—	—	—
Danietz (Mokro Danietz) .	—	—	—	—	—	—	—	25	13
Dechantsdorf (Dziekainstwo)	—	—	—	—	—	—	—	5	6
Dembie (Dembio) . . .	—	1	—	1	—	—	—	10	7
Dembie-Hammer . . .	—	—	—	—	—	—	1	33	—
Derschau, Colonie . . .	—	—	—	—	—	—	—	—	—
Dobersdorf (Dobieschow) .	—	—	—	—	—	—	2	17	2

…	Frischfeuer.	Zainhämmer.	Rechte oder linke Seite der Oder.	Herrschaft.	Anmerkungen und Merkwürdigkeiten.
-	—	—	R.	Ober-Bergamt.	
-	—	—	L.	Adelig.	Michelsdorf gehört dazu.
-	—	—	R.	St. Czarnowanz.	Creuz (Krzisowsky) ist damit verbunden.
-	—	—	R.	Adelig.	
-	—	—	R.	Amt Oppeln.	
-	—	—	L.	Adelig.	
-	—	—	R.	Amt Kup.	
-	—	—	L.	Amt Proskau.	
-	—	—	R.	St. Czarnowanz.	
-	—	—	L.	desgl.	
-	—	—	R.	desgl.	Eins der Vorwerke heißt Surowinne (Sarowine). Hier ist eine Glashütte und 1 hoher Ofen.
-	—	—	R.	Amt Kup.	
-	—	—	R.	desgl.	
-	—	—	R.	Adelig.	Die Residenz des Herzogs Eugen von Würtemberg.
-	—	—	R.	Amt Oppeln.	
-	—	—	L.	Adelig.	
-	—	—	R.	desgl.	
-	—	—	R.	desgl.	
-	—	—	R.	desgl.	
-	—	—	L.	St. Czarnowanz.	
-	—	—	R.	Rennt-Amt Kup.	
-	—	—	L.	Amt Proskau.	
-	—	—	L.	desgl.	
-	—	—	R.	Amt Oppeln.	
-	2	1	R.	Stift allhier.	Hier ist ein Nonnen-Kloster. Es wohnen hier auch mehrere Handwerker.
-	—	—	R.	Rennt-Amt Kup.	
-	—	—	R.	desgl.	
-	—	—	R.	desgl.	
-	—	—	R.	Amt Oppeln.	
-	—	—	R.	Pfarrkirche zu Oppeln.	
-	—	—	R.	Amt Oppeln.	
-	1	—	R.	desgl.	Das Frischfeuer gehört dem Ober-Bergamte.
-	—	—	R.	desgl.	
-	—	—	R.	Adelig.	Ein Vorwerk heißt Malköwitz.

Nahmen der Dörfer.	Oeffentliche Gebäude. Kirchen. Protest.	Oeffentliche Gebäude. Kirchen. Kathol.	Oeffentliche Gebäude. Schulen. Protest.	Oeffentliche Gebäude. Schulen. Kathol.	Oeffentliche Gebäude. Pfarrhäuser.	Herrschaftl. Schlösser und Wohnhäuser.	Vorwerke.	Bauern.	Gärtner.
Dombrowitz	—	—	—	—	—	—	—	6	—
Dombrowka (Dambrowka)	—	—	—	—	—	—	—	—	30
Dombrowka	—	—	—	—	—	—	2	10	27
Dometzko	—	—	—	—	—	1	1	—	29
Ellgut-Falkenberg	—	—	—	—	—	—	1	—	9
Ellgut-Friedland	—	—	—	—	—	—	—	—	—
Ellgut-Proskau	—	1	—	1	—	—	—	19	5
Ellgut-Turawa	—	1	—	1	—	—	1	23	10
Falkowitz (Chwalkowize)	—	1	—	1	1	—	—	19	14
Fallmirowitz (Chwalmirowize)	—	—	—	—	—	—	—	6	3
Finkenstein, Colonie	—	—	—	—	—	—	—	—	—
Flosce (Flostowa)	—	—	—	—	—	—	1	10	16
Foigtsdorf (Vogtsdorf, Woitowowies)	—	—	—	—	—	—	—	21	5
Follwark	—	—	—	1	—	—	—	6	1
Frauendorf	—	—	—	—	—	—	—	18	8
Friedrichsfeld, Colonie	—	—	—	—	—	—	—	—	—
Friedrichsgrätz	1	—	1	—	1	—	—	—	—
Friedrichsthal, Colonie	—	—	—	—	—	—	—	—	—
Georgenwerk, Colonie	—	—	—	—	—	—	—	—	—
Gorasdzie (Gorasde)	—	—	—	—	—	—	1	—	8
Goreck	—	—	—	—	—	—	—	10	7
Goßlawitz	—	—	—	1	—	—	—	36	17
Grabow	—	—	—	—	—	—	1	—	7
Grabzock, Colonie	—	—	—	—	—	—	—	—	—
Gräfenorth, Colonie	—	—	—	—	—	—	—	—	—
Groditz (Grodzisko)	—	—	—	—	—	—	1	—	28
Groschowitz (Grossowice)	1	1	—	1	1	—	1	21	16
Groß-Döbern (Wielke Dobrzen)	—	1	—	1	1	—	—	44	25
Grudschütz (Grutzütz)	—	—	—	—	—	—	—	6	9
Halbendorf (Poluwies)	—	—	—	1	—	—	2	20	19
Hammer, Neu-	—	—	—	—	—	—	—	—	16
Heinrichsfelde, Colonie	—	—	—	—	—	—	—	—	—
Hirschfelde	—	—	—	—	—	—	—	—	—
Horst, Colonie	—	—	—	—	—	—	—	—	—
Hüttendorf, Colonie	—	—	—	—	—	—	—	—	—
Jambke (Jameke)	—	1	—	1	—	—	—	—	29
Jaschkowitz	—	—	—	—	—	—	1	—	9
Jedlitze	—	—	—	—	—	—	—	—	—

Frischfeuer.	Zainhämmer.	Rechte oder linke Seite der Oder.	Herrschaft.	Anmerkungen und Merkwürdigkeiten.
—	—	R.	Amt Oppeln.	
—	—	L.	Rennt-Amt Kup.	Hier ist eine Pottaschsiederei.
—	—	R.	Adelig.	
—	—	L.	desgl.	Eine Brettmühle.
—	—	L.	desgl.	
—	—	L.	desgl.	Eine Brettmühle.
—	—	R.	Amt Proskau.	
—	—	R.	Adelig.	
—	—	R.	Rennt-Amt Kup.	
—	—	R.	Amt Oppeln.	
—	—	R.	Rennt-Amt Kup.	
—	—	L.	Adelig.	
—	—	L.	Amt Oppeln.	
—	—	L.	desgl.	
—	—	R.	St. Czarnowanz.	
—	—	R.	Adelig.	
—	—	R.	Bresl. Kammer.	Die Einwohner sind reformirte Böhmen. Die hiesigen Eisenwerke führen den Nahmen: Creuzburger Hütte.
4	1	R.	Ober-Bergamt.	
—	—	R.	Rennt-Amt Kup.	
—	—	R.	Adelig.	
—	—	R.	Amt Oppeln.	
—	—	R.	desgl.	
—	—	R.	Adelig.	
—	—	R.	St. Czarnowanz.	
—	—	R.	Amt Oppeln.	
—	—	L.	Adelig.	Waldau ist mit vereinigt.
—	—	R.	Amt Oppeln.	
—	—	R.	Rennt-Amt Kup.	
—	—	R.	Amt Oppeln.	
—	—	L.	Adelig.	Ein Vorw. heißt Schanz-Vorwerk.
—	—	L.	Amt Proskau.	
—	—	R.	Rennt-Amt Kup.	
—	—	R.	desgl.	
—	—	R.	St Czarnowanz.	Hier ist eine Glashütte.
—	—	R.	Ober-Bergamt.	
—	—	L.	Adelig.	
—	—	L.	Amt Proskau.	
3	1	R.	Ober-Bergamt.	

Nahmen der Dörfer.	Oeffentliche Gebäude. Kirchen. Protest.	Oeffentliche Gebäude. Kirchen. Kathol.	Oeffentliche Gebäude. Schulen. Protest.	Oeffentliche Gebäude. Schulen. Kathol.	Pfarrhäuser.	Herrschaftl. Schlösser und Wohnungen.	Vorwerke.	Bauern.	[illegible]
Jellowa	—	1	—	1	1	—	—	28	
Kadlub (Kadlubia) . . .	—	—	—	—	—	—	—	20	1
Kempa (Kempe)	—	—	—	—	—	—	—	7	1
Klein-Döbern (Male Dobrzen)	—	—	—	—	—	—	—	15	–
Klink, Colonie	—	—	—	—	—	—	—	—	–
Kollanowitz (Kolanowice) .	—	—	—	1	—	—	—	6	1
Komprachtzig (Komprachtziez)	—	1	—	1	—	—	—	6	1
Konty (Kunde)	—	—	—	—	—	—	—	9	–
Kossorowitz	—	—	—	—	—	—	—	11	–
Kottors, Groß-	—	1	—	1	1	—	3	9	2
——— Klein-	—	—	—	—	—	—	—	20	2
Kraschеow	—	1	—	1	—	—	—	16	1
Krogulno	—	1	—	1	—	—	3	—	6
Krzanowitz	—	—	—	—	—	—	1	—	1
Kup	1	—	1	—	1	1	—	—	–
Kupferberg, Colonie . .	—	—	—	—	—	—	—	—	–
Lentschin	—	—	—	—	—	—	1	—	–
Luboschütz (Lubosicze) . .	—	—	—	—	—	—	—	10	1
Lugniani (Lubnia) . . .	—	1	—	1	—	—	—	33	2
Malapane (Ochimmek) . .	—	—	—	—	—	1	—	—	–
Malino (Mallin)	—	—	—	—	—	—	—	12	
Massow, Colonie . . .	—	—	—	—	—	—	—	—	–
Muchowitz (Muchenitz) . .	—	—	—	—	—	—	—	20	
Münchhausen, Colonie . .	—	—	—	—	—	—	—	—	–
Naklo	—	—	—	—	—	—	—	14	–
Neudorf (Nowiwies Krolewski)	—	—	—	—	—	—	1	17	1
——— Polnisch-	—	1	—	1	—	—	—	13	1
Neuwedel, Colonie . . .	—	—	—	—	—	—	—	—	–
Ochatz (Ochitz)	—	—	—	1	—	—	2	8	1
Oderwanz, Colonie . . .	—	—	—	—	—	—	—	—	–
Ortmuth (Otmonte) . . .	—	1	—	1	1	1	1	15	1
Pichotzütz	—	—	—	—	—	—	1	6	–
Plieschnitz	—	—	—	—	—	1	1	6	1

Hohe Oefen.	Frischfeuer.	Zainhämmer.	Rechte oder linke Seite der Oder.	Herrschaft.	Anmerkungen und Merkwürdigkeiten.
—	—	—	R.	Rennt-Amt Kup.	
—	—	—	R.	Adelig.	Hierher gehört der Kretscham Tylla, und das Dorf Prenzow.
—	—	—	R.	Amt Oppeln.	
—	—	—	R.	St Czarnowanz.	
—	—	—	R.	Rennt-Amt Kup.	
—	—	—	R.	Amt Oppeln.	
—	—	—	L.	Amt Proskau.	
—	—	—	R.	desgl.	
—	—	—	R.	Amt Oppeln.	
1	—	—	R.	Adelig.	Ein Vorwerk heißt Turawa und eins Lizin. Bei ersterem ist die herrschaftl. Wohnung, und der hohe Ofen Poliwoda genannt.
—	1	—	R.	desgl.	Das Frischfeuer heißt Trzenczin.
—	2	2	R.	Amt Oppeln.	
1	3	—	R.	Herzog von Würtemberg.	Hiermit ist Gründorf verbunden. Ein Vorwerk heißt Waldvorwerk und Christianshof.
—	—	—	R.	St. Czarnowanz.	
—	—	—	R.	Königlich.	
—	—	—	R.	Amt Oppeln.	
—	—	—	R.	Königlich.	
—	—	—	R.	Amt Oppeln.	Eine Brettmühle.
—	—	—	R.	Rennt-Amt Kup.	Hiermit ist Dombrowka verbunden.
2	4	—	R.	Ober-Bergamt.	Im Schlosse ist die luther. Kirche und Predigerwohnung. Noch sind hier Wohnungen der Officianten bei den Eisenhütten, deren Hauptsitz hier ist.
—	—	—	R.	Amt Oppeln.	
—	—	—	R.	Amt Kup.	
—	—	—	L.	St. Czarnowanz.	
—	—	—	R.	Amt Oppeln.	
—	—	—	R.	desgl.	
—	—	—	R.	desgl.	
—	—	—	L.	Kirche zu Falkenberg.	
—	—	—	R.	Rennt-Amtl. Kup.	
—	—	—	L.	Adelig.	Hierher gehört Simsdorf.
—	—	—	R.	desgl.	
—	—	—	R.	desgl.	Ein Kalkofen.
—	—	—	L.	desgl.	
—	—	—	L.	desg.	

Nahmen der Dörfer.	Oeffentliche Gebäude. Kirchen. Protest.	Kirchen. Kathol.	Schulen. Protest.	Schulen. Kathol.	Pfarrhäuser.	Herrschaftl Schlösser und Wohnungen.	Vorwerke.	Bauern.	Gärtner.
Plümkenau, Colonie . .	—	—	—	—	—	—	—	—	—
Podewils, Colonie . . .	—	—	—	—	—	—	—	—	—
Poppelau (Poppielaw) . .	—	1	—	1	—	—	—	38	3[illegible]
Proskau, Dorf	—	—	—	—	—	1	1	—	4[illegible]
Pryschetz	—	—	—	—	—	—	1	15	—
Przywor (Przybor) . . .	—	—	—	1	—	—	—	—	—
Puschin	—	—	—	1	—	1	1	—	3[illegible]
Quochütz (Quoschütz) . .	—	—	—	—	—	—	1	—	[illegible]
Raschau (Raschow) . . .	—	1	—	1	1	—	—	11	7[illegible]
Rogau (Roge, Rogow) . .	—	—	—	—	—	1	1	9	3[illegible]
Rzenzow (Stenzow), Colonie	—	—	—	—	—	—	—	—	—
Savine (Sowin) . . .	—	—	—	—	—	—	1	18	1[illegible]
Sacken, Colonie	—	—	—	—	—	—	—	—	—
Sakrau (Sakrzowa Krolewsky)	—	—	—	—	—	—	1	10	[illegible]
——— (Zakrow) . . .	—	—	—	—	—	—	1	6	1[illegible]
Salzbrunn, Colonie . . .	—	—	—	—	—	—	—	—	—
Sawiscz (Zowitz, Schirowanz)	—	—	—	—	—	—	—	—	—
Schedliske	—	—	—	—	—	—	1	—	[illegible]
Schialkowitz	—	1	—	1	—	—	—	45	3[illegible]
Schiedlo (Schiedlowa) . .	—	—	—	—	—	—	1	—	1[illegible]
Schimnitz, Groß- (Wielki Schemnize)	—	1	—	1	1	—	1	21	1[illegible]
Schimnitz, Klein- (Maly Schemnize)	—	—	—	—	—	—	1	—	1[illegible]
Schiodna (Skodonia) . .	—	—	—	—	—	—	—	13	—
Schulenburg, Colonie . .	—	—	—	—	—	—	—	—	—
Sczederzick	—	1	—	1	1	—	—	38	2[illegible]
Sczepanowitz (Stephansdorf)	—	—	—	—	—	—	1	1	1[illegible]
Seidlitz, Colonie	—	—	—	—	—	—	—	—	—
Seifersdorf (Sczebrachtczütz)	—	—	—	1	—	—	1	—	[illegible]
Slawitz (Schlawitz) . . .	—	—	—	—	—	—	1	16	1[illegible]
Sokolnick	—	—	—	—	—	—	1	—	1[illegible]
Stein, Groß- (Wielki Kamin)	—	1	—	1	1	—	2	15	14
——— Klein- (Maly Kamin)	—	—	—	—	1	—	2	15	1[illegible]
Stradun (Stradunia) . .	—	—	—	1	—	—	—	22	1[illegible]
Süßenrode, Colonie . . .	—	—	—	—	—	—	—	—	—

…ohe Oefen.	Frischfeuer.	Zainhämmer.	Rechte oder linke Seite der Oder.	Herrschaft.	Anmerkungen und Merkwürdigkeiten.
—	—	—	R.	Rennt Amt Kup.	
—	—	—	R.	desgl.	
—	—	—	R.	desgl.	
—	—	—	L.	Königlich.	Eine Pottaschsiederei, 1 Fayance-Fabrik, 1 Ziegelei, Wohnungen für die Officianten.
—	—	—	L.	Amt Proskau.	Ein Theerofen.
—	—	—	R.	Domkirche zu Oppeln.	
—	—	—	L.	Adelig.	
—	—	—	L.	desgl.	Gehört zu Rogau.
—	—	—	R.	Amt Oppeln.	
—	—	—	L.	Adelig.	
—	—	—	R.	desgl.	
—	—	—	L.	desgl.	
—	—	—	R.	Amt Kup.	
—	—	—	R.	Amt Oppeln.	
—	—	—	R.	Adelig.	
—	—	—	R.	Amt Kup.	
—	—	—	R.	desgl.	
—		—	L.	Adelig.	
—	—	—	R.	Rennt Amt Kup.	
—	—	—	L.	Adelig.	
—	—	—	L.	Amt Proskau.	
—	—	—	L.	desgl.	
—	—	—	R.	Amt Oppeln.	
—	—	—	R.	desgl.	
—	—	—	R.	desgl.	Dazu gehört Bunkow.
—	—	—	L.	desgl.	
—	—	—	R.	Amt Kup.	
—	—	—	L.	Adelig.	
—	—	—	L.	desgl.	
—	—	—	L.	desgl.	
—	—	—	R.	desgl.	Ein Vorwerk heißt Ledrischen.
—	—	—	R.	desgl.	Ein Vorwerk heißt Owiecko (Lowietzko)
—	—	—	L.	desgl.	
—	—	—	R.	Rennt Amt Kup.	

Nahmen der Dörfer.	Oeffentliche Gebäude. Kirchen. Protest.	Kirchen. Kathol.	Schulen. Protest.	Schulen. Kathol.	Pfarrhäuser	Herrschaftl. Schlösser und Wohnhäuser.	Vorwerke.	Bauern.	Gärtner.
Tarnau (Tarnow) . . .	—	1	—	1	1	—	—	19	1
Tauenzienow, Colonie . .	—	—	—	—	—	—	—	—	—
Tempelhof, Colonie . . .	—	—	—	—	—	—	—	—	—
Tyllowitz	—	—	—	1	—	1	1	15	2
Wangern (Wengern, Wangry)	—	—	—	—	—	—	—	16	1
Weiderwitz	—	—	—	—	—	—	1	—	1
Wallock, Colonie . . .	—	—	—	—	—	—	—	—	—
Wino	—	—	—	—	—	—	1	—	1
Wostrach	—	—	—	—	—	—	—	9	
Wroseck (Wrzeßky) . . .	—	—	—	—	—	—	—	22	
Zedlitz, Colonie	—	—	—	—	—	—	—	—	—
Zelasna	—	1	—	1	1	—	1	26	
Zlattnick (Zlattnig) . . .	—	—	—	—	—	—	2	25	
Zlönitze (Zlonitz) . . .	—	—	—	—	—	—	2	27	1
Zowade (Sowade) . . .	—	—	—	—	—	—	1	—	1
Zuzella	—	—	—	—	—	—	1	21	1
Zyrkowitz (Sörgkwitz) . .	—	—	—	—	—	—	—	6	
Zywotzütz (Ziewodzitz) . .	—	—	—	—	—	—	1	13	1
Fischerey und Ostrowetz sind Vorstadt von Oppeln.									

	Frischfeuer.	Zainhämmer.	Rechte oder linke Seite der Oder.	Herrschaft.	Anmerkungen und Merkwürdigkeiten.
—	—	—	R.	Amt Oppeln.	
—	—	—	R.	Rennt Amt Kup.	
—	—	—	R.	Amt Oppeln.	
—	—	—	L.	Adelig.	Hierher gehört das Vorwerk Asche mit einem hohen Ofen.
—	—	—	R.	Amt Oppeln.	
—	—	—	R.	Adelig.	
—	—	—	R.	desgl.	
—	—	—	L.	Amt Oppeln.	
—	—	—	L.	Adelig.	
—	—	—	L.	St. Czarnowanz.	
—	—	—	R.	Rennt-Amt Kup.	
—	—	—	L.	St. Czarnowanz.	Hierher gehört Zelasner Ueberfuhr.
—	—	—	L.	Amt Proskau.	
—	—	—	L.	desgl.	
—	—	—	R.	Amt Oppeln.	
—	—	—	L.	St. Czarnowanz.	
—	—	—	L.	Adelig.	
—	—	—	L.	desgl.	

II.

Der Falkenberger Kreis.

Der Falkenberger Kreis, der, weil ein Theil davon bis nach dem Frieden 1742 zwischen dem Preußischen und Böhmischen Schlesien die Gränze machte, auch bisweilen die Lisiere genennet wird, hat unter der Preußischen Regierung eine beträchtliche Veränderung erhalten: indem ein Theil von dem Oppelnschen Kreise dazu geschlagen, ein anderer Theil aber weggenommen und zu dem Oppelnschen und Neustädter geschlagen worden; er gränzt gegen Morgen mit dem Oppelnschen Kreise und mit dem Großglogauer Districte des Neustädter Kreises; gegen Mittag mit dem Neustädter Kreise und dem Zülzer Districte dieses Kreises; gegen Abend an das Fürstenthum Neiße; gegen Mitternacht an das Fürstenthum Brieg, und zwar an den Brieger Kreis.

Die Steine *) ist das einzige beträchtliche Wasser, das in diesem Kreise fließt; die Oder und Neiße strömen nur an der Gränze.

Dieser Kreis enthält 2 Städte (Falkenberg und Schürgast), 1 Marktflecken (Friedland), und 57 Dörfer, in denen 63 Antheile.

---

*) Siehe Th. 7. S. 102. und oben S. 38.

A. Städte.

1. Falkenberg (Niemodlin),

eine Mediat- und die Kreisstadt, dem Grafen von Praschma gehörig, ist in die Länge gebauet, hat nur auf einer Seite eine Mauer, auf der andern Seite aber ist sie mit einem Sumpfe umgeben, hat zwei Thore und enthält:

1) Das herrschaftliche schöne Schloß.
2) Ein Rathhaus.
3) Eine ev. luth. Kirche, an der ein Prediger die Ministerial-Handlungen verrichtet.
4) Eine katholische Kirche, an der ein Propst, zwei Vicarien und ein Capellan stehen, und zu der sechs Dörfer eingepfarrt sind.
5) Eine evang. luther. Schule, an der ein Rector unterrichtet.
6) Eine katholische Schule, an der ebenfalls ein Rector den Unterricht besorgt.
7) Ein Hospital.
8) Bürger- und Privat-Häuser 132.

Die hiesigen königlichen Aemter sind:

Das Steueramt.
Das Accise- und Zollamt.
Das Postamt.

Nahrungszweige der Bürger sind die erlernte Profession oder Kunst, Ackerbau, Bierbrauen

(5 Dörfer stehen unter dem Bierzwange) und ein kleiner Consumtions-Handel.

Jahrmärkte sind: 1) Am Tage nach dem neuen Jahre; 2) an Kreuzes Erfindung; 3) an Mariä Geburt; 4) an Michaelis.

Die Garnison besteht aus einer Escadron vom Kürassier-Regiment Nr. 9.

2. Schürgast.

Diese kleine dem Grafen von Schack gehörige Mediat-Stadt, ist von dem Oppelnschen Kreise weggenommen, und nebst der Gegend dort herum dem Falkenberger Kreise zugeschlagen worden, war sonst nur ein Marktflecken, und ist erst seit etlichen und 50 Jahren eine accisbare Stadt. Sie enthält

eine katholische Kirche,
eine katholische und
eine evangelische Schule.

Privat- oder Bürgerhäuser 92.

Königliche Aemter:

Das Accise- und Zollamt, und
das Postamt.

Die Nahrungszweige der Bürger sind vorzüglich der Ackerbau und einige Handwerke.

Jahrmärkte sind: 1) Am Tage Philippi Jacobi; 2) am Tage Jacobi und 3) Barbarä.

Garnison ist hier nicht.

B. Der Marktflecken

Friedland (Ferlondt)

ist das Eigenthum des Grafen von Burghaus, hat außer einer ev. luth. Schule 60 Häuser. Das herrschaftlische Schloß, die kath. Kirche 2c. gehören zum Dorfe. (Siehe unter den Dörfern.)

Die Einwohner nähren sich meist vom Ackerbau.

Jahrmärkte sind: 1) Am Sonntage Estomihi; 2) am ersten Sonntage nach Trinitatis; 3) am Sonntage nach Dominici; 4) am Tage aller Heiligen; an jedem ist zugleich Viehmarkt.

C. Dör

Nahmen der Dörfer.	Oeffentliche Gebäude.			
	Kirchen.		Schulen.	
	Protest.	Kathol.	Protest.	Kathol.
Arnsdorf (Przieczka)	—	1	—	1
Borkwitz (Porka)	—	—	—	—
Brande (Brandau, Brandy)	—	1	1	1
Czepanowitz	—	—	—	—
Czeppelwitz (Szepanowize)	1	1	1	—
Damorau (Dombrowa)	—	1	—	1
Ellgut (Ligotta)	—	—	—	—
Friedland, Dorf	—	1	—	1
Fröbeln (Wroolin)	—	—	1	—
Frohnau	—	—	1	—
Geppersdorf (Krzydziowice)	—	1	—	1
Golschwitz	—	—	—	—
Grase	1	1	1	1
Gubrau, Groß=	—	—	—	1
——— Klein=	—	—	—	—
Guschwitz (Gosczice)	—	—	—	—
Heidersdorf, Groß=	—	1	—	1
——— Klein=	—	—	—	—
Hilbersdorf (Houldrzyschow)	—	—	1	—
Jacobsdorf (Joksdorf, Jacubowitz, Jaczowice)	—	—	—	—
Jamke	—	1	—	—
Jatzdorf	—	—	—	—
Karbischau (Skarbischow)	—	1	—	1
Kirchberg (Thustorub)	—	1	1	—
Kleischnitz (Kloischnitz)	—	1	1	—
Korpitz (Kuroprascz)	—	—	—	—
Leipe (Lippowa)	—	—	—	—
Lippen (Lipna)	—	—	—	—
Mangersdorf, Groß=	—	—	—	—
——— Klein=	—	—	—	—
Mauschwitz (Myschowize, Misowice)	—	—	—	—
Mulwitz	—	—	—	—
Niebe (Niebo)	—	—	—	—
Niewodnik	—	—	—	—

Gärtner.	Häusler.	Mühlen Wasser=	Mühlen Wind=	Herrschaft.	Anmerkungen und Merkwürdigkeiten.
11	4	—	—	Adelig.	
11	—	—	—	desgl.	
8	2	1	—	desgl.	
12	3	—	—	desgl.	
18	8	—	—	desgl.	
30	8	1	—	desgl.	
3	—	—	—	desgl.	
34	—	—	—	desgl.	
—	18	—	—	desgl.	
—	24	1	—	desgl.	
2	22	1	—	desgl.	
20	—	—	—	desgl.	
20	10	—	—	desgl.	
25	—	—	—	desgl.	
9	—	—	—	desgl.	
—	14	1	—	desgl.	
21	8	1	—	desgl.	
4	—	—	—	desgl.	
39	3	2	—	desgl.	Ein Vorwerk heißt Rosenvorwerk.
25	5	2	—	desgl.	
16	—	—	—	desgl.	
11	4	—	—	desgl.	
30	8	—	1	desgl.	
40	7	1	—	desgl.	
—	17	—	—	desgl.	Ein Vorwerk heißt Sorgenfrei.
24	4	—	—	desgl.	
19	—	—	—	desgl.	
4	—	—	—	desgl.	
31	10	1	—	desgl.	
11	7	—	—	desgl.	
24	—	1	—	desgl.	
13	—	—	—	desgl.	
8	—	1	—	desgl.	
22	4	1	—	desgl.	

Nahmen der Dörfer.	Oeffentliche Gebäude.			
	Kirchen.		Schulen.	
	Protest.	Kathol.	Protest.	Kathol.
Nikoline	—	—	—	—
Norock	—	—	—	—
Nüßdorf (Nieschidowicz)	—	—	—	—
Petersdorf (Pietrkow)	—	—	—	—
Pilkendorf	—	—	—	—
Ranisch (Runzka)	—	—	—	—
Raschwitz (Roschwice, Rodosiowice) .	—	—	—	—
Rauschke (Raaski)	—	—	—	—
Rogau (Roge)	—	1	—	—
Rosdorf (Roscowice)	—	—	1	—
Sårner, Groß-	—	—	—	—
——— Klein-	—	—	1	—
Sawade	—	—	—	—
Schedlau	—	1	1	—
Schnellendorf, Groß- (Welki Przydroszy)	—	—	—	—
——— Klein- (Male Przydroszy)	—	1	—	1
Schürgast	—	—	—	—
Springsdorf (Springendorf, Przinscowice)	—	—	—	—
Stottoschwitz, 1 Antheil . . .	—	—	—	—
Stottoschwitz, 2 Antheil . . .	—	—	—	—
Tarnitze	—	—	—	—
Weschele	—	—	—	—
Weißdorf (Chrosczinka)	—	—	—	—
Wirschbiel	—	—	—	—

Gärtner.	Häusler.	Mühlen		Herrschaft.	Anmerkungen und Merkwürdigkeiten.
		Wasser	Wind		
22	—	—	—	Adelig.	
27	2	1	1	desgl.	
—	13	—	—	desgl.	
10	1	—	—	desgl.	
—	11	1	—	desgl.	
13	3	1	—	desgl.	
15	3	—	—	desgl.	
8	2	1	—	desgl.	
18	2	—	—	desgl.	
15	3	—	—	desgl.	
22	1	—	—	desgl.	
14	2	—	—	desgl.	
15	—	—	—	desgl.	Hierher gehört Sandvorwerk.
13	12	1	—	desgl.	
23	6	1	—	desgl.	
30	8	1	—	desgl.	
18	2	1	—	desgl.	Hierher gehört Sorge.
—	3	—	—	desgl.	
11	1	—	—	desgl.	
—	10	—	—	desgl.	
18	—	—	—	desgl.	
14	9	2	—	desgl.	
18	4	—	—	desgl.	Eine katholische Capelle.
28	5	—	—	desgl.	Ein Vorwerk heißt Neuvorwerk.

III.

Der Neustädter Kreis.

Der **Neustädter Kreis**, der gegenwärtig die Districte (Weichbilder) Neustadt, Ober-Glogau, Zülz, und vom Falkenberger Kreise Steinau und die Gegend da herum in sich begreift, gränzt gegen **Morgen** an den Oppelnschen Kreis; gegen **Mittag** an den Koseler und Leobschützer Kreis, und an den Troppauer Kreis des Böhmischen Antheils von Schlesien; gegen **Abend** an das Fürstenthum Neiße; gegen **Mitternacht** an den Falkenberger nnd Oppelnschen Kreis

Die Gewässer dieses Kreises sind die **Braune** (Prudnig), das **Zülzer Wasser** und die **Hotzenplotz**.

Er enthält auf 15 Quadrat-Meilen 3 Städte, (**Neustadt**, **Ober-Glogau**, **Zülz**), 2 Marktflecken (**Steinau** und **Klein-Strehlitz**), und 119 Dörfer, in denen 129 Antheile.

A. Städte.

1. Die Immediat-Stadt

Neustadt (Prudnick)

liegt an der **Braune** (Prudnig) in einer sehr angenehmen Gegend, ist etwas bergig und enthält:

I. **An städtischen Gebäuden:**

1) Ein Rathhaus.

2) Ein Malz- und Brauhaus.

3) Ein Männer-Hospital.

4) Ein Weiber-Hospital.

II. An Kirchen- und Schulgebäuden:

1) Die katholische Pfarrkirche, an der ein Pfarrer und ein Capellan stehen.

2) Das Capuciner-Kloster nebst der Kirche.

3) Das Kloster der barmherzigen Brüder, das 1764 hier errichtet ward.

4) Eine evangelisch-lutherische Kirche, an der ein Pastor steht, der zugleich königl. Consistorial-Rath beim Oberschlesischen Ober-Consistorio zu Brieg und Kirchen- und Schulen-Inspector des Neustädter Inspections-Kreises ist. Ehedem standen alle Oberschlesische protestantische Kirchen unter der hiesigen Inspection, aber seit 1799 sind sie in drei vertheilt, und die Carlsruher und Pleßner errichtet worden.

5) Eine lutherische, und

6) die katholische Schule.

7) Die Wohnungen der Geistlichen.

Von der Capelle auf dem Berge ist oben bei den Bergen (Seite 41.) das Nöthige gesagt worden.

Privat-Häuser zählt man 409.

Die hier befindlichen königlichen Aemter sind:

Das Inquisitoriat-Amt, unter welches der Neustädter, Koseler, Neißer, Grottgauer, Rattiborer, Leobschützer und Pleßner Kreis gehören.

Das Postamt.

Das Accise- und Zollamt.

Der Sitz des sechsten steuerräthlichen Departements, unter welchem

A. im Fürstenthume Oppeln die Städte **Kosel, Falkenberg, Ober-Glogau, Neustadt, Krappitz, Leschnitz, Oppeln, Groß-Strehlitz, Ujest** und **Zülz**,

B. im Fürstenthume Rattibor die Städte **Rattibor** und **Riebnick**, und im

C. **Leobschützer Kreise** die Städte **Bauerwitz, Hultschin, Katscher** und **Leobschütz** stehen.

Die Salz-Factorei, die Filial-Factorei von Kösel ist.

Die bürgerlichen Nahrungsquellen sind die erlernte **Profession** oder **Kunst**, die **Leinwand-Manufactur** (siehe den zweiten Abschnitt), die **Tuch-Manufactur**, das **Spitzenklöppeln**, der beträchtliche Ackerbau, das **Bierbrauen**, dazu 160 Häuser berechtiget sind, (11 Dörfer stehen unter dem Bierzwange) der **Handel**, theils im Kleinen theils im Großen, vorzüglich mit rohem und weißem Garne, mit Leinwand, Ungarischem Weine und Tuch.

Jahrmärkte sind: 1) An Mariä Reinigung; 2) am Himmelfahrtstage; 3) an Michaelis; 4) am Tage Andreä.

Die Besatzung besteht aus 2 Escadrons vom Kürassier-Regiment Nr. 9.

Das Stadtwapen ist ein silberner Schild mit einem Stücke Stadtmauer, einer offenen Pforte und zwei schmalen Thürmen, und zwischen diesen ist ein aufrechtstehender Löwe mit doppeltem Schweife.

Neustadt

Neustadt wurde 1779 den 28. Febr. von dem Oestreichischen General **Wallis**, da der Preußische hier commandirende Oberste von **Winterfeld** die Stadt auf die Aufforderung nicht übergab, nachdem der Feind schon eine Vorstadt angezündet hatte, bombardirt. 184 Häuser, das Rathhaus und die Schule in der Stadt, und 48 Häuser in der Vorstadt wurden dadurch ein Raub des Feuers. Ein schrecklicher Tag für die guten Einwohner. Die Oestreicher zogen, nachdem sie diese Grausamkeit ausgeübt hatten, ohne ihren Zweck erreicht zu haben, wieder ab. Friedrich der Zweite, gerührt von dem Elende, schenkte den Einwohnern zum Aufbaue massiver Häuser 127500 Rthlr.

II. Mediat-Städte.

1. Ober-Glogau (Gorny Glogow)

(Klein-Glogau)

gehört nebst den dazu gehörigen Dörfern als Majorat der gräflichen Familie von Oppersdorf, ist eine Kreisstadt und enthält:

I. Das herrschaftliche Schloß nebst einem guten Garten. In dem Schlosse sind drei Capellen, davon die des heil. Caroli Borromäi wegen des dazu gehörigen vielen Silberwerkes und anderer Kostbarkeiten die Silber-Capelle genannt wird. Man findet hier auch eine ganz artige Bibliothek und eine Rüstkammer von alten Waffen.

II. Das **Rathhaus**.

III. An Kirchen und Schulgebäuden:

1) Die Pfarr= oder Collegiat=Kirche St. Bartholomäi, an der 4 Prälaten, 2 Canonici und 4 Vicarien stehen. In der gräflichen Familiengruft ist ein schönes Mausoleum eines Grafen, von schwarzem Marmor und Figuren von Alabaster.

2) Die Kirche und das Kloster der Minoriten (14 Mönche).

3) Die kleine Hospital=Kirche.

4) Die Begräbnißkirche in der Vorstadt.

5) Die Kirche bei dem Pauliner=Kloster unweit der Stadt.

6) Die Wohnung der Vicarien.

7) Die Rectorats=Wohnung und Schule.

8) Die Wohnung der übrigen Lehrer und Kirchenbedienten.

IV. Privat=Häuser 275.

Königliche Aemter sind:

Das Steueramt des Kreises.

Das Accise= und Zollamt.

Das Postamt.

Die Bürger nähren sich vorzüglich vom Ackerbau, von ihrer Profession oder Kunst (die Leinweber und Schuster sind die zwei stärksten Zünfte), vom Bierbrauen, dazu die Gerechtigkeit auf 126 Häusern haftet, und von einigem Handel.

Jährlich sind Jahrmärkte: 1) Am Tage der h. drei Könige; 2) am Sonntage Judica; 3) an Petri Pauli; 4) an Bartholomäi; 5) am Tage Lucä.

Die Garnison besteht aus 1 Escadron des Kürassier-Regiments Nr. 12.

2. Zülz (Biala),

ein Eigenthum des Grafen Mattuschka, enthält:

I. Das herrschaftliche Schloß.

II. An städtischen Gebäuden:

1) Ein Rathhaus.
2) Ein Hospital.
3) Das Brau- und Malzhaus.

III. An Kirchen- und Schulgebäuden:

1) Die katholische Pfarrkirche, an der der Parochus und ein Capellan stehen. Drei Dörfer sind eingepfarrt.
2) Die Kirche St. Fabian Sebastian.
3) Die Hospital-Kirche.
4) Die katholische Schule, an der ein Rector den Unterricht besorgt.
5) Die Pfarrkirche.
6) Eine Synagoge der Juden.

IV. Privat-Häuser zählt man 288, darunter sind 40 jüdische. Ueberhaupt wohnen hier viele Juden, die ihr eigenes Gericht haben, das aus Rabbinen, Juristen und den Aeltesten besteht, die so wie der aus 15 Mann bestehende Ausschuß von der Gemeine gewählt werden. Dieses Gericht entscheidet in Ehe-, Erbschafts- und Personal-Schuldsachen. Die Appellation geht an das Dominium, und die Revision geschieht vom Oberamte zu Brieg. Bei Streitigkeiten, die Possession betreffend, wird der Prozeß beim Magistrate geführt, und mit Uebergehung des Dominii sogleich an die Brieger Ober-Amtsregierung appellirt. Die Aeltesten haben außerdem noch die Aufsicht auf Religion und Polizei, müssen die Abgaben besorgen, das Geburts-Register der Gemeine führen, und können die Gemeindebedienten ein- und absetzen.

Sie haben ihre eigene Gemein-Casse, aus der sie die Gemeindelasten, z. E. den Canon an die königliche Krieges- und Domänen-Kammer, die Silberlieferungs-Zuschußgelder, die Dominial-Abgaben, die Abgaben an den Bischof zu Breslau, an die katholische Geistlichkeit zu Zülz und an die Kämmerei zu Oppeln bezahlen. Die dazu nöthigen Summen werden durch eine jährlich auf das Vermögen gelegte Schatzung und durch die auf Fleisch und auf die Tauche gelegten Abgaben bestritten. Alle in Zülz geborne oder von da abstammende Juden müssen, wenn sie auch ihren beständigen Wohnsitz an andern Orten haben, zu diesen Abgaben beitragen. Sie können in Ober-Schlesien hausiren gehen und alle Jahr- und Wochenmärkte beziehen. Sie stehen für ihre Person unter dem Dominio, aber in Ansehung ihrer Besitzung unter dem Magistrate. Die auf den Judenhäusern haftenden Braugerechtigkeiten und die Aecker haben die Christen gekauft, und mit diesem Ankaufe die Verbindlichkeit auf sich genommen, in Friedenszeiten die Einquartierung zu tragen.

Königliche Aemter sind hier:

Das Juden-Toleranz-Amt.
Das Accise- und Zollamt.
Das Postamt.

Außer der erlernten **Profession** oder **Kunst** sind **Ackerbau**, das **Bierbrauen**, kleiner **Consumtions-Handel** die Nahrungsquellen der Bürger. Außer dem klöpfelt der größte Theil des weiblichen Geschlechtes Spitzen.

Jahrmärkte sind: 1) Am Sonntage Reminiscere; 2) am Dinstage nach Pfingsten; 3) am Michaelis-Tage; 4) an Martini; 5) am Thomas-Tage. Am erstern Jahrmarkte ist zugleich Viehmarkt.

B. Marktflecken.

1. Steinau.

Dieser Marktflecken, der ehedem zum Falkenberger Kreise gehörte, ist nach der neuern Einrichtung zum Neustädter Kreise geschlagen. Er ist das Eigenthum des Besitzers der Herrschaft Krappitz, Grafen v. Haugwitz, und enthält 72 Bürgerhäuser nebst 3 Mühlen. Die Einwohner nähren sich vom Ackerbau und einigen Handwerken.

Jahrmärkte sind: 1) an Mariä Reinigung; 2) an Mariä Himmelfahrt.

2. Klein-Strehlitz (Male Strelitzke),

zur königlichen Herrschaft Chrzelitz gehörig, hat eine katholische Kirche und Schule, 90 Privat-Häuser und eine Bleiche. Die Einwohner nähren sich theils vom Ackerbau, theils von einigen Professionen.

Jahrmärkte sind: 1) Montags nach Misericordias Domini; 2) Sonntags nach Margarethe; 3) Montags nach Mariä Geburt; 4) Sonntags nach Martini. Am ersten und dritten ist zugleich Viehmarkt.

C. Das Kloster

Wiese (Wiedrowitz oder Leschnig).

Ladislaus, Herzog zu Oppeln, schenkte den Pauliner-Mönchen bei Ober-Glogau eine Wiese und die Zinsen von Albrechtsdorf und Mochau, um auf der Wiese ein Kloster und eine Kirche zur h. Dreieinigkeit zu bauen. Bei dem Kloster befindet sich außer der Kirche noch eine Mühle und 16 Häuser. Dem Kloster steht ein Prior vor, außer dem noch 6 Mönche darin leben.

C. Dörf

Nahmen der Dörfer.	Oeffentliche Gebäude. Katholische Kirchen.	Oeffentliche Gebäude. Katholische Schulen.	Oeffentliche Gebäude. Pfarrhäuser.	Herrschaftl. Schlösser und Wohnhäuser.	Vorwerke.	[illegible]
Achthuben	—	—	—	—	—	1
Alrstadt (Staramiesla)	1	1	—	—	2	1
Berndau (Berndow)	—	—	—	—	1	-
Blaschwitz (Blacesow)	—	—	—	—	1	1
Broschütz	1	1	1	—	—	2
Brzeznitz (Brezeznica)	—	—	—	—	1	-
Buchelsdorf	—	1	—	—	2	3
Casimir (Kasmirz)	—	—	—	—	—	1
Charlottendorf, Colonie . .	—	—	—	—	—	-
Czartowitz	—	—	—	—	1	-
Chrzelitz	—	—	—	1	1	1
Czellin (Celiny).	—	—	—	—	—	1
Damasko, (Probstei Casimir) .	1	1	1	—	—	-
Dirschelwitz, { 1ster Antheil. (Dzierzislow) .	—	—	—	—	—	2
Dirschelwitz, { 2ter Antheil .	—	—	—	—	1	-
Dittersdorf	1	1	1	—	—	3
Dittmannsdorf	—	1	—	—	1	6
Dziedzitz	—	—	—	—	—	1
Dobrau (Dober, Dobry) . .	—	1	—	1	3	1
Eichhäusel	—	—	—	—	—	-
Ellguth (Ligotta)	1	1	—	—	1	
Elsnig (Olsynka)	—	—	—	—	1	
Frebel (Wrublin)	—	—	—	—	—	-
Friedersdorf (Piedrzichowitz) .	1	1	1	—	3	2
Fronzke	—	—	—	—	—	-
Gläsen (Glitschina Klezin) . .	1	1	1	—	1	2
Gloglich (Glogowitz, Glöchlichen)	—	—	—	—	1	-
Golschowitz, Alt- (Czartowitz) Neu- (Muskau)	—	—	—	—	—	-
Grabin	—	—	—	—	1	-
Grocholub	—	—	—	—	1	1
Hinterdorf (Oratsche) . . .	—	—	—	—	—	1
Jartschowitz	—	—	—	—	1	-

In welchem Districte der Ort liegt. *)	Herrschaft.	Anmerkungen und Merkwürdigkeiten. *) OG. zeigt den Oberglogauer, N. den Neustädter, und Z. den Zülzer District an.
N.	Kreuzstift zu Neiße.	
Z.	Adelig.	Ein Vorwerk heißt Josephsgrund.
OG.	Stift Leubus.	
OG.	Adelig.	
OG.	Herrschaft Glogau.	
OG.	Herrschaft Chrzelitz.	
N.	Adelig.	Ein Vorwerk heißt Münsterhof.
OG.	desgl.	
OG	desgl.	
OG.	desgl.	
OG.	Königlich.	
OG.	Adelig.	
OG.	Stift Leubus.	
OG.	Herrschaft Glogau.	
OG.	Adelig.	
N.	Kämmerei Neustadt.	
N.	Adelig.	
OG.	Herrschaft Chrzelitz.	
OG.	Adelig.	Ein Vorwerk heißt Bude und eins Carlshof.
N.	Kämmerei Neustadt.	Unbekannt.
Z.	Adelig.	
OG.	desgl.	
—		Unbekannt.
N.	Kämmerei Neustadt.	Ein Vorwerk heißt Capolka und eins Neu-Friedersdorf oder Wiedscheratz.
OG.	Herrschaft Chrzelitz.	
OG.	Adelig.	
OG.	Herrschaft Glogau.	
OG.	Adelig.	
Z.	desgl.	
OG.	desgl.	
OG.	Kämmerei Glogau.	
OG.	Adelig.	

Nahmen der Dörfer.	Oeffentliche Gebäude. Katholische Kirchen.	Oeffentliche Gebäude. Katholische Schulen.	Pfarrhäuser.	Herrschaftl. Schlösser und Wohnhäuser.	Vorwerke.
Jaszen	—	1	—	—	—
Kerpen	1	1	—	—	1
Körnitz (Kurnika)	—	—	—	—	2
Kohlsdorf (Kolnowice)	—	—	—	—	2
Komornick, 1ster Antheil	1	1	1	—	—
Komornick, 2ter Antheil	—	—	—	—	—
Kozem	—	—	—	—	1
Kramelau	—	—	—	—	—
Kreschendorf	—	—	—	—	1
Kreuwitz	—	—	—	—	—
Krobusch	—	—	—	—	1
Kujau (Kajawy)	1	1	1	—	1
Kunzendorf	1	1	1	—	1
Kuttendorf, Alt= (Stare Kotkowice)	1	—	—	—	1
—— Neu= (Rausbeck)	—	—	—	—	1
Langenbrück	1	1	1	—	1
Laßwitz (Laskowice)	—	—	—	—	1
Legelsdorf (Logebnitz, Logiewnic)	—	—	—	—	—
Leopoldsdorf	—	—	—	—	—
Leuber	1	1	1	—	—
Lobkowitz (Lowkowice)	—	—	—	—	—
Lontschnig (Lokcznik, Longeznick)	1	1	1	—	—
Machau, 1ster Antheil	—	—	—	—	—
Machau, 2ter Antheil	—	—	—	—	—
Machau, 3ter Antheil	—	—	—	—	—
Mockerau (Mokre)	—	—	—	—	1
Moschen	—	—	—	—	1
Mühlsdorf (Millowitz)	—	—	—	—	1
Mülmen, Deutsch= (Wiercz)	1	1	1	1	1
—— Polnisch= (Minolowa)	—	—	—	—	—
Neudeck	—	—	—	—	—
Neudorf	—	—	—	—	1
Neuhof (Nowiedwor)	—	—	—	—	1
Oberwitz	—	—	—	—	1
Olbersdorf (Olbrachschütz)	—	—	—	—	1
Oratsche	—	—	—	—	1
Ottog (Ottogki)	—	—	—	—	1
Piethna	—	—	—	—	2
Pogorz	—	—	—	—	—

Wind.	In welchem Districte der Ort liegt.	Herrschaft.	Anmerkungen und Merkwürdigkeiten.
—	N.	Kämmerei Neustadt.	
—	OG.	Stift Leubus.	
—	OG.	Adelig.	1 Vorw. heißt Czekai od. Kudowa.
—	Z.	desgl.	Ein Vorwerk heißt Hahn.
—	OG.	desgl.	
—	—	Stift Leubus.	
—	N.	Kämmerei Neustadt.	
—	OG.	Adelig.	Ein Theil dieses Dorfes heißt
—	N.	Kämmerei Neustadt.	Czernowitz.
—	N.	desgl.	
—	OG.	Adelig.	
—	OG.	desgl.	
—	N.	Kreuzstift Neiße.	
—	OG.	Adelig.	
—	OG.	desgl.	
—	N.	desgl.	
—	OG.	desgl.	
—	OG.	desgl.	
—	OG.	Herrschaft Chrzelitz.	
—	N.	Kämmerei Neustadt.	
—	OG.	Adelig.	
—	OG.	Herrschaft Chrzelitz.	Hierher gehört Dambina.
—	OG.	Adelig.	
—	—	Kloster Wiese.	
—	—	Adelig.	
—	OG.	Herrschaft Chrzelitz.	
—	OG.	Adelig.	
—	Z.	Kreuzstift Neiße.	
—	OG.	Adelig.	
—	OG.	desgl.	Hierher gehört Haynowitz (Hau-
—	N.	Kämmerei Neustadt.	nowice).
—	OG.	Herrschaft Chrzelitz.	
—	—	Adelig.	
—	OG.	desgl.	
—	OG.	Kloster Wiese.	
—	OG.	Herrschaft Chrzelitz.	
—	Z.	Adelig.	
—	OG.	desgl.	Ein Vorwerk heißt Boreck.
—	OG.	Herrschaft Chrzelitz.	

Nahmen der Dörfer.	Oeffentliche Gebäude. Katholische Kirchen.	Katholische Schulen.	Pfarrhäuser.	Herrschaftl. Schlösser und Wohnungen.	Vorwerke.	Bauern.
Pramsen, Groß- (Wielke Prandzena)	1	1	1	—	1	2
—— Klein (Male Prandzena)	—	—	—	—	2	1
Probnitz, Deutsch- (Niemiecky Probieniec)	—	—	—	—	1	1
—— Polnisch-	—	—	—	—	—	1
Probstberg (Wuchkoff)	—	—	—	—	1	—
Przicho (Przivd)	1	1	1	—	—	2
Rasselwitz, Deutsch-	1	1	1	—	—	57
—— Polnisch- (Polkie Raclawice)	1	1	1	—	1	1
Rathstein (Rathosteinia)	—	—	—	—	1	2
Riegersdorf, 1ster Antheil	1	1	1	—	—	6
Riegersdorf, 2ter Antheil	—	—	—	—	1	[illegible]
Riegnitz	—	—	—	—	—	2
Rosenberg (Roskowitz)	—	—	—	—	1	19
Rosnochau (Roskochow)	1	1	—	—	1	2
Roswadze	—	—	—	—	1	1
Rzeptsch (Rzepec)	—	—	—	—	1	12
Schiegrau	—	—	—	—	—	14
Schlogwitz (Slokow)	—	—	—	—	1	4
Schmiez	1	1	1	—	1	46
Schnellewalde	1	1	1	—	—	143
Schönau	1	1	1	—	—	38
Schreibersdorf (Piszarchowitz)	1	1	1	—	1	13
Schonowitz	—	—	—	—	—	17
Schüslau (Syslau)	—	—	—	—	—	—
Schwärze (Czwierczie)	—	—	—	—	1	—
Schweinsdorf (Piorowitz)	—	—	—	—	1	9
Schwesterwitz (Zwiastowice)	—	—	—	—	1	12
Simsdorf (Gostomi) 1. Anth.	1	1	1	—	1	10
Simsdorf (Gostomi) 2. Anth.	—	—	—	—	1	—
Simsdorf (Gostomi) 3. Anth	—	—	—	—	—	7
Steblau (Steblow)	—	—	—	—	1	8
Steinau, Dorf	1	1	1	1	1	18
Striebendorf (Czendrowize)	1	1	1	—	1	31
Striborowitz (Striebendorf)	—	—	—	—	1	8

h- . Wind-	In welchem Districte der Ort liegt.	Herrschaft.	Anmerkungen und Merkwürdigkeiten.
—	Z.	Adelig.	
—	Z.	desgl.	Ein Vorwerk heißt Neuhof.
—	OG.	desgl.	
—	OG.	desgl.	
—	OG.	desgl.	
—	OG.	Herrschaft Chrzelitz.	
—	OG.	Adelig.	In der Kirche ist ein Gnadenbild, zu dem man wallfahrtet.
—	OG.	desgl.	
—	OG.	Herrschaft Chrzelitz.	
—	N.	Adelig.	
—	—	Kämmerei Neustadt.	
—	OG.	Herrschaft Chrzelitz.	
—	—	Adelig.	
—	OG.	desgl.	
—	—	desgl.	
—	OG.	Herrschaft Glogau.	
—	OG.	Herrschaft Chrzelitz.	
—	OG.	Adelig.	
—	Z.	desgl.	
—	N.	Kämmerei Neustadt.	Hier ist auch eine ev. luth. Kirche und Schule.
—	OG.	Domkirche zu Ober-Glogau.	
—	OG.	Adelig.	
—	Z.	desgl.	
—	OG.	desgl.	
—	OG.	desgl.	
—	N.	Kämmerei Neustadt.	
—	OG.	Adelig.	
—	OG.	desgl.	
—	—	desgl.	
—	—	desgl.	
—	OG.	desgl.	
—	—	desgl.	Gehörte ehedem z. Falkenb. Kreise.
—	—	desgl.	Hierher gehören Carlsberg und Lehmkretscham.
—	OG.	desgl.	

Nahmen der Dörfer.	Oeffentliche Gebäude.			Herrschaftl. Schlösser und Wohnhäuser.	Vorwerke	Bauern
	Katholische Kirchen.	Katholische Schulen	Pfarrhäuser			
Thomnitz	—	—	—	—	1	—
Twardawa	1	1	1		2	2
Vogtey	—	—	—	—	1	
Vorwerk, Neu= (Püt, Butt)	—	—	—	—	2	—
Wackenau	—	—	—	—	1	—
Walzen, 1ster Antheil	1	1	1	—	1	
Walzen, 2ter Antheil	—	—		—	1	
Walzen, 3ter Antheil	—	—	—	—	1	
Waschelwitz (Waschlawice)	—	—	—	—	1	
Wawrzinzowitz (Wawrzinczowice)	—	—	—	—	1	
Weingaßen (Winari)	—	—	—	—	—	
Wiese, Dorf	—	1	—	—	2	6
Wilkau	—	—	—	—	—	2
Wilschgrund	—	—	—	—	—	—
Zabnich	—	—	—	—	1	—
Zabritzen (Sabirau)	—	—	—	—	—	1
Zeiselwitz	—	—	—	—	1	2
Zowade	—	—	—	—	1	—
Zülz, Alt= (Solez)	1	1	1	—	—	

Wind.	In welchem Districte der Ort liegt.	Herrschaft.	Anmerkungen und Merkwürdigkeiten.
—	—	Stift Leubus.	
—	OG.	Adelig.	Ein Vorwerk heißt Malkowitz.
—	N.	Kämmerei Neustadt.	
—	Z.	Adelig.	Ein Vorwerk heißt Näſſchenhof.
—	—	Kreuzstift zu Neiße.	
	OG.	Adelig.	
—	—	desgl.	
—	—	desgl.	
—	Z.	desgl.	
—	OG.	desgl.	
—	OG.	Käm. Ober Glogau.	
—	N.	Adelig.	Ein Vorwerk heißt Kozem.
—	OG.	Kloster Wiese.	
.	N.	Kämmerei Neustadt.	
—	—	Adelig.	
—	OG.	desgl.	
—	N.	Kämmerei Neustadt.	
—	OG.	Adelig.	
—	OG.	desgl.	

IV.

Der Koseler Kreis.

Der Koseler Kreis gränzt gegen Morgen an den Schlawenzitzer District des Toster Kreises, gegen Mittag an das Fürstenthum Rattibor; gegen Abend an den Leobschützer Kreis und an den Oberglogauer District des Neustädter Kreises; gegen Mitternacht an den Oppelnschen und Großstrehlitzer Kreis.

Nur die Oder strömt bald bei ihrem Eintritte aus dem Fürstenthume Rattibor eine kleine Strecke durch den Kreis, macht aber bald die Gränze zwischen diesem und dem Toster und Großstrehlitzer Kreise. Die Stradung entsteht in dem Kreise selbst, und mündet sich am linken Ufer in die Oder aus.

Dieser Kreis enthält auf 8 Quadrat-Meilen eine Stadt (Kosel), 1 Marktflecken, 1 Etablissement der evangelischen Brüder-Unität, und 78 Dörfer, darin 103 Antheile.

A. Die Mediat-Stadt

Kosel (Kozle),

die Kreisstadt, gehört nebst den zu dieser Herrschaft gehörigen Dörfern seit 1735 als ein erkauftes Mannslehn der gräflichen Familie von Plettenberg, liegt nahe an der Oder, ist eine sehr gute Festung und enthält:

1) Das herrschaftliche Schloß.

2) Vier Casernen für die Garnison.
3) Ein Rathhaus.
4) Das Landhaus, in welchem die Oberschlesischen Landstände ihre Sitzungen halten und das Steueramt ist.
5) Die katholische Pfarrkirche, die dem Maltheser-Ritterorden gehört. Der jedesmahlige Commendator der Commende Gröbnig im Leobschützer Kreise ist zugleich Pfarrer bei dieser Kirche; er läßt aber dieses Amt durch einen andern Pfarrer und einen Capellan besorgen.
6) Das Minoriten-Kloster nebst der Kirche, (1 Guardian und 8 Mönche).
7) Die katholische Schule, an der ein Rector den Unterricht besorgt.
8) Ein Hospital.
9) Privat-Häuser zählt man 194.

Die hier befindlichen königlichen Aemter sind:

Das Steueramt.
Das Accise- und Zollamt.
Das Postamt.
Die Salz-Factorei.
Das Proviant-Amt.
Das Juden-Toleranz-Amt.

Einiger Ackerbau, das Bierbrauen, Handlung und das erlernte Handwerk nähren die Bürger.

Montags ist Wochenmarkt. Jahrmärkte sind: 1) An Fastnacht; 2) an Stanislai; 3) an Petri Kettenfeier; 4) an Kreuzes Erhöhung; 5) am ersten Advents-Sonntage.

Die Stadt führt drei Bockskôpfe in ihrem Wapen.

Die Garnison besteht:

1) aus dem dritten Musketier-Bataillon vom Regimente Nr. 50.
2) aus der Invaliden-Compagnie eben dieses Regiments.
3) aus der Invaliden-Compagnie vom Regimente Nr. 28.
4) aus dem dritten Musketier-Bataillon vom Regimente Nr. 38.
5) aus dem dritten Musketier-Bataillon vom Regimente Nr. 40.

Kosel hat in den letztern Schlesischen Kriegen verschiedenes erfahren. Im Jahr 1745 ward die Stadt von den Ungarischen Insurgenten bestürmt, aber bald wieder von den Preußen erobert. Im J. 1758 wurden bei der Annäherung der Oestreicher die Vorstädte abgebrannt; 1760 die Festung bestürmt; 1761 und 1762 belagert, aber von dem tapfern Commendanten de la Motte so vertheidigt, daß die Oestreicher, ohne sie erobert zu haben, abziehen mußten. Als de la Motte während der Belagerung so vom Gelde entblößt war, daß er den Soldaten ihr Tractament nicht mehr geben konnte, ließ er von Messingblech Nothmünzen schlagen, und endlich gab er Kartenblätter mit seines Nahmens Unterschrift. Auf den Nothmünzen standen nebst dem Nahmen der Stadt, der Jahrzahl 1761 und dem Werthe, drei Bockskôpfe.

B. Der

B. Der Marktflecken Borislawitz (Eberstelig)

ist durch den Besitzer, Freiherrn von Saß, vergrößert und verschönert worden, und enthält jetzt außer dem herrschaftlichen Vorwerke, 23 Gärtnerstellen und einer Windmühle, mehrere massive ganz artig gebauete Häuser von zwei Etagen, die von Professionisten bewohnt werden, ein Rathhaus, und hat zwei Thore, das Koseler und das Rattiborer.

Jahrmärkte sind: 1) Am Tage Daniels; 2) am Tage Alexandri; 3) an Mariä Heimsuchung; 4) am Tage Amandi.

C. Das Etablissement der evangel. Brüder-Unität zu Gnadenfeld.

Gnadenfeld ist ein auf dem Grunde des Dominii Pawlowitzke seit 1780 errichtetes Etablissement der ev. Brüder-Unität, und enthält außer dem Betsaale und den dabei befindlichen Wohnungen des Predigers und des Schullehrers, das Brüder- und Schwesternhaus, das Gemeinhaus und mehrere andere Wohnhäuser. Man verfertigt hier mancherlei gute Waaren, die man in den hiesigen Handlungsgewölben findet. Die Erziehungsanstalt, die hier für Knaben und Mädchen, auch für auswärtige Kinder, errichtet ist, soll alles Lobes würdig seyn.

D. Dörf

Nahmen der Dörfer.	Oeffentliche Gebäude. Katholische Kirchen.	Oeffentliche Gebäude. Katholische Schulen.	Oeffentliche Gebäude. Pfarrhäuser.	Herrschaftl. Schlösser und Wohnungen.	Vorwerke.	Bauern.
Blasewitz, Blazeowitz, Blaseyowitz, Blazejowitz)	—	—	—	—	1	7
Byrschinitz (Byczinica) . .	—	—	—	—	—	17
Chrost (Chrust	—	—	—	—	1	—
Czenskowitz (Czienskowitz, Tienskowitz, Czieskowice) . . .	—	—	—	1	2	5
Czyschowa (Czißzewa) . . .	—	—	—	—	—	16
Czyzeck	—	—	—	—	—	13
Dembrowa (Tempowa) . .	—	—	—	—	—	—
Dolenzin	—	—	—	—	1	—
Dzielawy (Dziela)	—	—	—	—	—	8
Dzielnitz (Dzielnica) . . .	—	—	—	—	—	9
Dziergowitz	—	—	—	—	—	19
Ehrenfeld, Colonie	—	—	—	—	—	—
Ellgut: Groß- (Wielka Ligotta)	—	—	—	—	1	—
Ellgut: Klein- (Maly Ligotta), 1ster Antheil . .	—	—	—	—	1	1
Ellgut: Klein- (Maly Ligotta), 2ter Antheil . .	—	—	—	—	—	7
Fischerei (Rybarzi)	—	—	—	—	—	—
Gieraltowitz	1	1	1	—	1	6
Gniewock	—	—	—	—	1	—
Grauden, Groß- (Wielka Grudeni)	1	1	1	1	2	—
——— Klein- (Maly Grudeni)	—	—	—	—	1	8
Grötsch (Grodziskow) . . .	—	—	—	—	—	2
Grzendzin (Grzensin, Grssenzin)	1	1	1	—	1	9
Jaborowitz	—	—	—	—	—	16
Jacobsdorf	—	—	—	—	—	—
Jastrzomb (Habicht) . . .	—	—	—	—	—	—
Kamionka (Kamionky) . .	—	—	—	—	—	11
Karchwitz (Karchow) 1. Antheil	—	—	—	—	1	2
Karchwitz (Karchow) 2. Antheil	—	—	—	—	1	—
Klodnitz (Klodnica) . . .	—	—	—	—	1	2
Kobelwitz (Kobylice) . . .	—	—	—	—	1	13
Komorno (Comorrn) . . .	—	—	—	—	2	—

Auf welcher Seite der Oder. *)	Herrschaft.	Anmerkungen und Merkwürdigkeiten. *) D. bedeutet die Deutsche, und P. die Polnische Seite der Oder.
—	Adelig.	
—	desgl.	
—	desgl.	
—	desgl.	Man brauet hier gutes Bier.
—	Herrschaft Kosel.	
—	Adelig.	Landsmirs, Olschowa und Biadatsch sind bei den Besitzungen mit gerechnet.
—	Herrschaft Kosel.	
—	Adelig.	
—	desgl.	
—	desgl.	
P.	desgl.	
—	desgl.	
—	desgl.	
—	desgl.	
—	desgl.	
—	Herrschaft Kosel.	
—	Adelig.	
—	desgl.	Hierher gehört Warmenthal.
—	desgl.	Ein Vorwerk heißt Strausenau.
—	desgl.	
—	desgl.	
—	desgl.	
—	desgl.	
—	desgl.	
—	desgl.	
—	Herrschaft Kosel.	
—	Adelig.	
—	desgl.	
P.	Herrschaft Kosel.	Das Vorwerk heißt Sabinitze.
—	Kämmerei Kosel.	
—	Adelig.	

Nahmen der Dörfer.	Oeffentliche Gebäude. Katholische Kirchen.	Katholische Schulen.	Pfarrhäuser.	Herrschaftl. Schlösser und Wohnungen.	Vorwerke.
Roske (Kosky)	1	1	—	1	1
Rostenthal (Koszlencin)	1	1	1	—	—
Krzanowitz	1	1	1	1	1
Ruschatzka (Kuschnika)	—	—	—	—	1
Langmülmen, (Langlieben, Langeliebe, Dlugo Milosc)	—	—	—	—	—
Lanietz (Lancze)	—	—	—	—	—
Lenke (Lenkau)	—	—	—	—	—
Lenzetz (Lenschetz, Landschütz, Lanzec)	1	1	1	—	2
Lohnau (Loni, Lonne, Lony)	1	1	1	—	1
Mechnitz	1	1	1	—	—
Miestitz (Miesce)	1	1	—	—	1
Milirsch (Milicze)	1	1	—	—	1
Millowitz	—	—	—	—	—
Moserau (Mozurau, Mozurow)	1	—	—	—	1
Nesselwitz (Nesselici, Pokrziconico)	—	1	—	—	1
Neukirch, Polnisch- (Polskanova terkie)	1	1	1	1	1
Nieschnaschin (Nieznaschin, Nosnaschin, Neznaszi)	—	—	—	—	—
Niembsdorf, Groß- (Wielki Naczislawice)	1	1	1	—	1
Niembsdorf, Klein- (Male Naczeslawki)	—	—	—	—	1
Ostrosnitz (Ostroschnitz, Ostrotz)	1	1	1	—	1
Pawlowitzke (Paulow)	—	—	—	—	1
Pirchwitz	—	—	—	—	—
Poborischau (Pobrischau)	—	—	—	—	—
Podlesch (Podlesie)	—	—	—	—	1
Porschenkarb (Poczkarbe, Potzenkarb, Pociekarb)	—	—	—	—	1
Przewotz	—	—	—	—	—
Przeborowitz (Przedborowice)	—	—	—	—	1
Pürkau (Pickau, Bitkow)	—	—	—	—	1
Radoschau (Radoschawy)	1	1	—	—	1
Reinsdorf (Reinschdorf, Rynkowicz)	—	—	—	—	—

Wind[…]	Auf welcher Seite der Oder.	Herrschaft.	Anmerkungen und Merkwürdigkeiten.
—	—	Minoriten zu Ober-Glogau.	
2	—	Domkirche zu Breslau.	Hierher geschehen Wallfahrten zum heil. Brixen.
—	—	Adelig.	
—	P.	desgl.	
1	—	desgl.	
—	—	desgl.	
—	—	Herrschaft Kosel.	
—	—	Adelig.	
—	—	desgl.	
—	—	Herrschaft Kosel.	
—	—	Adelig.	
—	—	desgl.	
—	—	desgl.	
—	—	desgl.	
—	—	Herrschaft Kosel.	
—	—	Adelig.	
—	—	desgl.	
—	—	Minoriten z. Ob. Glogau.	
—	—	Adelig.	
—	—	desgl.	
—	—	desgl.	
—	—	desgl.	
—	—	Herrschaft Kosel.	
—	—	Adelig.	
—	—	desgl.	
—	—	desgl.	Einige Häuser heißen Juliusburg.
—	—	desgl.	
—	—	desgl.	
—	—	desgl.	
—	—	Herrschaft Kosel.	

Nahmen der Dörfer.	Oeffentliche Gebäude.			Herrschaftl. Schlösser und Wohnungen.	Vorwerke.	Bauern.
	Katholische Kirchen.	Katholische Schulen.	Pfarrhäuser.			
Rogau (Rogi)	—	—	—	—	1	8
Roschowitzdorf (Roschowitz, Rosowice)	—	—	—	—	1	8
Roschowitzwald	—	—	—	—	2	—
Rzezitz (Redschitz, Rzezice) . .	1	1	1	—	2	4
Sakrau (Zakrow)	1	1	1	—	1	3
Stobelau (Stebelau, Steblau, Steblaw)	—	—	—	—	2	—
Suckowitz	—	—	—	—	1	[illegible]
Tarnowitz	—	—	—	—	1	1
Teschenau (Teschnau)	—	—	—	—	1	—
Tscheid (Schzyty)	—	—	—	—	1	—
Urbanowitz	—	—	—	—	1	1
Vorsicht, Colonie	—	—	—	—	—	—
Warmenthal (Czeplydoll) . .	—	—	—	—	1	—
Wiegschütz	—	—	—	—	2	1
Wietaslowitz (Witoslawitz, Witaslowitz)	—	—	—	—	1	1
Wronin	—	—	—	—	1	1

Wind-	Auf welcher Seite der Oder.	Herrschaft.	Anmerkungen und Merkwürdigkeiten.
—	—	Kämmerei Kosel.	
—	—	Adelig.	
—	—	desgl.	Ein Vorwerk heißt Gulaschka und das andere Koppanin.
—	—	desgl.	Ein Vorwerk heißt Neuhof. Der jedesmahlige Besitzer des Guthes Redschitz muß, vermöge einer Stiftung, der Baronne von Halama im Mondt April, Mai, Jun und Jul. für die Gemeine die Steuern bezahlen.
—	—	desgl.	Hier sind die Besitzungen von Pulow mit gerechnet.
—	—	desgl.	Ein Vorwerk heißt Brzosowa.
—	—	desgl.	
—	—	desgl.	
—	—	desgl.	
—	—	desgl.	
—	—	Dem Cistenc. zu Rauden.	
—	—	Adelig.	
—	—	desgl.	
—	—	Herrschaft Kosel.	Ein Vorwerk heißt Neuhof.
—	—	Adelig.	
—	—	desgl.	

V.

Der Großstrehlitzer Kreis.

Der **Großstrehlitzer Kreis** gränzt gegen **Morgen** an den Toster und Lublinitzer Kreis; gegen **Mittag** an den Toster und Koseler Kreis; gegen **Abend** an den Koseler und Oppelnschen Kreis; gegen **Mitternacht** an den Oppelnschen, Rosenberger und Lublinitzer Kreis.

Die **Oder**, die die Gränze zwischen diesem und dem Koseler Kreise macht, die **Malapane**, das **Himmelwitzer Wasser** und die **Stola**, die sich an der Gränze in die **Malapane** ausmündet, sind die beträchtlichsten Gewässer dieses Kreises, der auf 14 Quadrat-Meilen *) 2 Städte (**Groß-Strehlitz** und **Leschnitz**), 79 Dörfer und in denselben 85 Antheile enthält.

A. Städte.

I. Die Mediat-Stadt

Groß-Strehlitz (Wielke Strelcze),

die Kreisstadt, ein Eigenthum der Grafen von Colonna, ist nur zum Theil mit einer Mauer umgeben, hat zwei Thore und enthält:

---

*) Schlesische Provinzial-Blätter Jahrgang 1792. Monat December Seite 534.

I. Das herrschaftliche Schloß.

II. An städtischen Gebäuden:

1) Das Rathhaus.
2) Das Malz- und Brauhaus.
3) Ein Hospital.
4 — 6) Drei andere öffentliche Gebäude.

III. An Kirchen- und Schulgebäuden:

1) Die katholische Pfarrkirche.
2) Die Kirche St. Barbarä.
3) Die Begräbnißkirche. Die beiden letzteren sind in der Vorstadt.
4) Die katholische Schule.
5) Die Pfarrwohnung.

IV. Privat-Häuser zählt man 139.

Königliche Aemter sind hier:

Das Accise- und Zollamt.
Die Filial-Salz-Factorei von Oppeln.
Das Postamt.
Das Steueramt.

Ein kleiner **Consumtions-Handel**, einiger **Ackerbau**, die erlernte **Profession** (unter den Professionisten sind sehr viel Schuhmacher) und das **Bierbrauen**, dazu 90 Häuser berechtigt sind, nähren die Bürger.

Jahrmärkte sind: 1) Am Tage nach dem neuen Jahre; 2) an Matthias; 3) an Kreuzes Erfindung;

4) an Laurentii; 5) an Francisci; 6) an Elisabeth. Bei jedem ist Tags vorher Roß- und Viehmarkt.

Die Garnison besteht aus einer Escadron Husaren vom Regimente Nr. 6.

2. Die Mediat-Stadt

Leschnitz,

ebenfalls dem Grafen von Colonna gehörig, ist ohne Mauern und Thore, und hat:

1) Eine katholische Pfarrkirche, an der ein Parochus und Capellan stehen.
2) Eine Begräbnißkirche in der Vorstadt.
3) Eine katholische Schule, an der ein Rector unterrichtet.
4) Die Parochial-Wohnung.

Privat-Häuser sind 129.

Das Accise- und Zollamt ist das einzige königliche Amt.

Nebst einigen **Handwerken** (die Leinweber sind sehr zahlreich) nähren sich die Bürger größtentheils vom **Ackerbau** und den Wallfahrtern auf den benachbarten **Annaberg**. Von dem Kloster siehe oben unter den Bergen Seite 43.

Jahrmärkte sind: 1) Acht Tage nach dem neuen Jahre; 2) an Lätare; 3) an Trinitatis; 4) an Mariä Himmelfahrt; 5) an Simonis Judä.

Dieses Städtchen ist ohne Garnison.

B. Das Cisterzienser-Stift Himmelwitz,

dem ein infulirter Abt vorsteht, ist von dem Oppelnschen Herzoge Boleslaus gestiftet worden. Die Hussiten brannten bei ihrem Einfalle in Schlesien auch dieses Kloster ab, und verheerten die demselben gehörigen Dörfer. Im dreissigjährigen Kriege ward es von den Schweden geplündert und endlich angezündet. 1733 brannte es abermahls nebst dem Dorfe ab.

Das nicht weitläufige Klostergebäude ist massiv. Die Klosterkirche ist gut gemahlt, und hat eine gute Orgel.

Vom Dorfe Himmelwitz siehe die Dörfer.

Das Stift besitzt folgende Domänen, die sämmtlich im Großstrehlitzer Kreise liegen:

Himmelwitz, beim Kloster.
Alt-Himmelwitz.
Januschkowitz.
Gonssorowitz.
Kadlubietz.
Raschowa.
Rokitsch.
Rosniontau.

C. Dörf…

Nahmen der Dörfer.	Oeffentliche Gebäude. Katholische Kirchen.	Katholische Schulen.	Pfarrhäuser.	Herrschaftl. Schlösser und Wohnhäuser.	Vorwerke.	Bauern.
Adamsdorf (Adamowitz) . .	—	—	—	—	1	14
Annaberg, Dorf	—	1	—	—	—	—
Balczarzowitz	—	—	—	—	1	5
Blotnitz (Blotnika)	—	—	—	1	1	10
Boritsch (Boritz)	—	—	—	—	1	—
Brezina	—	—	—	—	1	—
Carmerau, Colonie	—	—	—	—	—	—
Centawa	1	1	1	—	—	16
Czarnosin	—	—	—	—	1	7
Danitz (Danietsch) { 1. Antheil	—	—	—	—	1	5
Danitz (Danietsch) { 2. Antheil	—	—	—	—	1	—
Dollna	1	1	1	—	—	25
Dombrow (Dombrowka) . .	—	—	—	—	1	3
Dziokowitz (Dziwkowice) . .	—	—	—	—	1	12
Ellgut, Ober- (Wirchna Ligotta)	—	—	—	—	1	7
—— Klein- (Miala Ligotta) .	—	—	—	—	1	2
—— Czammer- (Tschammer-)	—	—	—	—	2	15
—— Colonie	—	—	—	—	—	—
Gendrin	—	—	—	—	—	—
Gogolin	—	—	—	—	1	31
Gonssorowitz (Jassorowice, Genschiorowitz)	—	1	—	—	1	15
Grodisko (Grodzisko) . . .	1	—	—	—	1	8
Grzeboschowitz	—	—	—	—	1	—
Heinrichsdorf, Colonie . . .	—	—	—	—	—	—
Himmelwitz (Jemelica) . . .	1	1	—	—	1	23
Januschkowitz	—	—	—	—	1	3
Jaschiona (Jeschina) . . .	1	1	—	—	1	11
Kadlub	—	—	—	—	1	1
Kadlubietz	—	—	—	—	1	28
Kalinowa (Kalinowietz, Kalinow)	1	1	—	1	2	11
Kalinowitz	—	—	—	—	1	10
Kardlubietz	—	—	—	—	1	6
Kelrsch	1	1	1	—	1	43
Kraschow (Krassowa) . . .	—	—	—	—	—	6
Krempa	—	—	—	—	1	7

	Hohe Oefen.	Luppenfeuer.	Frischfeuer.	Herrschaft.	Anmerkungen und Merkwürdigkeiten.
—	—	—	—	Der Parochus zu Groß-Strehlitz.	
—	—	—	—	Adelig.	
—	—	—	—	desgl.	
—	1	—	1	desgl.	Im Schlosse ist eine luth. Capelle.
—	—	—	—	desgl.	Die Mühle heißt Gotschul.
—	—	—	—	desgl.	
—	—	—	—	desgl.	
—	1	—	—	desgl.	
—	—	—	—	desgl.	
—	—	—	—	desgl.	Dieser Antheil heißt Sacho,
—	—	—	—	desgl.	und dieser Trachisch.
—	—	—	—	desgl.	
—	—	—	—	desgl.	
—	—	—	—	desgl.	Die Mühle heißt Nimietz.
—	—	—	—	desgl.	
—	—	—	—	desgl.	
—	—	—	—	desgl.	
—	—	—	—	desgl.	
—	—	—	—	desgl.	
—	—	—	—	desgl.	
—	—	—	—	Stift Himmelwitz.	
—	—	—	—	Adelig.	Die Mühle heißt Klink und das Vorwerk Bregula.
—	—	—	—	desgl.	
—	—	—	—	desgl.	
—	—	—	—	Stift Himmelwitz.	Eine Mühle heißt Hatasch.
—	—	—	—	desgl.	
—	—	—	—	Adelig.	
—	1	—	2	desgl.	
—	—	—	—	Stift Himmelwitz.	
—	—	—	—	Adelig.	
—	—	—	—	desgl.	
—	—	—	—	desgl.	
—	—	—	—	desgl.	Hierher gehört Neudorf im Walde.
—	—	—	—	D. Pfarr. z. Leschnitz.	
—	—	—	—	Adelig.	

Nahmen der Dörfer.	Oeffentliche Gebäude. Katholische Kirchen	Katholische Schulen.	Pfarrhäuser.	Herrschaftl. Schlösser und Wohnungen.	Vorwerke.	Bauern
Kroschnitz	—	—	—	—	—	
Kzienſowiesch (Xiesowies)	—	—	—	—	—	5
Laziska (Lazi*kh)	—	—	—	—	—	1
Leschnitz (Loznica)	—	—	—	—	1	—
Lona, Nas= (Moker Lohna)	—	1	—	—	1	1
——— Sucho=	—	—	—	—	—	—
Neudorf (Nowowies)	—	—	—	—	1	—
Niewke	—	—	—	—	—	1
Nogowtschütz	—	—	—	—	1	
Oczjek	—	—	—	—	1	—
Oleschka	—	—	—	—	1	1
Olschowa	—	—	—	—	1	1
Pluschnitz, Groß=	1	1	1	—	1	
Poremba	—	—	—	—	1	1
Posnowitz	—	—	—	—	1	
Raschowa	—	—	—	—	1	
Rokitsch (Rokitz)	1	1	1	—	1	
Rosmierka, Groß=	1	1	1	—	—	3
——— Klein=	—	1	—	—	1	2
Rosniontau	—	—	—	—	1	
Sakrau	—	—	—	—	1	
Salesche (Zalecze)	1	1	1	—	1	6
Schedlitz (Sedlitz)	—	—	—	—	1	2
Schimischow	—	—	—	1	2	1
Schironowiecz	—	—	—	—	—	
Sprengschütz	—	—	—	—	1	
Stonisch, Groß=	—	—	—	—	—	1
——— Klein=	—	—	—	—	1	1
Stubendorf	1	1	1	1	1	1
Suchau	1	1	—	—	1	
Vorwerk, Groß=	—	—	—	—	1	—
Waldhäuser	—	—	—	—	—	
Warmuntowitz	—	—	—	—	1	1
Wielmerzowicz	—	—	—	—	1	—
Wirschlesche (Wirchles)	—	—	—	—	—	1
Wyßoka, Ober=	1	1	1	—	—	—
——— Colonie	—	—	—	—	—	—
Ziandowitz (Xiandowitz)	—	—	—	—	1	1
Zuldau	—	—	—	—	—	—
Zyrowa	—	—	—	1	1	1

Hohe Oefen.	Luppenfeuer.	Frischfeuer.	Herrschaft.	Anmerkungen und Merkwürdigkeiten.
—	—	—	Adelig.	
—	—	—	desgl.	
—	—	—	desgl.	
—	—	—	desgl.	
—	—	—	desgl.	
—	—	—		Unbekannt.
—	—	—	desgl.	
—	—	—	Domkirche z. Oppeln.	
—	—	—	Adelig.	
—	—	1	desgl.	
—	—	—	desgl.	
—	—	—	desgl.	
—	—	—	desgl.	
—	—	—	desgl.	
—	—	—	desgl.	
—	—	—	Stift Himmelwitz.	
—	—	—	desgl.	
—	—	—	Adelig.	
—	—	—	desgl.	
—	—	—	Stift Himmelwitz.	
—	—	—	Adelig.	
—	—	—	desgl.	
—	—	—	desgl.	
—	—	—	desgl.	
—	—	—	desgl.	
—	—	—	desgl.	
1	—	2	desgl.	
—	—	—	desgl.	
—	—	—	desgl.	
—	—	—	desgl.	
—	—	—	desgl.	
—	—	—	Kämm. Gr.Strehlitz.	
—	—	—	Adelig.	
—	—	—	desgl.	
—	—	—	desgl.	
—	—	—	desgl.	
—	—	—	desgl.	
—	2	—	desgl.	
—	2	—	desgl.	
—	—	—	desgl.	

VI.

Der Toster Kreis.

Der Toster Kreis begreift nach der jetzigen Einrichtung den Toster, Schlawenzitzer, Gleiwitzer Kreis, und einen Theil des Haltes Ujest. Er gränzt gegen **Morgen** mit der Standesherrschaft Beuthen; gegen **Mittag** mit dem Fürstenthume Rattibor; gegen **Abend** mit dem Koseler und Großstrehlitzer Kreise; gegen **Mitternacht** an den Großstrehlitzer und Lublinitzer Kreis.

Die beträchtlichsten Gewässer dieses Kreises sind die **Oder**, die die Gränze zwischen dem Koseler Kreise und dem Schlawenzitzer Districte macht, die **Klodnitz**, die schiffbar gemacht wird (s. oben S. 31.), und die **Stola**. Er enthält auf ungefähr 24 Quadrat-Meilen 4 Städte (**Tost, Peiskretscham, Gleiwitz und Ujest**), 3 Marktflecken (**Schlawenzitz, Soschnitzowitz und Pilchowitz**), 142 Dörfer und 11 Colonien.

A. Städte.

1. Die Immediat-Stadt Gleiwitz (Gliwice)

ist der Hauptort des Gleiwitzer Districtes, liegt an der Klodnitz, hat eine Ringmauer (die ehemahligen Wälle sind in Gärten verwandelt) und zwei Thore (das Beuthener und das Rattiborer). An kirchlichen und städtischen Gebäuden befinden sich hier:

1) Die

1) Die katholische Pfarrkirche, an der ein Parochus und ein Capellan die gottesdienstlichen Handlungen besorgen, und zu der 5 Dörfer eingepfarrt sind. In dieser Kirche ist ein Gemählde, welches vorstellt, wie die Gleiwitzer Weiber im dreißigjährigen Kriege, in Ermangelung des Pulvers, die Schweden mit gekochter Hirse abgetrieben haben.

2) Die Kirche St. Barbarä.

3) Die Hospital-Kirche St. Trinitatis. Beide sind in der Beuthener Vorstadt.

4) Das Franciscaner-Kloster (20 Mönche und ein Guardian) nebst der Kirche in der Rattiborer Vorstadt.

5) Das Rathhaus.

6) Ein Hospital.

7) Ein Malz- und Brauhaus.

8) Eine katholische Schule.

9) Ein Pfarrhaus.

Privat-Häuser sind 304.

Nahe bei der Stadt ist die ansehnliche königliche Eisengießerei. (Siehe den zweiten Abschnitt).

Königliche Aemter sind hier:

Das Steueramt des Kreises.

Das Accise- und Zollamt.

Das Postamt.

Das Juden-Toleranz-Amt.

Die bürgerlichen Nahrungszweige sind Ackerbau (man bauet jetzt nicht mehr so viel Hopfen wie ehedem), der Brauurbar, dazu 131 Häuser berechtigt sind, (5 Dörfer stehen unter dem Bierzwange) einiger Handel mit Tuch, und das erlernte Handwerk. Die Tuchmacher machen die stärkste Innung aus, und viele Einwohner ziehen von dieser Manufactur ihren Unterhalt. Zur Unterstützung der Tuch-Manufactur hat Friedrich der Zweite 4000 Rthlr. geschenkt. Nach den Tuchmachern folgen die Schuster, und nach diesen die Grob- und die Nagelschmiede als die zahlreichsten.

Am Tage Antonii von Padua und am Tage Hedwig ist Wollmarkt.

Jahrmärkte sind: 1) An Pauli Bekehrung; 2) an Reminiscere; 3) an Quasimodogeniti; 4) am Sonntage nach Trinitatis; 5) am Scapulier-Feste; 6) Sonntags nach Mariä Himmelfahrt; 7) Montags nach Hedwig; 8) am Thomas-Tage.

An Pauli Bekehrung und an Mariä Himmelfahrt ist den ersten Markttag auch Viehmarkt. Montags ist Wochenmarkt.

Die Garnison besteht aus einer Escadron Husaren vom Regimente Nr. 6.

II. Mediat-Städte.

1. Tost (Toschek)

ist der Hauptort des Toster Districtes, das Eigenthum der gräflichen Familie von Posadowski, und enthält:

I. Das herrschaftliche Schloß, das auf einer Anhöhe liegt.

II. An städtischen Gebäuden:

1) Das Rathhaus.

2) Ein kleines Hospital.

III. An Kirchen- und Schulgebäuden:

1) Die katholische Pfarrkirche, zu der 8 Dörfer eingepfarrt sind, und an der nebst dem Parocho noch ein Capellan stehet.

2) Zwei Begräbnißkirchen.

3) Die katholische Schule.

4) Die Pfarrwohnung.

IV. Bürgerhäuser 134.

Die hiesigen königlichen Aemter sind:

Das Postamt, und

das Accise- und Zollamt.

Die Bürger nähren sich meisten Theils vom Ackerbau. Unter den Handwerkern machen die Schuster und Leinweber ein Drittel der Bürger aus.

Jahrmärkte sind: 1) An Gregori; 2) an Rogate; 3) an Magdalenä; 4) an Crucis; 5) am Tage Catharinä. An jedem ist auch zugleich Viehmarkt.

2. Peiskretscham (Piscowice)

liegt im Toster Districte, und ist ebenfalls ein Eigenthum der gräflichen Familie von Posadowski, enthält außer

I. dem herrschaftlichen Schlosse:

II. **An Kirchen und Schulgebäuden:**

1) Die katholische Pfarrkirche, bei der ein Pfarrer und Caplan die religiösen Handlungen verrichten.
2) Die katholische Schule.
3) Die Pfarrwohnung.

III. **An städtischen Gebäuden:**

Bloß ein Rathhaus.

IV. Bürgerhäuser zählt man 282.

Das Accise- und Zollamt ist das einzige hier befindliche königliche Amt.

Auch hier sind Ackerbau und ein Handwerk die Nahrungsquellen der Bürger. Der Handel ist unbedeutend. Die größten Innungen der Handwerker sind die der Kürschner, Leinweber, Schuster und Tuchmacher. Es wird hier auch viel irdenes Gefäß verfertigt.

Jahrmärkte sind: 1) Am Tage Valentin; 2) am Tage Marci; 3) an Petri Kettenfeier; 4) an Michaelis; 5) am Tage Nicolai.

Die Garnison besteht aus einer Escadron Husaren von Regimente Nr. 6.

3. Ujest (Viast).

Die gräfliche Familie von Sobeck ist die Grundherrschaft dieses geringsten Städtchens in Ober-Schlesien. Es gehört in geistlichen und Gerichtssachen zum Bisthume Breslau, liegt im Ujester Halt, und besteht

nebst dem herrschaftlichen Schlosse aus einer katholischen Kirche und dergleichen Schule, der Wohnung des Parochi und einem Hospitale, aus 141 Bürgerhäusern, deren Besitzer sich meistentheils vom Ackerbau, einigen Professionen, und einem ganz geringen Consumtions-Handel nähren.

Außer dem Accise- und Zollamte ist hier kein königliches Amt.

Jahrmärkte sind: 1) An Pauli Bekehrung; 2) am Palmsonntage; 3) am Pfingstmontage; 4) an Bartholomäi; 5) am Tage Leopold. Am letztern ist zugleich Viehmarkt.

Die Garnison besteht aus einer Escadron Husaren vom Regimente Nr. 6.

B. Marktflecken.

a) Im Gleiwitzer Districte.

1. Pilchowitz,

dem Grafen Wengersky gehörig, ein kleiner Ort, enthält eine katholische Kirche und Schule, ein Pfarrhaus, ein herrschaftliches Schloß und Vorwerk, und 56 andere Häuser. Die Einwohner nähren sich vom Ackerbau und von der Viehzucht, und etlichen Handwerken.

Jahrmärkte sind: 1) Am Sonntage nach dem neuen Jahre; 2) am Sonntage Jubilate; 3) am Sonntage nach Anna; 4) am Sonntage nach Simonis Judä. Tags vorher ist allezeit Viehmarkt.

b) Im Schlawenzitzer Districte.

2. Schlawenzitz,

der Hauptort der Fürstlich-Hohenlohischen Herrschaft gleiches Nahmens, hat ein herrschaftliches Schloß, zwei Vorwerke eine katholische Kirche und Schule, ein Pfarrhaus und 57 Häuser, darunter sind 10 Bauerhöfe. Ackerbau und etliche Handwerke sind die Nahrungszweige der Einwohner.

3. Sosnischowitz (Kieferstädtel),

soll den letztern Nahmen führen, weil die Häuser von Kiefernholz gebauet sind, und weil er statt des Pflasters einen Knüppeldamm von eben diesem Holze hat. Der Ort gehört dem Grafen von Chorinsky, und enthält nebst dem herrschaftlichen Schlosse und dazu gehörigem Vorwerke eine katholische Kirche und Schule, die Pfarrwohnung und 63 andere Häuser. Außerdem ist hier noch eine Pottaschsiederei und ein hoher Eisenofen. Die Einwohner treiben außer dem Ackerbau noch einige Professionen.

Jahr- und Viehmärkte sind: 1) Am Sonntage nach Lichtmesse; 2) am Sonntage Palmarum; 3) an Christi Himmelfahrt; 4) Sonntags nach Mariä Heimsuchung; 5) Sonntags nach Francisci.

C. Dörf

Nahmen der Dörfer.	Oeffentliche Gebäude. Katholische Kirchen.	Katholische Schulen.	Pfarrhäuser.	Herrschaftl. Schlösser und Wohnhäuser.	Vorwerke.	Bauern.	Gärtner.
Alt-Kosel (Stare Coschle) .	1	1	1	—	1	12	18
Alt-Gleiwitz (Stare Gliwitz)	—	—	—	—	1	17	9
Alt-Hammer, (Trachhammer, Quarghammer, Trachy) .	—	1	—	—	1	16	64
Alt Ujest	—	—	—	—	—	30	15
Birawa	1	—	—	—	4	16	49
Birschin (Bietzywa) . . .	—	1	—	—	1	10	23
Blacziowitz	—	—	—	—	1	4	13
Boguschütz	—	—	—	—	—	12	6
Boiniowitz	—	—	—	—	1	8	—
Böyrzow	1	—	—	—	1	6	23
Brenneck (Brinneck) . .	—	—	—	—	1	—	25
Broslawitz	1	1	1	—	1	9	20
Brzezeck	—	—	—	—	1	—	20
Brezezinka	1	1	1	—	2	28	13
Chechlow	1	1	1	—	4	28	27
Chorinskowitz, Colonie . .	—	—	—	—	—	—	—
Ceslow	1	—	—	—	3	23	29
Czakanow	—	—	—	—	1	7	22
Czarkow (Czarka) . . .	—	—	—	—	1	7	3
Czechowitz	1	—	—	—	2	16	15
Cziochowitz	—	—	—	—	2	6	18
Dombrau (Dombrowka) .	—	—	—	—	—	9	10
Dombrowka, Colonie . .	—	—	—	—	—	—	—
Dzirschnow	—	1	—	—	2	10	25
Ellgut (Ligotta) . . .	1	—	—	—	1	—	18
Ellgut	—	—	—	—	—	3	13
Ellgoth	—	—	—	—	2	3	21
Gardel (Gardilla) . . .	—	—	—	—	1	—	—
Georgendorf, Colonie . .	—	—	—	—	—	—	—
Giegewitz (Gegowitz) . .	—	—	—	—	—	11	—
Gieraltowitz	1	1	1	—	2	24	—
Glinitz, Colonie	—	—	—	—	—	—	—
Goschütz (Goschtitz) . .	—	—	—	—	—	6	5
Goy (Goja)	—	—	—	—	2	—	6

Hohe Oefen.	Luppenfeuer.	Frischfeuer.	Zainhämmer.	In welchem Districte das Dorf liegt. *)	Herrschaft.	Anmerkungen und Merkwürdigkeiten. *) T. bedeutet den Toster, G. den Gleiwitzer, Sch. den Schlawenzitzer District, U. den Ujester Halt.
—	—	—	—	Sch.	Adelig.	
—	—	—	—	G.	desgl.	
1	—	2	—	Sch.	desgl.	
—	—	—	—	U.	desgl.	
—	—	—	—	Sch.	desgl.	
1	—	—	—	T.	desgl.	
—	—	—	—	T.	desgl.	
—	—	—	—	T.	desgl.	
—	—	—	—	T.	desgl.	
—	—	—	—	Sch.	desgl.	
1	—	1	—	T.	desgl.	
—	—	—	—	T.	desgl.	
—	—	—	—	Sch.	desgl.	
—	—	—	—	Sch.	desgl.	
—	—	—	—	T.	desgl.	Ein Vorwerk heißt Dziedziekau, ein anderes Tomaskau, ein drittes Stodalkau.
—	—	—	—	T.	desgl.	
—	—	—	—	Sch.	desgl.	
—	—	—	—	T.	desgl.	
—	—	—	—	T.	desgl.	
—	—	—	—	T.	desgl.	
—	—	—	—	T.	desgl.	Ein Vorwerk heißt Neuhof.
—	—	—	—	T.	desgl.	
—	—	—	—	T.	desgl.	
—	—	—	—	T.	desgl.	
—	—	—	—	G.	desgl.	
1	—	—	—	Sch.	desgl.	
—	—	—	—	G.	desgl.	
—	—	—	—	G.	Käm. Gleiw.	
—	—	—	—	T.	Adelig.	
—	—	—	—	T.	desgl.	
—	—	—	—	G.	desgl.	
—	—	—	—	T.	desgl.	
1	—	—	—	Sch.	desgl.	
—	—	—	—	U.	desgl.	Ein Vorwerk heißt Lalock.

Nahmen der Dörfer.	Oeffentliche Gebäude. Katholische Kirchen.	Katholische Schulen.	Pfarrhäuser	Herrschaftl. Schlösser und Wohnhäuser.	Vorwerke	Bauern.	Gärtner.
Grabow	—	—	—	—	1	—	—
Grabowka, Colonie	—	—	—	—	—	—	—
Grzibowitz	—	—	—	—	1	6	1[illegible]
Gural	—	—	—	—	—	—	—
Jakobswalde	—	—	—	—	1	11	1[illegible]
Jarischau	1	1	1	—	2	9	1[illegible]
Jaschkowitz	—	—	—	—	1	6	[illegible]
Jasten (Jaßionna)	—	—	—	—	1	8	1[illegible]
Kaltwasser (Zinna Wudka)	1	1	—	—	2	13	1[illegible]
Kamionetz	1	1		—	3	10	1[illegible]
Kanderzin (Pogorzelletz)	—	—	—	—	1	5	[illegible]
Karchowitz	1	—	—	—	1	15	[illegible]
Kemziowitz	—	—	—	—	1	7	1
Kieleczka	—	—	—	—	—	5	—
Kleinbergerhammer (Hannußek)	—	—	—	—	1	—	2[illegible]
Klitschow (Kließtezow)	—	—	—	—	1	9	1
Klutsch	1	1	1	—	1	9	1[illegible]
Knurow	—	1		—	3	28	2
Kopanin	—	—	—	—	1	—	[illegible]
Koppinitz (Kopienica)	1	1	1	—	3	19	1[illegible]
Kortlischowitz	—	—	—	—	1	12	2[illegible]
Kortulin, Groß=	1	1	1	—	1	11	1
——— Klein=	—	—	—	—	1	12	[illegible]
Kothen	—	—	—	—	1	—	2
Krywalde	—	—	—	—	—	6	[illegible]
Kunari	—	—	—	—	1	—	[illegible]
Kurzinna	—	—	—	—	—	—	—
Laband (Labenty)	1	1	1	—	1	14	2
Lahrischhof, Colonie	—	—	—	—	—	—	—
Langendorf (Wielowies)	1	1	1	—	1	26	3[illegible]
Lany	—	1	—	—	1	13	2[illegible]
Laskarzowka	—	—	—	—	1	8	[illegible]
Laticha	1	—	—	—	1	9	1
Leboschowitz	—	—	—	—	1	9	1[illegible]
Lenortowitz	—	1	—	—	—	8	[illegible]
Libischau	—	—	—	—	-	10	1
Lichinia	—	—	—	—	1	26	1
Lohnau	—	—	—	—	1	6	—
Lohnia	—	—	—	—	1	12	1

	Luppenfeuer.	Frischfeuer.	Zainhämmer.	In welchem Districte das Dorf liegt.	Herrschaft.	Anmerkungen und Merkwürdigkeiten.
—	—	—	—	T.	Adelig.	Gehört zum Schlosse Tost.
—	—	—	—	T.	desgl.	
—	—	—	—	—	desgl.	
—	—	1	—	Sch.	desgl.	
—		1	1	Sch.	desgl.	Von den hiesigen Fabriken siehe oben den 2ten Abschnitt. Außer den angeführten Besitzungen sind hier noch 1) eine luther. Kirche und 2) eine Schule, 3) ein Fabrikenhaus, 4) Wohnungen der Officianten, und eine Papiermühle.
—	—	1	—	U.	desgl.	
—	—	—	—	T.	desgl.	
—	—	—	—	T.	desgl.	
—	—	—	—	U.	desgl.	
—	—	—	—	T.	desgl.	
—	—	—	—	Sch.	desgl.	
—	—	—	—	T.	desgl.	
—	—	—	—	T.	desgl.	
—	—	—	—	T.	desgl.	
—	—	1	—	T.	desgl.	
—	—	—	—	Sch.	desgl.	
—	—	—	—	U.	desgl.	
—	—	—	—	G.	desgl.	
	—	—	—	U.	desgl.	
—	—	—		T.	desgl.	
—	—	—	—	T.	desgl.	
—	—	—	—	T.	desgl.	
—	—	—	—	T.	desgl.	
—	2	—	—	T.	desgl.	
—	—	—	—	G.	desgl.	
—	—	—	—	T.	desgl.	
—	—	1	—	Sch.	desgl.	
—	—	—	—	G.	desgl.	
—	—	—	—	T.	desgl.	
—	—	—	—	T.	desgl.	Die hier wohnenden Juden haben eine Betschule und einen Begräbnißplatz. Hier ist eine Pottaschsiederei.
—	—	—	—	G.	desgl.	
—	—	—	—	Sch.	desgl.	
—	—	—	—	Sch.	desgl.	
—	—	—	—	Sch.	desgl.	
—	—	—	—	Sch.	desgl.	
—	—	—	—	Sch.	desgl.	
—	—	—	—	Sch.	desgl.	
—	—	—	—	T.	desgl.	
—	—	1	—	T.	desgl.	

Nahmen der Dörfer.	Oeffentliche Gebäude.			Herrschaftl. Schlösser und Wohnhäuser.	Vorwerke.	Bauern.	Gärtner
	Katholische Kirchen.	Katholische Schulen.	Pfarrhäuser.				
Lonzeck (Lontzki)	—	—	—	—	—	10	
Lubeck	—	—	—	—	1	6	1
Lubie	—	—	—	—	2	28	2
Marienau, Colonie	—	—	—	—	—	—	–
Martinetz, Colonie	—	—	—	—	—	—	–
Medar	—	—	—	—	—	9	
Miedar (Miedari)	—	—	—	—	2	10	2
Miestze	—	—	—	—	—	9	
Mikoschowinna	—	—	—	—	—	—	–
Niebaschütz (Nepaschitz)	—	—	—	—	2	14	
Nieborowitz	—	—	—	—	3	11	2
Niederdorf (Niederwicze)	—	—	—	—	—	18	1
Niekarm (Niekarnie)	—	—	—	—	1	5	1
Nieroda	—	—	—	—	1	—	
Niesdrowitz	—	—	—	—	—	12	
Niewische	—	—	—	—	1	11	2
Oratsche	—	—	—	—	—	10	
Ostroppa (Struppendorf)	1	1	—	—	—	48	
Ottmuchau (Ottmuchow)	—	—	—	—	—	—	
Patschin, Groß- (Wielke Paczina)	1	1	1	—	1	14	1
——— Klein- (Male Paczina)	—	—	—	—	1	—	1
Pawlowitz (Paulowiczki)	—	—	—	—	1	—	1
Petersdorf (Szobißowice)	1	1	1	—	2	31	3
Philippsdorf, Colonie	—	—	—	—	—	—	–
Pilkarmühlen	—	—	—	—	—	—	–
Pißarowitz (Schreibendorf)	—	—	—	—	—	13	
Plawniowitz	—	1	—	—	3	20	3
Pluschnitz, Klein-	1	—	—	—	1	5	
Pniow	1	1	—	—	2	15	1
Pohlam (Palam)	—	—	—	—	1	5	2
Pohlsdorf (Polsko Wies)	—	—	—	—	1	—	–
Ponischowitz	1	1	1	—	2	31	2
Potempa	—	—	—	—	—	—	2
Potempa	—	—	—	—	1	—	–
Preisowitz (Przisowice)	1	1	—	—	3	41	2
Priestersdorf (Xiondlos)	1	—	—	—	1	11	2
Proboschowitz	—	—	—	—	1	2	1

Hohe Oefen.	Luppenfeuer.	Frischfeuer.	Zainhämmer.	In welchem Districte das Dorf liegt.	Herrschaft.	Anmerkungen und Merkwürdigkeiten.
—	—	—	—	T.	Adelig.	
—	—	—	—	T.	desgl.	
—	—	—	—	T.	desgl.	
—	—	—	—	T.	desgl.	Eine Pottaschsiederei.
—	—	—	—	T.	desgl.	
1	—	—	—	T.	desgl.	Blechhammer ist mit verbunden.
—	—	—	—	T.	desgl.	
—	—	—	—	Sch.	desgl.	
—	—	1	—	Sch	desgl.	
—	—	—	—	G.	desgl.	
—	—	—	—	G.	desgl.	
—	—	—	—	G.	desgl.	
—	—	—	—	—	desgl.	
—	—	1	—	T.	desgl.	
—	—	—	—	T.	desgl.	
—	—	—	—	U.	desgl.	
—	—	—	—	T.	desgl.	
—	—	—	—	G.	Käm. Gleiw.	
—	—	1	—	T.	Adelig.	
—	—	—	—	T.	desgl.	
—	—	—	—	T.	desgl.	
—	—	—	—	T.	desgl.	
—	—	—	—	G.	Käm. Gleiw.	
—	—	—	—	T.	Adelig.	
—	2	—	—	T.	desgl.	
—	—	—	—	Sch.	desgl.	
—	—	2	—	Sch.	desgl.	
—	—	—	—	T.	desgl.	
—	—	—	—	T.	desgl.	Eine Pottaschsiederei.
—	—	—	—	T.	desgl.	
—	—	3	1	—	desgl.	
—	—	—	—	U.	desgl.	
—	—	—	—	T.	desgl.	
—	—	1	—	T.	desgl.	
—	—	—	—	G.	desgl.	
—	—	—	—	T.	desgl.	
—	—	—	—	T.	desgl.	

Nahmen der Dörfer.	Oeffentliche Gebäude. Katholische Kirchen.	Katholische Schulen.	Pfarrhäuser.	Herrschaftl. Schlösser und Wohnungen.	Vorwerke.	Bauern.	Gärtner.
Przischowka	—	—	—	—	1	2	17
Przechleb	—	—	—	—	1	6	16
Rachowitz	1	1	1	—	1	13	14
Raddun (Raddonie)	—	—	—	—	1	13	10
Richtersdorf (Woitowa Wies)	—	—	—	—	—	41	8
Rokitnitz	—	—	—	—	1	—	12
Rudno	1	1	1	—	2	7	19
Rudzinetz	1	1	—	—	1	23	19
Rzezitz (Rzezezica)	—	—	—	—	1	7	7
Sackenhayn, Colonie	—	—	—	—	—	—	—
Sarnau (Sarnow)	—	—	—	—	1	14	10
Schaalscha	1	1	—	—	2	6	8
Schabinka, Colonie	—	—	—	—	—	—	—
Schierakowitz, Groß- (Wielki Schierakowize)	1	—	—	—	1	16	30
Schierakowitz, Klein- (Male Schierakowize)	—	—	—	—	1	—	33
Schönwalde	1	1	2	—	2	61	[illegible]
Schwieben	1	1	—	—	1	28	19
Schiroth (Sieroth)	1	1	1	—	2	12	28
Schmolnitz	1	—	—	—	2	11	17
Schwiniowitz (Schwinnwitz)	—	—	—	—	—	10	9
Schwintoschowitz	—	—	—	—	1	5	5
Scziglowitz (Stiglowitz)	—	—	—	—	2	8	—
Skaal	—	—	—	—	1	—	6
Slupsko	—	—	—	—	1	8	19
Sowade	—	—	—	—	1	5	—
Tatischau	—	—	—	—	1	—	19
Tryneck	—	1	—	—	—	26	1
Tworog	1	1	—	1	1	—	5
Wachow	—	—	—	—	1	—	—
Weßola	—	—	—	—	—	—	—
Wiedzierowj	—	—	—	—	1	—	—
Wielopole	—	—	—	—	1	5	1
Wilkowitz, Groß-	—	—	—	—	2	9	1
——— Klein-	—	—	—	—	1	1	—
——— Colonie	—	—	—	—	—	—	—
Wilsche, Nieder- (Wiltsch)	—	—	—	—	1	18	1
——— Ober-	1	1	—	—	1	18	1

Hohe Öfen.	Luppenfeuer.	Frischfeuer.	Zainhämmer.	In welchem Districte das Dorf liegt.	Herrschaft.	Anmerkungen und Merkwürdigkeiten.
—	—	—	—	G.	Adelig.	
—	—	—	—	T.	Desgl.	
—	—	—	—	G	Desgl.	Das Vorwerk heißt Potempa.
—	—	—	—	T.	desgl.	
—	—	—	—	G.	Desgl.	
—	—	—	—	T.	Desgl.	
—	—	—	—	T.	desgl.	Ein Vorwerk heißt Ctrzoltschokau.
—	—	—	—	Sch.	desgl.	Eine Pottaschsiederei.
—	—	1	—	Sch	Desgl.	
—	—	—	—	Sch.	desgl.	
—	—	—	—	T.	desgl.	
—	—	—	1	T.	desgl.	
—	—	—	—	T.	desgl.	
—	—	—	—	Sch.	desgl.	
—	—	—	—	Sch.	desgl.	
—	—	—	—	G.	St. Rauden.	
—	—	—	—	T.	Adelig.	
—	—	—	—	T.	desgl.	
—	—	—	—	Sch.	desgl.	
—	—	—	—	T.	desgl.	
—	—	—	—	T.	desgl.	
—	—	—	—	G	desgl.	
—	—	—	—	T.	desgl.	
—	—	—	—	T.	desgl.	
—	—	—	—	T.	desgl.	
—	—	2	—	Sch.	desgl.	
—	—	—	—	G.	Käm. Gleiw.	
—	2	—	—	T.	Adelig.	
—	—	—	—	T.	desgl.	
1	—	—	—	T.	desgl.	
—	—	—	—	—	desgl.	
—	—	—	—	G.	desgl.	
—	—	—	—	T.	desgl.	
—	—	—	—	T.	desgl.	
—	—	—	—	T.	desgl.	
—	—	—	—	G.	desgl.	
—	—	—	—	G.	desgl.	

Nahmen der Dörfer.	Oeffentliche Gebäude.			Herrschaftl. Schlösser und Wohnungen.	Vorwerke.	Bauern.	[illegible]
	Katholische Kirchen.	Katholische Schulen.	Pfarrhäuser.				
Wischnitz (Wißnic) . . .	1	1	1	–	1	15	–
Wischowa	1	1	1	–	1	33	2
Woisko	–	–	–	–	2	4	2
Wydow	–	–	–	–	1	11	1
Zacharzowitz	1	–	–	–	1	7	1
Zdierz	–	–	–	–	1	–	–
Zedlitz, Colonie	–	–	–	–	–	–	–
Zernick	–	–	–	–	1	15	1
Zernitz (Zernitza) . . .	1	1	1	–	1	40	1
Zimminzitz (Ziemientitz) . .	1	1	–	–	1	15	1
Zaolschau (Zaolschany) . .	–	–	–	–	1	11	

Hohe Oefen.	Luppenfeuer.	Frischfeuer.	Zainhämmer.	In welchem Districte das Dorf liegt	Herrschaft.	Anmerkungen und Merkwürdigkeiten.
—	—	—	—	T.	Adelig.	
—	—	—	—	T.	desgl.	Eine Pottaschsiederei.
—	—	—	—	T.	desgl.	
—	—	—	—	T.	desgl.	
—	—	—	—	T.	desgl.	
—	—	—	—	Sch.	desgl.	
—	—	—	—	T.	desgl.	
—	—	—	—	T.	desgl.	
—	—	—	—	S.	desgl.	
—	—	—	—	T.	desgl.	
—	—	—	—	T.	desgl.	

VII.

Der Lublinitzer Kreis.

Der **Lublinitzer Kreis** gränzt gegen **Morgen** an Süd-Preußen; gegen **Mittag** an die Standesherrschaft Beuthen und an den Toster und Großstrehlitzer Kreis; gegen **Abend** an den Großstrehlitzer und Rosenberger Kreis; gegen **Mitternacht** an den Rosenberger Kreis.

Die **Malapane** und die **Warthe** entspringen in diesem Kreise, der auf ungefähr 18 Quadrat-Meilen *) (Zimmermann giebt 24 an **)) 2 Städte (**Lublinitz** und **Guttentag**), einen Marktflecken (**Woischnick**), 72 Dörfer und 8 Colonien enthält. In den Dörfern sind 81 Antheile.

A. Städte.

1. Lublinitz (Lubensky)

ist die Kreisstadt, gehört dem Herrn von Jeannert, und besteht aus

dem herrschaftlichen Schlosse, das aber eigentlich zum Lande gehört;
einer katholischen Kirche, an der ein Pfarrer und Capellan stehen, und zu der 7 Dörfer eingepfarrt sind;
einer katholischen Schule;
einem Pfarrhause;
einem Malz- und Brauhause;
einem Rathhause;
einem Hospital und Lazareth; und
146 Bürgerhäusern.

---

*) Schlesische Provinzial-Blätter Jahrgang 1792. Monat December Seite 534.

**) Beiträge zur Beschreibung von Schlesien, Theil 2. Seite 135.

Die königlichen Aemter sind:

Das Salzamt.
Das Steueramt.
Das Accise- und Zollamt.
Das Juden-Toleranz-Amt.

Nahrungsquellen der Bürger sind: **Ackerbau**, das erlernte **Handwerk**, ein geringer **Kleinhandel** und der **Brauurbar**, dazu die Gerechtigkeit zwar auf 124 Häusern haftet, aber wenig beträchtlich ist.

Jahrmärkte sind: 1) Am Sonntage Oculi; 2) an Himmelfahrt Christi; 3) Montags nach Frohnleichnam; 4) nach Michaelis; 5) am Tage Luciä.

Die Garnison besteht aus einer Escadron Husaren vom Regimente Nr. 6.

2. Guttentag (Dobrozin),

dem Herrn von Stürmer gehörig, enthält: das herrschaftliche Schloß, eine katholische Kirche und Schule, und 146 Privat-Häuser.

Außer dem Accise- und Zollamte ist hier kein königliches Amt.

Ackerbau, Fuhrwesen, Handel mit Eisen, und die **Profession** nähren die Bürger.

Jahrmärkte sind: 1) am Montage nach Friedrich; 2) am Montage nach Philippi Jacobi; 3) am Montage nach Mariä Heimsuchung; 4) Mont. nach Ursulä.

B. Marktflecken.

Woischnick (Wozniczki),

dem Grafen von Gaschin gehörig, liegt nahe an der Gränze von Süd-Preußen, hat ein herrschaftliches Schloß und Vorwerk, eine kathol. Kirche und Schule, eine luther. Schule, 23 große und 86 kleine Bauern, 11 Gärtner und eine Mühle.

Jahrmärkte sind: 1) Am Tage Benedicti; 2) am Tage Viti; 3) am Tage Hedwig.

D. Dörf

Nahmen der Dörfer.	Oeffentliche Gebäude. Kirchen. Protest.	Kirchen. Kathol.	Schulen. Protest.	Schulen. Kathol.	Pfarrhäuser	Herrschaftl. Schlösser und Wohnungen.	Vorwerke.	Bauern.
Babiniez	—	—	1	—	—	—	1	19
Bogdala	—	—	—	—	—	—	1	—
Bonke	—	—	—	—	—	—	—	—
Boronow	—	1	—	1	1	—	4	28
Bruscheck (Lebotz, Bruschiecker Ham-mer)	—	—	—	—	—	—	1	—
Bzenitz	—	—	—	1	—	—	2	11
Camienitz	—	—	1	—	—	—	1	2[illegible]
Charlottenthal, Colonie	—	—	—	—	—	—	—	—
Cziasko	—	—	—	—	—	—	1	9
Czieschowa	—	1	—	1	—	—	2	[illegible]
Dembowa Gura, Colonie	—	—	—	—	—	—	—	—
Dolna Kuschnitza	—	—	—	—	—	—	—	—
Dralin	—	—	—	—	—	—	1	[illegible]
Drathammer	—	—	—	—	—	—	—	—
Droniowitz Groß-	—	—	—	1	—	—	1	1[illegible]
Droniowitz Klein-	—	—	—	—	—	1	1	1[illegible]
Drotarnia	—	—	—	—	—	—	—	—
Dzielna	—	—	—	—	—	—	1	[illegible]
Ellgut, (Ligotta) bei Woischnick	—	—	—	—	—	—	1	3
Ellgut, (Ligotta) bei Guttentag	—	—	—	—	—	—	1	2
Erdmannshayn	—	—	—	—	—	—	—	—
Figlarnia	—	—	—	—	—	—	—	—
Flöder (Pludry)	—	—	—	—	—	—	—	[illegible]
Galloneck	—	—	—	—	—	—	—	—
Glinitze	—	—	—	—	—	—	2	1
Glowschütz (Glowz)	—	—	—	1	—	—	2	1
Goslawitz	—	—	—	—	—	—	1	1
Gwosczyan	—	—	—	—	—	—	1	1[illegible]
Hadra, Neu-, Colonie	—	—	—	—	—	—	—	—
Harbultowitz	—	—	—	—	—	—	1	
Jawornitz	—	—	—	—	—	—	1	[illegible]
Jedzowa	—	—	—	1	—	—	1	1
Kalina	—	—	—	—	—	—	—	1

Wind-[illegible]	Hohe Oefen.	Frischfeuer.	Zainhämmer.	Herrschaft.	Anmerkungen und Merkwürdigkeiten.
—	—	—	—	Adelig.	
—	—	—	—	desgl.	
—	1	—	-	desgl.	
—	—	1	—	desgl.	Hierher gehören Czieletz, Grojetz und Neuhof.
—	1	1	—	desgl.	
—	—	2	—	desgl.	
—	—	—	—	desgl.	
—	—	—	—	desgl.	
—	—	—	—	desgl.	
—	—	—	—	desgl.	Die Juden haben hier eine Schule und einen Kirchhof. 1 Pottaschsiederei.
—	—	—	—	desgl.	Eine Glashütte.
—	—	1	—	desgl.	
1	—	—	—	desgl.	
—	—	—	—	desgl.	
—	—	—	—	desgl.	Hierher gehört Hadra.
—	—	—	-	desgl.	Hierher gehört Solarnia (Warmusche).
—	—	1	—	desgl.	Das herrschaftliche Schloß heißt Wessola.
—	—	—	—	desgl.	
—	—	—	—	desgl.	
—	—	1	—	desgl.	
—	—	—	—	desgl.	
—	—	—	1	desgl.	
—	—	—	—	desgl.	
—	—	1	—	desgl.	Gehört zu Lublinitz.
—	—	—	—	desgl.	Hier ist eine Fayance-Fabrik mit den dazu gehörigen Gebäuden. Ein Vorwerk heißt Gaschinka.
—	—	—	—	desgl.	
—	—	—	--	desgl.	
—	—	—	—	desgl.	
—	—	2	—	desgl.	
—	—	—	—	desgl.	
—	—	—	—	desgl.	
—	—	—	—	desgl.	Hierher gehört Gorosdzle.
—	—	—	—	desgl.	

Nahmen der Dörfer.	Oeffentliche Gebäude. Kirchen. Protest.	Kathol.	Schulen. Protest.	Kathol.	Pfarrhäuser.	Herrschaftl. Schlösser und Wohnungen.	Vorwerke.	Bauern.
Kia	—	—	—	—	—	—	—	—
Kochanowitz	—	—	—	1	—	—	2	26
Kochtitz	—	—	—	1	—	—	2	47
Koschentin	—	1	—	1	1	1	3	34
Koschmieder	—	—	—	1	—	—	1	12
Kutschau	—	—	—	—	—	—	—	—
Lagiewnick { Groß-	—	1	—	1	—	—	4	16
Lagiewnick { Klein-	—	—	—	—	—	—	—	17
Liebsdorf, Colonie	—	—	—	—	—	—	—	—
Lissagura, Colonie	—	—	—	—	—	—	—	—
Lissau (Lissauer-Hammer, Lissowska Kuschnia)	—	1	—	1	1	—	2	17
Lissowitz	—	—	—	1	—	—	2	2
Lohne	—	—	—	—	—	—	1	37
Lubetzko	—	1	—	1	1	—	—	3
Lubschau	1	1	1	1	1	—	2	47
Makowzitz	—	—	—	—	—	—	1	—
Merkauer-Hammer	—	—	—	—	—	—	—	—
Mokrus	—	—	—	—	—	—	—	—
Mollna	1	—	1	—	1	—	2	1
Nywa	—	—	—	—	—	—	—	—
Ollschin	—	—	—	—	—	—	1	2
Pawonka, { 1ster Antheil	—	1	—	1	1	—	3	1
Pawonka, { 2ter Antheil	—	—	—	—	—	—	1	—
Peitscherasow	—	—	—	—	—	—	—	—
Petershof, Colonie	—	—	—	—	—	—	1	—
Psurr	—	—	—	—	—	—	2	1
Punoschau	—	—	—	—	—	—	2	—
Ruschinowitz	—	—	—	1	—	—	2	1
Rzendowitz	—	—	—	—	—	—	1	1
Rzycziwolka (Chwosteck)	—	—	—	—	—	—	1	—
Schamrowitz (Schemrow)	—	1	—	1	—	—	2	3
Schwokau	—	1	—	1	—	—	1	—
Skrzidlowitz	—	—	—	—	—	—	2	1
Sodow, { 1ster Antheil	—	1	—	1	1	—	1	
Sodow, { 2ter Antheil	—	—	—	—	—	—	1	

Wind…	Hohe Oefen.	Frischfeuer.	Zainhämmer.	Herrschaft.	Anmerkungen und Merkwürdigkeiten.
—	—	1	—	Adelig.	
—	1	1	—	desgl.	Ein Vorwerk heißt Ostrow. Der hohe Ofen und das Frischfeuer Tannina.
—	—	—	—	desgl.	Ein Vorwerk heißt Powelka.
—	—	—	—	desgl.	Ein Vorwerk heißt Neuhof. Hierher gehört Pielka.
—	1	1	—	desgl.	
—	1	1	—	desgl.	
—	—	—	—	desgl.	Ein Vorwerk heißt Alt-Lagiewnick, eins Neu-Lag. und eins Pietruchowsky.
—	—	—	—	desgl.	
—	—	—	—	desgl.	
—	—	—	—	desgl.	
—	1	1	—	desgl.	Ein Vorwerk heißt Sandvorwerk.
—	—	—	—	desgl.	Ein Vorwerk heißt Andreasthal. Hierher gehören Naplatik und Zawade.
—	—	—	—	desgl.	
—	—	—	—	desgl.	
—	1	—	—	desgl.	Hierher gehören Kurz und Ludwigsthal.
—	—	1	—	desgl.	
—	—	1	—	desgl.	
—	—	1	—	desgl.	Gehört zu Psurr.
—	1	4	—	desgl.	Ein Vorwerk heißt Neuhof. Zwei von den Frischfeuern heißen Plusczoch.
—	—	—	—	desgl.	
—	—	—	—	desgl.	Hierher gehören Betschikow (Pietsuchi) und Kiersky.
—	—	—	—	desgl.	Ein Vorwerk heißt Pomiansniw und eins Reisewitz. Eine Pottaschsiederei.
—	—	—	—	desgl.	
—	—	1	-	desgl.	
—	—	4	—	desgl.	
—	—	—	—	desgl.	
—	—	1	—	desgl.	
—	1	2	—	desgl.	Der hohe Ofen und ein Frischfeuer heißen Kokoleck (Kokolick), und zwei Frischfeuer Poschmik.
—	—	—	—	desgl.	
—	1	—	1	desgl.	
—	—	—	—	desgl.	
—	—	1	—	desgl.	
—	—	—	—	desgl.	Hierher gehört Poremba. Eine Pottaschsiederei.
—	—	—	—	desgl.	Eine Garnbleiche.
—	—	—	—	desgl.	

Nahmen der Dörfer.	Oeffentliche Gebäude. Kirchen. Protest.	Kirchen. Kathol.	Schulen. Protest.	Schulen. Kathol.	Pfarrhäuser.	Herrschaftl. Schlösser und Wohnhäuser.	Vorwerke.	Bauern
Stahlhammer, Colonie . . .	—	—	—	—	—	—	—	—
Steblau	—	—	—	—	—	—	1	
Strzebin	—	—	—	1	—	—	3	2
Warlow	—	—	—	—	—	—	3	1
Wendzin	—	—	—	—	—	—	2	1
Wielsbie	—	—	—	—	—	—	1	1
Wustenhammer (Lisnitza) . .	—	—	—	—	—	—	1	—
Zborowsky	—	—	—	—	—	—	1	3
Zielona	—	—	—	—	—	—	1	—
Zwas	—	—	—	—	—	—	1	

...ih- ...n. Wind-	Hohe Oefen.	Frischfeuer	Zainhämmer.	Herrschaft.	Anmerkungen und Merkwürdigkeiten.
—	1	1	—	Adelig.	
—	—	—	—	desgl.	
—	1	1	—	desgl.	Ein Vorwerk heißt Brande (Prondy) und das andere Lipowietz.
—	—	—	—	desgl.	
—	—	1	1	desgl.	Hierher gehört Kauwitz (Kiewicze).
—	—	1	—	desgl.	Das Frischfeuer heißt Machala.
—	—	1	1	desgl.	Das Frischfeuer und der Zainhammer heißen Pusta.
—	—	—	—	desgl.	Hier ist eine thönerne Tobacks-Pfeifen-Fabrik mit den dazu gehörigen Gebäuden.
—	—	—	—	desgl.	
—	—	—	—	desgl.	

VIII.

Der Rosenberger Kreis.

Der **Rosenberger Kreis** gränzt gegen **Morgen** an Süd-Preußen; gegen **Mittag** an den Lublinitzer und Oppelnschen Kreis; gegen **Abend** an den Oppelnschen Kreis und an den Kreuzburger Kreis des Fürstenthums Brieg; gegen **Mitternacht** ebenfalls an den Kreuzburger Kreis.

Die **Warthe**, **Brinnitze** und **Stober** sind die Gewässer dieses Kreises, der auf ungefähr 19 Quadrat-Meilen 2 Städte (Rosenberg und Landsberg), und 95 Dörfer, darunter 16 Colonien sind, enthält. In den Dörfern sind 135 Antheile.

A. Städte.

1. Rosenberg (Olesno),

ein Eigenthum der gräflichen Familie von Gaschin, und die Kreisstadt, hat

I. An städtischen Gebäuden:

1) Ein Rathhaus.
2) Ein Malz- und Brauhaus.
4) Ein Hospital.
4) Eine Hauptwache.

II. An Kirchen- und Schulgebäuden:

1) Die katholische Pfarrkirche, an der ein Parochus und zwei Capelläne stehen. Funfzehn Dörfer sind eingepfarrt.
2) Die Begräbnißkirche St. Annä.
3) Die Begräbnißkirche Corporis Christi.
4) Die zum Andenken der Pest 1708 erbauete St. Rochus-Kirche. Diese drei Kirchen sind vor der Stadt.
5) Die katholische Schule.
6) Die lutherische Schule.

III. Privat-Häuser zählt man 233.

Königliche Aemter sind hier:

Das Steueramt.
Das Accise- und Zollamt.
Das Juden-Toleranz-Amt.
Das Postamt.

Der Ackerbau, das Bierbrauen, ein kleiner Consumtions-Handel und das erlernte Handwerk nähren die Bürger. Die zahlreichste Innung ist die der Schuster (sie gärben das Leder selbst), nach ihnen die Kürschner, Leinweber, Tuchmacher und Hutmacher.

Jährlich sind zwei unbeträchtliche Wollmärkte. Jahrmärkte sind: 1) an der Lichtmesse; 2) an Corporis Christi; 3) an Michaelis. An jedem Jahrmarkte ist auch Viehmarkt und über dieß noch einer am Palmsonntage.

An Weihnachten und Ostern sind große Wochenmärkte.

Die Stadt ist jetzt ohne Garnison.

Das Stadtwapen ist ein halber Adler und eine halbe Rose.

2. Landsberg,

nahe an der Gränze von Süd-Preußen, dem Herrn von Osarowy gehörig, ist ohne Mauern und Thore und enthält:

Eine katholische Kirche und Schule; an der Kirche, zu der zwölf Gemeinen eingepfarrt sind, steht ein Pfarrer und ein Capellan.

Eine kleine Kirche beim Spital und 95 Bürgerhäuser.

Das Accise- und Zollamt ist das einzige königl. Amt.

Ackerbau, Viehzucht und einige Handwerke (Schuster und Töpfer sind die zahlreichsten) nähren die Bürger.

Jahrmärkte sind: 1) Montags nach Quasimodogeniti; 2) am Pfingstmontage; 3) an Bartholomäi; 4) an Barbarä. An jedem Wochenmarkte ist zugleich Viehmarkt.

Dieses Städtchen ist ohne Garnison.

B. Dörf

Nahmen der Dörfer.	Oeffentliche Gebäude. Kirchen. Protest.	Kirchen. Kathol.	Schulen. Protest.	Schulen. Kathol.	Pfarrhäuser.	Herrschaftl. Schlösser und Wohnhäuser.	Vorwerke.	Bauern.
Albrechtsdorf	—	—	—	1	—	—	2	13
Bazan, Beichan	—	—	—	—	—	—	1	5
Bischdorf (Biskupitz)	1	1	1	1	1	1	1	10
Bodland	—	1	—	1	1	1	1	32
Bodzanowitz	—	1	—	1	1	—	2	27
Boreck, Groß- (Wielky Borki)	—	1	—	1	—	—	1	22
——— Klein- (Maly Borki)	—	—	—	1	—	—	—	16
Borkwitz (Burkowitz)	—	—	—	—	—	—	2	5
Branitz	—	—	—	—	—	—	—	15
Broschau (Boroschau, Borossau)	—	1	—	1	—	—	1	8
Budzan	—	C.	—	1	—	—	2	—
Chudowe	—	—	—	1	—	—	1	10
Czorke	—	—	—	1	—	—	1	5
Donnersmark, Nieder-, Colonie	—	—	—	—	—	—	—	—
——— Ober-, Colonie	—	—	—	—	—	—	—	—
Dappine, Colonie	—	—	—	—	—	—	—	—
Eisenhammer	—	—	—	—	—	—	1	—
Ellgut	—	—	—	—	—	—	1	22
Friedrichswille	—	—	—	—	—	—	—	—
Gohle	—	1	—	1	—	—	3	4
Granowitz	—	—	—	—	—	—	1	5
Jamm	—	1	—	1	—	—	2	8
Jaschin	—	—	—	1	—	—	4	10
Jastrzigowitz	—	—	—	—	—	—	—	18
Josephenberg, Colonie	—	—	—	—	—	—	—	—
Kadlub	—	—	—		—	—	—	67
Kaminiez	—	—	—	—	—	—	—	—
Karja	—	—	—	—	—	—	2	9
Karlowitz	—	—	—	—	—	—	—	—
Karlsberg	—	—	—	—	—	—	—	—
Karmunke, Alt-	—	—	—	—	—	—	1	—
——— Neu-	—	—	—	—	—	—	1	12
Kielboschin	—	—	—	—	—	—	1	—
Kobilno	—	1	—	—	—	—	1	—
Königswille, Colonie	—	—	—	—	—	—	—	—

	Frischfeuer.	Herrschaft.	Anmerkungen und Merkwürdigkeiten.
-	—	Adelig.	
-	—	desgl.	
-	—	desgl.	
[illegible]	2	desgl.	
[illegible]	—	desgl.	
[illegible]	2	desgl.	
-	—	desgl.	
-	—	desgl.	
-	—	desgl.	
-	—	desgl.	
-	—	desgl.	
-	—	desgl.	
-	—	desgl.	
-	—	desgl.	
-	—	desgl.	
-	—	desgl.	
-	—	desgl.	
-	—	desgl.	
-	—	desgl.	
-	—	desgl.	
-	—	desgl.	
-	—	desgl.	
-	—	desgl.	Ein Vorwerk heißt Lizine, 1 heißt Lorzendorf und 1 Stober.
-	—	desgl.	
-	—	desgl.	
-	—	Das Dorf.	Dieses Dorf hat schon seit dem 17ten Säculo keine Herrschaft.
1	—	Adelig.	
-	—	desgl.	
-	—	desgl.	
-	—	desgl.	
-	—	desgl.	
-	—	desgl.	
-	—	desgl.	
-	—	desgl.	
-	—	desgl.	

Nahmen der Dörfer.	Oeffentliche Gebäude. Kirchen Luther.	Oeffentliche Gebäude. Kirchen Kathol.	Oeffentliche Gebäude. Schulen Luther.	Oeffentliche Gebäude. Schulen Kathol.	Oeffentliche Gebäude. Pfarrhäuser.	Herrschaftl. Schlösser und Wohnhäuser.	Vorwerke.	Bauern.
Kolpnitz, Colonie	—	—	—	—	—	—	—	—
Koischütz	—	—	—	—	—	—	1	—
Koselowitz, (Koselwitz)	—	1	—	—	1	—	2	13
Kostelisk, (Koscielisk)	—	1	—	1	1	—		50
Kraskau	—	—	—	1	—	—	—	18
Krzanowitz	—	1	—	1	1	—	—	26
Krzizanowitz	—	—	—	—	—	—	1	—
Kubrozie	—	—	—	—	—	—	—	1
Kuzoberhammer	—	—	—	—	—	—	—	—
Landsbergsdorf	—	—	—	—	—	1	—	—
Laskowitz	—	1	—	1	—	—	2	12
Lassowitz, Groß-	—	—	—	1	—	—	1	22
——— Klein-	—	1	—	1	1	—	1	20
Lenke	—	—	—	—	—	—	2	1
Leschne	—	—	—	—	—	—	1	—
Lomnitz	—	—	—	1	—	—	4	9
Lomoschau	—	—	—	—	—	—	2	10
Marienfeld, Colonie	—	—	—	—	—	—	—	—
Neudorf	—	—	—	—	—	—	1	2
Neuhof	—	—	—	—	—	1	1	—
Oßzizko, (Osiecko)	—	—	—	—	—	—	1	4
Paulsdorf 1. Antheil	—	—	—	—	—	—	1	12
Paulsdorf 2. Antheil	—	—	—	—	—	—	1	7
Pilnick	—	—	—	—	—	—	—	—
Pipa	—	—	—	—	—	—	—	3
Poczolkau	—	—	—	—	—	—	1	3
Proskau	—	—	—	—	—	—	1	3
Psurow	—	—	—	—	—	—	1	2
Radau	—	1	—	1	—	—	1	12
Rademin	—	—	—	—	—	—	—	—
Radelau, (Radlow)	—	—	—	1	—	—	1	16
Rosenberg, Alt-	—	—	—	1	—	—	2	—
Rosenhayn, Colonie	—	—	—	—	—	—	—	—
Sausenberg	—	—	—	—	—	—	2	3
Schöneiche, Colonie	—	—	—	—	—	—	—	—
Schönwalde	—	—	—	1	—	1	2	15
Schofzitz	—	—	—	—	—	1	1	18

Hohe Oefen.	Frischfeuer.	Herrschaft.	Anmerkungen und Merkwürdigkeiten.
—	—	Adelig.	
—	—	desgl.	
—	—	desgl.	
—	—	desgl.	
—	—	Stift St. Matthiä zu Breslau.	Hier wohnen mehrere Juden, die auch einen Begräbnißplatz hier haben.
—	—	desgl.	
1	1	Adelig.	
—	—	desgl.	Gehört zu Lassowitz.
1	2	desgl.	
—	—	desgl.	
—	—	desgl.	
—	—	desgl.	
—	—	desgl.	
—	—	desgl.	
—	2	desgl.	
—	—	desgl.	
—	—	desgl.	
—	—	desgl.	
—	—	desgl.	
—	—	Stift St. Matthiä zu Breslau.	
—	—	Adelig.	
—	—	desgl.	
—	—	desgl.	
—	1	desgl.	Gehört zu Bodzanowitz.
—	—	desgl.	
—	—	desgl.	
—	—	desgl.	
—	—	desgl.	
—	—	desgl.	
—	1	desgl.	
—	—	desgl.	
—	—	desgl.	
—	—	Käm. Rosenberg.	
—	1	Adelig.	
—	—	desgl.	
—	—	desgl.	
—	—	desgl.	

Nahmen der Dörfer.	Oeffentliche Gebäude. Kirchen. Luther.	Kathol.	Schulen. Luther.	Kathol.	Pfarrhäuser	Herrschaftl. Schlösser und Wohnhäuser.	Vorwerke	Bauern.	Gärtner.
Schum	—	—	—	—	—	—	1	—	16
Skorkau	—	—	—	—	—	—	1	6	11
Skronskau	—	—	—	—	—	—	2	6	17
Sophienberg	—	—	—	—	—	—	—	—	—
Sternadlitz, (Stirnalitz)	—	1	—	1	1	—	1	42	22
Tenczinau, Colonie	—	—	—	—	—	—	—	—	—
Thule	—	—	—	1	—	—	1	11	3
Trzebischin	—	—	—	—	—	—	1	—	12
Turzy	—	—	—	—	—	—	1	—	10
Uschütz, Usitz	—	1	—	1	1	—	3	23	5[illegible]
Ullrückendorf, Colonie	—	—	—	—	—	—	—	—	—
Wachow	—	—	—	1	—	—	1	6	1[illegible]
Wachowitz	—	—	—	—	—	—	1	1	[illegible]
Wallenschien	—	—	—	—	—	—	1	—	1[illegible]
Walspeck, Colonie	—	—	—	—	—	—	—	—	—
Wendrin	—	—	—	—	—	—	1	6	1[illegible]
Wienskowitz	—	—	—	—	—	—	2	—	1[illegible]
Wierschy	—	—	—	1	—	—	2	—	2[illegible]
Willoka	—	—	—	—	—	—	1	—	
Wissocka	—	1	—	1	—	—	—	19	2[illegible]
Wychro	—	—	—	—	—	—	1	13	1[illegible]
Zarsick	—	—	—	—	—	—	—	4	
Zdziechowitz	—	1	—	1	1	—	4	13	2[illegible]
Zembowitz, (Sembowitz, Sembowice).	—	1	—	1	1	—	1	22	1[illegible]

Hohe Oefen.	Frischfeuer.	Herrschaft.	Anmerkungen und Merkwürdigkeiten.
—	—	Adelig.	
—	—	desgl.	
—	—	desgl.	
—	—	desgl.	
—	—	desgl.	
—	—	desgl.	
—	1	desgl.	
—	—	desgl.	
—	1	desgl.	
—	—	desgl.	
—	—	desgl.	
—	—	desgl.	
—	—	Kämm. Rosenberg.	
—	—	Adelig.	
—	—	desgl.	
—	—	desgl.	
—	—	desgl.	
—	—	desgl.	
—	—	desgl.	
—	—	Kämm. Rosenberg.	Hierher gehört Grodzisko.
—	—	desgl.	
—	—	Adelig.	
—	—	desgl.	
—	—	desgl.	

Der Leobschützer Kreis.

Erster Abschnitt. Physikalische Beschaffenheit.

Gewässer.

Die beträchtlichsten Gewässer dieses Kreises sind:

1. Die Oppa.

Sie entsteht an der Gränze des Böhmischen Antheils am Fürstenthume Neisse, an dem Gesenke aus drei Armen, der schwarzen, mittlern und kleinen Oppa, die sich in der Herrschaft Freudenthal, bei dem Städtchen Würbenthal vereinigen *). Nach dieser Vereinigung fließt sie in einer südlichen Krümmung gen Jägerndorf, und macht von dieser Stadt bis zu ihrer Ausmündung in die Oder, etwa eine Meile vor Oderberg, die Gränze zwischen dem Preußischen und Böhmischen Antheile an Schlesien. Sie nimmt während

*) Sieh Th. 7. S. 103.

ihres Laufes an der Gränze, unterhalb Troppau, am rechten Ufer auf:

Die Mora,

die an der Gränze der Herrschaft Freudenthal, aus der Vereinigung verschiedener Bäche, entsteht.

2. Die Pzinna (Zinna)

entsteht in der Gegend von Leobschütz auf den Kreuzendorfer Wiesen aus dem Zusammenflusse einiger Bäche, läßt Leobschütz und Bauerwitz links, und fällt, nachdem sie

am linken Ufer den Kornitzer Bach *), und

am rechten Ufer ein von Neukirch und Ratscher herkommendes unbenahmtes Wasser aufgenommen hat, oberhalb Rattibor in die Oder **).

Man findet in diesem Kreise nicht nur keine Seen, sondern auch nur wenige und kleine Teiche. Man zählt:

Mittlere	29.
Kleine	61.
	90.

Berge und Ebenen.

Dieser Kreis ist größtentheils bergig, und nur in der Gegend gen Troppau hin findet man einige Ebenen. Allein diese Berge, die man höchstens unter die

*) Sieh Th. 7. S. 156.

**) Ebend. S. 156.

Vorgebirge mittlerer Art zählen kann, sind nur aufgeschwemmte, meistentheils aus Lehm, Schieferthon und Thonschiefer bestehende Anhöhen, die größtentheils ihren Nahmen von den Besitzern haben, die doch immer nicht bleibend sind. Die bekanntesten sind:

Der **Steinberg**, zwischen Königsdorf und Sabschütz.

Der **Weinberg** bei Hultschin, 80 Fuß über der Oppa, auf welchem das Weinberg-Vorwerk ist.

Der **Hohl-** oder **Bratscherberg** bei Bratsch, an der der Straße nach Jägerndorf.

Der **Schloßberg**, an dessen Fuße das herrschaftliche Schloß steht. } bei Pilgersdorf.
Der **Scholzenberg** } bei Pilgersdorf.

Der **Landeckerberg** bei Peterkowitz. Man findet hier Ueberbleibsel eines zerstörten Bergschlosses, wo man mehrere unterirdische Gänge gefunden, die ehedem sehr weit gegangen seyn sollen. Man genießt hier eine sehr schöne Aussicht.

Der **Taubenberg**, zwischen Geppersdorf und Pilgersdorf.

Der Boden dieses Kreises ist sehr verschieden. Der beste ist der um Leobschütz, in der Gegend von Katscher und gegen Troppau hin; die andern Gegenden haben sandigen Boden.

Waldungen

findet man in diesem Kreise wenig. Die besten sind um Leobschütz, auf den Dominien Beneschau, Kuchelna, Peterwitz und Tropplowitz, und der königlichen Domäne Schüllersdorf.

Producte.

A. Das Thierreich.

Pferde und Rindvieh sind meistentheils von großem Schlage. Die Schafzucht ist beträchtlich und die Wolle meistentheils von mehr als mittlerer Güte. Bei der Unbeträchtlichkeit der Waldungen kann die Jagd von keinem Belange seyn; so liefern auch die Flüsse und die wenigen Teiche den Kreisbewohnern nicht den Bedarf an Fischen. Bisweilen findet man Dachse. In Sauerwitz hat man im Frühjahre 1802 eine Schildkröte gefangen: wahrscheinlich ein Ueberbleibsel von denen, die man einst dort unterhalten hat. Die vielen Bienenstöcke werfen den Eigenthümern in guten Jahren einen ziemlich beträchtlichen Gewinn ab.

Seidenwürmer pflegt man zwar hier und da, man betreibt sie aber nur im Kleinen und bloß zum Vergnügen.

B. Das Pflanzenreich.

Die Waldungen bestehen meistentheils aus Kiefern; man findet jedoch außer diesen auch einiges Laubholz, und in einigen Waldungen des gebirgigen Theils des Kreises ist auch der Lärchenbaum (Pinus Larix Linn.) einheimisch.

Man bauet die gewöhnlichen Getreidearten und Hülsenfrüchte, viel Flachs, Kartoffeln, und andere Küchenkräuter. Um Leobschütz wird die Kartendistel (Dipsacus Fullonum L.) angebauet. Die Hopfenernte ist von einigem Belange, und der Heuschlag ganz beträchtlich. Ob man gleich auf die Erziehung guter Obstbäume viel

Fleiß wendet, so ist doch der Gewinn davon nicht groß, weil es nur selten in großer Menge geräth. Maulbeerbäume findet man in ziemlicher Menge. An seltenen Pflanzen weiß ich bloß die Salicornia herbacea L. in der Gegend zwischen Steuberwitz und Koberwitz, Callitriche verna L., Potamogeton crispum L., Potamogeton pusillum L., Cicuta virosa L. in der Gegend von Leobschütz gen Gröbnig, und Athamanta cervaria L. in der Gegend von Bauerwitz, anzuzeigen.

C. Das Mineralreich.

I. Erden und Steine.

A. Kieselgeschlecht.

1) Olivin, in dem Basalt, bei Biskau, Liptin und Schönwiese.

2) Quarz, sehr feinkörnig, grau, glimmerig, als Sandstein, bei Comeise, auf der Juliane zu Kobillau, bei Ponitz, bei Tropplowitz, bei Warnowitz und am Weinberge.

3) Feuerstein, in großen Geschieben bei Mocker.

B. Thongeschlecht.

4) Gemeiner Thon.

a) Töpferthon, bläulichgrau, gleich unter der Dammerde, sehr mächtig, bei Hohndorf aschgrau, sehr zäh bei Hultschin.

b) Schieferthon, schwärzlichgrau, mit sehr vielen Schilfabdrücken, auf der Juliane bei Hultschin und auf der Nanette zu Kobillau.

5) Alaunschiefer, gemeiner, im Thonschiefer, bei Tropplowitz.

6) Thonschiefer,

dunkelgraulichschwarz mit Conglomerat abwechselnd, bei Comeise, Dirschel, Dobersdorf, Geppersdorf, Gröbnitz, Kranowitz, Küttelwitz, Peterwitz, Pilgersdorf, Soppau, Tropplowitz (man hält ihn hier für unbrauchbare Steinkohle), Türmitz. Mit Sandstein abwechselnd, bei Roben. Mit einer Lage Granit bei Mocker. An einigen Orten enthält der Thonschiefer dieses Kreises nicht selten unkenntliche Muschelversteinerungen.

7) Glimmer. In silberweißen Blättchen im Conglomerate, bei Comeise, Hultschin, Kobillau, Posnitz.

8) Hornblende, basaltische, in dem Basalt, bei Biskau, Liptin und Schönwiese.

9) Basalt, auf Conglomerat, bei Biskau, Liptin (in Tafeln) und Schönwiese.

C) Talkgeschlecht.

10) Walkererde bei Rosen.

D) Kalkgeschlecht.

11) Kalkstein, gemeiner, dichter, in muschelförmigen abgesonderten Stücken, oder aus ganz zusammen gehäuften Conchylien bestehend, bei Mocker am Steinberge; mit splitterigem Bruche, bei Kobillau.

12) Märgel.

a) Märgelerde, an mehreren Orten, die beste wird bei Köbrowitz gegraben, und von den dasigen Landwirthen häufig zur Düngung genutzt.

b) Verhärtete, bei Warnowitz.

13) Gypsstein, blätteriger, älterer, über feinem Conglomerat, bei Dirschel, Katscher und Neukirch.

II. Salzige Fossilien.

14) Natürliches Kochsalz. Zwischen Steuberwitz und Koberwitz, desgleichen unweit des Koberwitzer Mühlgrabens, am Fuße des Gebirges hat man Spuren von Salzquellen gefunden, die ziemlich reichhaltig seyn sollen. Die Gegend ist 1801 durch eine Commission vom Ober-Bergamte untersucht worden, in der Absicht, ob man Steinsalz entdekken würde. Ich habe die Resultate dieser Untersuchung nicht ganz genau erfahren können: nur so viel hat man mir gesagt, daß man kein Steinsalz entdeckt habe.

III. Brennliche Fossilien.

15) **Steinkohle.**

a) **Schieferkohle.** Auf mehreren Flötzen, zwischen Ludgerschowitz und Kobillau, die an der Oder in folgender Ordnung zu Tage ausstreichen.

Theresien-Flötz von .	3	Zoll	Mächtigkeit.	
Julianen-Flötz von .	40	=	=	=
Einsiedel-Flötz von .	35	=	=	=
Schmales Flötz von .	18	=	=	=
Sophien-Flötz von .	32	=	=	=
Neues Flötz von .	20	=	=	=
Wilhelminen-Flötz von	4	=	=	=

Nanette zu Kobillau ist 40 Zoll mächtig.

Auch zu Schüllersdorf hat man auf Steinkohlen gebauet.

b) **Blätterkohle** *). Dunkelschwarz, von dreifachem Durchgange der Blätter, von denen jedoch der eine unvollkommen ist, von würfeligen Bruchstücken, auf der Schieferkohle der vorhin angezeigten Orte.

---

*) Nähere Nachricht von dieser Gegend um Hultschin und der hier befindlichen Kohlen-Niederlage findet man in L. v. Buch geognostischen Beobachtungen Th. 1. S. 99. ff. Er sagt (ich setze denen, die das Buch nicht besitzen, die Stelle ganz her): „Sonderbar abstechend von diesen (den Oberschlesischen Flötzen) „sind die schmalen, aber vortrefflichen Flötze, die an den Ufern „der Oppa und nahe an der Mährischen Gränze im südlichen „Theile des Fürstenthums Troppau aufsetzen. Das Aeußere des „Gebirges verändert sich wenig; es erhebt sich nicht, und die „Gegend wird nur uneben durch die Aushöhlung der hier nahe „bei einander zusammen fließenden Ströme, der Oder, der Oppa, „der **Morawka** und der **Teschinka** vom Carpathischen Gebirge „herab. Aber die Flötze liegen nicht mehr söhlig, oder nur bis „8 und 10 Grad geneigt, oder bis zur Mächtigkeit von mehrern „Lachtern. Sie fallen durch den steilen Thalabhang der sie „durchschneidenden Oppa, mit 80 Graden gegen Osten, und in „dieser Neigung sieht man unten vom Flusse, zwischen Ludgerschowitz und Kobillau zehn oder zwölf Flötze regelmäßig auf einander folgen. Sie sind nie mehr als ¾ Lachter mächtig, aber „von außerordentlicher Güte. Es sind vollkommene, stark „glänzende, leicht und würfelförmig zerspringende Blätterkohlen; fast ohne Schieferkohlen, und gar nicht mit jenen so „genannten Holzkohlenstücken. Sie liegen im Schieferthone, „der eine unzählige Menge kleiner, zerbrochener Schilfstücke und „Blätter enthält, und aus kaum erkennbaren kleinen Schüppchen zusammengesetzt ist. Seltener ist es eine Schicht von gelbem, „sehr feinkörnigem Sandstein, der mit Schieferthon abwechselt, „wie auf **David**-Schacht in der Juliane.“

IV. Metallische Fossilien.

Schwefelkies, dick angeflogen und in gestreiften Würfeldrusen, auf Steinkohlen.

In der Vorstadt von Leobschütz hat man vor einigen Jahren Urnen gefunden.

„Das Flötz die Grube zu Kobillau, näher gegen die Oder „hin, hat ein weniger starkes Fallen, aber gleiche Güte der „Kohlen; aber höchst auffallend ist es, daß gegen über in gerin„ger Entfernung bei Ostrau in Mähren ein mehr als lachter„mächtiges Flötz bebauet wird, das im Fallen, in Lagerung, in „geringerer Güte der Kohlen, vollkommen wieder mit den Flötzen „in Plesse und Beuthen überein kommt.“

„Die Gegend von Hultschin und von Troppau besteht aus „Hügeln von Schieferthon, der durch starken Zusammenhalt, „und durch viele ihm eingemengte Quarzkörner der Grauwake „sehr ähnlich wird, aber immer noch deutliche Abdrücke von Ve„getabilien enthält, und deswegen auch bis nahe gegen Leob„schütz hin die Hoffnung nicht entfernt, auch in diesen Gegenden „noch einst Steinkohlen zu finden. – Die so ansehnlich stür„zende Schicht des Schieferthons macht ihre Aufsuchung schwer, „und scheint selbst schon darauf hin zu führen, daß man sie auf „keinen Fall in großer Mächtigkeit aufzufinden, erwarten dürfe.“

Zweiter Abschnitt.
Manufacturen und Fabriken.

Dieser Abschnitt, da er sich nur über einen einzigen Kreis verbreitet, dessen Bewohner, selbst in den Städten, durch den Ackerbau in so ziemlichen Wohlstand versetzt, nicht nothgedrungen sind, auf andere Erwerbsmittel zu raffiniren, kann nicht anders, als nur dürftig ausfallen. Bemerkenswerth ist daher nur wenig.

In Leobschütz ist die Tuch- Zeug- oder Mesolan-Manufactur, die Rothgärberei und Strumpfstrikkerei von einiger Beträchtlichkeit. Hier wohnen auch einige Kraftmehlmacher.

In Leobschütz und Bauerwitz leben mehrere Kürschner, und in allen Städten des Kreises wird viel Leinwand gemacht.

In Bauerwitz und Katscher sind Oehlschlägereien.

In Hultschin wird viel Töpfergefäß gemacht.

Die vielen Schuster in Bauerwitz und Hultschin setzen ihre Waare größtentheils auf den Jahrmärkten der benachbarten Städte ab.

Bleichen, auf denen viel Garn gebleicht wird, sind: Zu Beneschau 1; zu Comeise 10; zu Geppersdorf 1; zu Ludgerschowitz 1; zu Schönwiese 4; zu Schüllersdorf 1; zu Tropplowitz, Dorf, 1; zu Zabrzhe, Dorf, 1 Ueberhaupt 20.

Dritter Abschnitt.

Politische Verfassung.

Gränzen.

Der Leobschützer Kreis begreift diejenigen Theile der Fürstenthümer Jägerndorf und Troppau und des **Markgrafthums Mähren**, die 1742 beim Friedensschlusse an Preußen abgetreten worden sind. Er gränzt gegen **Morgen** an die Fürstenthümer Oppeln (Koseler Kreis) und Rattibor und die Minderherrschaft Loslau und Oderberg; gegen **Mittag** an den Böhmischen Antheil des Fürstenthums Troppau; gegen **Abend** an den Böhmischen Antheil des Fürstenthums Jägerndorf und an Mähren; gegen **Mitternacht** an das Fürstenthum Oppeln und zwar an den Oberglogauer District des Neustädter Kreises.

Er ist an mehreren Stellen ganz von dem Böhmischen oder kaiserlichen Antheile umgeben, so daß die Dörfer:

Dobroslawitz, Smolkau, Strezebowitz, Wawrowitz,	Fürstenthums Troppau,
Würbitz, Cammerau, Illeschowitz, Lodrig,	Fürstenthums Jägerndorf,

Przìwos in Mähren,

einen Theil ihrer Felder im Preußischen haben, und da versteuern.

Größe.

Scheibel giebt die Größe dieses Kreises auf 18 und Sack auf 21 Quadrat-Meilen an *).

Volksmenge.

In den Jahren 1791, 1793, 1794, 1795, 1796 und 1800 lebten:

	1791.	1793.	1794.	1795.	1796.	1800.
A. In den Städten:						
Leobschütz . . .	3129	3236	2906	2963	3063	3162
Hultschin . . .	968	977	897	952	1004	1054
Katscher	1323	1476	1382	1255	1316	1311
Bauerwitz . . .	1496	1404	1390	1397	1434	1482
Summa .	6916	7093	6575	6567	6817	7009
B. Auf dem Lande .	56801	56937	57053	56283	57278	61767
Summa .	63717	64030	63628	62850	64095	68776
Nimmt man nach Sack 21 Quadrat-Meilen an, so kommen auf jede Meile . . .	3034	3049	3029	2992	3052	3275

*) Zimmermanns allgemeine Nachrichten von Schlesien S. 4.

Aeußere Verfassung.

In Ansehung der Justiz steht der Kreis unter der Oberschlesischen Oberamtsregierung zu Brieg, und in Ansehung der Steuer und Contribution unter der Kriegs- und Domänen-Kammer zu Breslau.

In Ansehung der Steuer gehört der Kreis zur zweiten Classe.

In Ansehung der Vieh-Assecuranz zur zweiten Societät.

In Ansehung des Accise- und Zollwesens gehört er zur Direction Neisse.

Die Städte gehören unter das sechste steuerräthliche Departement der Breslauer Kammer, das in Neustadt seinen Sitz hat.

Der Kreis gehört zur Salz-Factorei Rattibor.

Das Infanterie-Regiment Nr. 38. hat hier seinen Canton.

Aeußere kirchliche Verfassung.

Die Religion ist untermengt, jedoch übertrifft die Anzahl der Katholiken die der Protestanten bei weiten. Folgende Tabelle zeigt die Kirchen und Klöster des Kreises.

Kirchen.				Klöster.	
In Städten.		Auf Dörfern.			
Luth.	Kath.	Luth.	Kath.	Männlich.	Weiblich.
1	9	3	32	1	—

Die lutherischen Kirchen stehen unter dem Oberschlesischen Consistorio zu Brieg und unter der Inspection Neustadt. Die katholischen Kirchen und Geistlichen, eine einzige Kirche ausgenommen, stehen unter dem Bischofe zu Ollmütz, der hier einen delegirten Commissarium bestellt, unter dem die drei Decanate Hultschin, Katscher und Tropplowitz stehen.

Unter das Decanat Katscher gehören die Kirchen zu Branitz, Hoschütz, Nasiedel, Odersch, Groß-Peterwitz, Groß-Piltsch, Rösnitz, Tröm, Warnowitz, Zauchwitz.

Unter dem Diaconat Tropplowitz stehen die Kirchen zu Babitz, Badewitz, Bladen, Bleischwitz, Creuzendorf, Gröbnig, Leisnitz, Löwitz, Pommerswitz, Roben, Sabschütz, Sauerwitz, Soppau.

Zum Diaconat Hultschin gehören die Kirchen zu Bolatitz, Buslawitz, Deutsch-Crawarn, Hatsch, Hoszialkowitz, Köberwitz, Pyschtz, Schüllersdorf.

Zum Bisthum Breslau, Commissariat Rattibor, Archipresbyteriat Kostenthal, gehört die Kirche zu Dittmerau.

Der Leobschützer Kreis enthält 4 Städte (Leobschütz, Bauerwitz, Hultschin, Katscher), 6 Marktflecken (Zauditz, Beneschau, Bladen, Kranowitz, Deutsch-Neukirch, Tropplowitz) und 128 Dörfer, darunter 4 Colonien sind.

A. Städte.

A. Städte.

* Im Fürstenthume Jägerndorf.

1. Leobschütz,

(Lübschütz, Lischwitz, Böhmisch Hlubzien.)

ist die Kreisstadt, dem Fürsten von Lichtenstein gehörig, der hier eine eigene Regierung hat, die seine Gerechtsame auf Preußischer Seite besorgt. Sie ist mit einer Mauer umgeben, hat 3 Thore, und enthält außer dem fürstlichen Regierungshause:

I. An städtischen Gebäuden:

1) Das Rathhaus.

2) Ein Hospital.

3) Das von dem Kaufmann Johann Carl Hofmann und seiner Gattinn gestiftete zweite Waisenhaus, in welchem 8 Knaben bis ins vierzehnte Jahr mit allem versorgt werden.

II. An Kirchen- und Schulgebäuden:

1) Die **katholische Pfarrkirche**, von der der jedesmahlige Commendator von Gröbnig Patron ist. Ein Parochus und ein Capellan sind dabei angestellt. Eingepfarrt sind die Dörfer: Blumsdorf, Schlegenberg und Taumlitz.

2) Eine **kleinere Kirche**, die so genannte Heidenkirche *)

*) In einer Gruft bei dieser Kirche werden Menschenknochen von so ungewöhnlicher Größe aufbewahrt, daß ein solcher Mensch zum wenigsten 7 Fuß groß gewesen seyn muß.

3) **Eine kleine Kirche**, zur heiligen Dreifaltigkeit, die 1778, da die alte im dreißigjährigen Kriege fast ganz zerstört worden, ganz neu erbauet worden ist.

4) Das Franciscaner-Kloster (17 Mönche) nebst der Kirche. Das bei diesem Kloster, vom Fürsten Wenzel von Lichtenstein 1752 gestiftete Gymnasium hat nun, da das Saganische (1802) aufgehoben und hierher versetzt worden ist, eine große Veränderung erlitten, und eine den Bedürfnissen unsers Zeitalters anpassendere Einrichtung bekommen. Nach der gegenwärtigen Einrichtung stehen an dieser Lehranstalt außer dem Rector, der aber keinen Unterricht giebt, 6 Professoren, darunter 2 weltlich, die andern geistlich sind. Der Unterricht verbreitet sich über Religion, Römische und Griechische Litteratur, Mathematik, Naturkunde und Deutsche Sprache.

5) **Eine evangel. lutherische Kirche.**

6) Eine **katholische** und

7) eine **lutherische** Schule.

III. **Privat-Häuser** sind in der Stadt und in den beiden Vorstädten 471.

Königliche Aemter sind hier:

Das Steueramt.

Das Accise- und Zollamt.

Das Postamt.

Das Juden-Toleranz-Amt.

Die Fürstlich-Lichtensteinische Regierung besorgen 1 Landeshauptmann, 2 Räthe und einige Unterbeamte.

Die Bürger nähren sich theils vom Ackerbau, der ziemlich ansehnlich ist, theils vom Bierbrauen, dazu die Gerechtigkeit auf 226 Häusern haftet (8 Dörfer sind dem Bierzwange unterworfen), theils vom Handel im Kleinen mit Zeugen und Spezereien, und im Großen mit Garn; theils aber auch von dem erlernten Handwerke oder einer Kunst.

Jahrmärkte sind: 1) am Sontage Oculi; 2) am Sontage Rogate; 3) an Johannis Enthauptung; 4) am Tage Thomä.

Der Wollmarkt im Monat Julius und October, so wie die Viehmärkte, sind unbedeutend.

Sonnabends ist Wochen-, Garn- und Getreidemarkt.

Die Besatzung besteht aus einer Escadron Kürassier vom Regiment Nr. 12.

Das Stadtwapen ist ein Thor mit 2 Thürmen, auf welchen ein gekrönter Engel, neben ihm ein Löwe und ein Anker befindlich ist.

---

2. Bauerwitz.

Diese Stadt ist das Eigenthum des Nonnenklosters zu Rattibor, hat, außer dem Rathhause;

einer katholischen Kirche;
einer kleinen in der Vorstadt befindlichen Kirche;
einer Capelle St. Nicolai;
einer katholischen Schule;
einem Hospitale;
der Wohnung des Parochi;
256 Bürgerhäuser.

Die königlichen Aemter sind:
Das Accise- und Zollamt.
Das Postamt.

Der beträchtlichste Nahrungszweig ist, außer dem Bierbrauen, dazu 50 Häuser berechtigt sind, dem erlernten Handwerke, einem geringfügigen Consumtions-Handel, der Ackerbau. Unter den Handwerkern ist die zahlreichste Zunft die der Schuhmacher, die, wie oben schon bemerkt ist, ihre Waaren auf den benachbarten Jahrmärkten absetzen.

Jahrmärkte sind: 1) an Pauli Bekehrung; 2) am Dreieinigkeitsfeste; 3) am Tage Wenceslai; 4) am Tage Nicolai.

Hier ist keine Garnison.

** Im Fürstenthume Troppau.

3. Hultschin.

Die adelige Mediat-Stadt Hultschin hat
eine katholische Pfarrkirche, an der, nebst dem

Parocho, der zugleich Dechant ist, noch ein Capellan die religiösen Handlungen besorget;

4 Pfarrhäuser;

1 katholische Schule;

182 Bürgerhäuser, worunter 4 Mühlen sind.

Die königlichen Aemter sind:

Das Accise- und Zollamt.

Das Postamt.

Der Ackerbau und das erlernte Handwerk nähren die Bürger. Die Tuchmacher- und die Schusterzunft sind die zwei stärksten Zünfte. Der Handel im Einzelnen ist ganz unbedeutend.

Jahrmärkte sind; 1) am Tage Fabian Sebastian; 2) am Sonntage Quasimodogeniti; 3) am Tage Johannis des Täufers; 4) am Michaelis Tage.

Hultschin hat keine Garnison.

*** In Mähren.

4. Katscher.

Diese offene Stadt, dem Bischofe von Ollmütz gehörig, enthält:

Die katholische Pfarrkirche, an der ein Pfarrer, der zugleich Land-Dechant und bischöflicher Commissarius ist, und ein Capellan die Parochialien verwalten. Eingepfarrt sind die Dörfer Knispel, Kösling, Kröfeld, Langenau, Stolzmütz.

Die Kreuzkirche ist klein.

Ein Hospital.

Die Wohnung des Pfarrers.

Die Schule.

Privat-Häuser zählt man 181.

Die königlichen Aemter sind:

Das Accise- und Zoll- und

Das Postwärteramt.

Der vorzüglichste Nahrungszweig der Bürger ist der Ackerbau; außer diesem das erlernte Handwerk, ein ganz geringer Consumtions-Handel. Wein, Bier, Branntwein und Meth kann jeder Bürger schenken: allein dieses Gewerbe ist ganz unbeträchtlich.

Jahrmärkte sind: 1) an Pauli Bekehrung; 2) am Palmsonntage; 3) am Pfingstmontage; 4) am Michaelis-Tage; 5) am Tage Thomä.

Die Garnison besteht aus einer Escadron Kürassier vom Regimente Nr. 12.

B. Marktflecken.

* Im Fürstenthume Jägerndorf.

1. Zauditz

ist adelig und erthält an öffentlichen Gebäuden:

1) eine katholische Kirche;

2) eine katholische Schule;

3) ein Pfarrhaus.

An Einwohnern:

47 Bauern.

38 Gärtner.

31 Häusler.

Jahrmärkte sind: 1) Am Sonntage Judica; 2) am Johannis-Tage; 3) am Tage Matthäi; 4) an Simonis Judä.

Das Dorf unter den Dörfern.

** Im Fürstenthume Troppau.

2. Beneschau,

ist adelig und enthält:

1) ein herrschaftliches Schloß nebst Vorwerk;

2) eine katholische Kirche und

3) Schule;

38 Bauern;

20 Häusler.

Jahrmärkte sind: 1) an Philippi Jacobi; 2) am Tage Magarethä; 3) am Sonntage nach Anna; 4) an Mariä Geburt; 5) an Martini; 6) am dritten Weihnachtsfeiertage.

Sieh unter den Dörfern Beneschau.

3. Bladen,

ist adelig, hat viele Professionisten, und enthält:

eine katholische Kirche;

eine katholische Schule;

ein herrschaftliches Wohnhaus und

drei herrschaftliche Vorwerke;

26 Bauern;
59 Gärtner;
59 Häusler.

Jahrmärkte sind: 1) den 12ten Januar; 2) den 26sten Julius; 3) den 28sten September; 4) den 23sten November. Bei dem zweiten und vierten ist zugleich Roß- und Viehmarkt.

4. Kranowitz,

ist adelig, und enthält außer
einer katholischen Kirche;
einer katholischen Schule;
einem Hospitale;
60 Bauern;
21 Häusler.

Jahrmärkte sind: 1) am Tage der heiligen drei Könige; 2) am Tage Mariä Magdalenä; 3) am Tage Nicolai.

5. Deutsch-Neukirch,

ein adeliger Ort, enthält:
eine katholische Kirche;
eine dergleichen Schule;
ein Pfarrhaus;
17 Bauern;
60 Gärtner;
27 Häusler.

Jahrmärkte sind: 1) am Sonntage Estomihi; 2) am Sontage Cantate; 3) am Tage Petri Pauli; 4) am Tage Simonis Judä; 5) am ersten Advent.

6. Tropplowitz,

adelig, enthält außer

einer katholischen Kirche;

einer katholischen Schule;

einem Pfarrhause;

34 Bürgerhäuser. Die Einwohner nähren sich vom Ackerbau und ihrer Profession.

Jahrmärkte sind: 1) am Sonntage Septuagesimä; 2) am zweiten Sonntage nach Trinitatis; 3) am Michaelis-Tage.

C. Dör

Nahmen der Dörfer.	Oeffentliche Gebäude. Kirchen Protest.	Kirchen Kathol.	Schulen Protest.	Schulen Kathol.	Pfarrhäuser	Herrschaftl. Schlösser und Wohnungen.	Vorwerke.	Bauern.	[illegible]
Amaliengrund, Colonie	—	—	—	—	—	—	—	—	-
Auchwitz, (Utechowitz)	—	—	—	—	—	—	—	9	
Babitz	—	1	—	1	1	—	—	26	3
Badewitz, (Bänz)	—	1		1	1	1	1	42	3
Beneschau, Dorf	—	—	—	—	—	—	—	16	1
Bielau	—	—	—	—		—	1	—	1
Biekau	—	—	—	—	—	—	1	25	2
Breischwitz	—	1	—	1	1	—	1	27	2
Blümsdorf	—	—	—	—	—	—	1	—	-
Boblowitz, (Bobolusk)	—	—	—	—	—	—	1	9	1
Bobrownick	—	—	—	—	—	—	—	7	
Bolatitz	—	1	—	1	1	1	1	25	2
Boleslau	—	—	—	—	—	—	1	15	1
Braunitz	—	1	—	1	1	—	3	44	4
Bratsch	—	—	—	1	—	—	1	15	-
Buslawitz	—	1	—	1	1	—	2	35	1
Carlowitz	—	—	—	—	—	—	1	—	-
Chlebich, (Chlebitschow)		—		—	—	—	1	1	1
Comeise 1 Antheil	—	—	—	1	—	—	—	10	2
Cosmütz, (Kosmütz)	—	—	—	—	—	—	1	31	
Crezzillau, (Cenßzielow)	—		—		—	—	2	7	3
Crawarn, Deutsch	—	1	—	1	1	1	1	35	3
Creisewitz, (Preisewitz)	—	—	—	—	—	—	—	28	
Creuzendorf	—	1	—	1	1	—	—	38	1
Darkowitz Groß-	—	—	—	—	—	—	1	20	-
Darkowitz Klein-	—	—	—	—	—	—	1	10	
Dirschel	—	—	—	1	—	1	1	21	3
—— Klein-	—	—	—	—	—	—	1	6	1
Dirschowitz	—	—	—	—	—	—	1	6	1
Dittmerau, (Dzieczmorou)	—	1	—	1	1	—	—	26	2
Doversdorf	—	—	—	—	—	1	1	16	1
Ehrenberg	—	—	—	—	—	—	1	—	
Eiglau, (Dzielow)	—	—	—	—	—	—	—	18	
Ellgut, (Ellgoth)	—	—	—	—	—	—	—	11	

Bleichen.	Anzeige wo die Dörfer liegen.	Herrschaft.	Anmerkungen und Merkwürdigkeiten. J. bedeutet Jägerndorf. T. — Troppau. M. — Mähren.
—	J.	Adelig.	
—	T.	desgl.	
—	T.	Comm. Gröbnig.	
—	J.	Adelig.	
—	T.	desgl.	
—	J.	desgl.	
—	J.	Nonnenkl. Rattib.	
—	J.	Fst. v. Lichtenst.	Das Vorwerk ist adelig und ein Freihof.
—	J.	Kämm. Leobschütz.	
—	T.	Adelig.	
—	T.	desgl.	
—	T.	Cisterc. St Bell rad in Mähren.	
—	J.	Fst. Lichnowski.	
—	T.	Adelig.	
—	T.	desgl.	
—	T.	desgl.	
—	T.	Königlich.	Gehört zu Schüllersdorf.
—	T.	Adelig.	
o	J.	Kämm. Jägernd.	Der 2te Antheil liegt im Oestreichischen.
—	T.	Adelig.	
—	—	desgl.	
—	J.	desgl.	
—	T.	Comm. Gröbnig.	
—	J.	desgl.	
—	T.	Königlich.	
—	T.	Adelig	
—	T.	desgl.	
—	T.	desgl.	
—	T.	Fst. v. Lichtenst.	
—	T.	Comm. Gröbnig.	
—	J.	Adelig.	
—	M.	desgl.	
—	J.	Nonnenkl. Rattib.	Hier ist eine Capelle mit einem Gnadenbilde.
—	—	Adelig.	

Nahmen der Dörfer.	Oeffentliche Gebäude. Kirchen. Protest.	Kirchen. Kathol.	Schulen. Protest.	Schulen. Kathol.	Pfarrhäuser.	Herrschaftl. Schlösser und Wohnhäuser.	Vorwerke.	Bauern.	Gärtner.
Freigrund, Colonie . . .	—	—	—	—	—	—	—	—	—
Geppersdorf	—	—	—	—	—	—	1	13	1[illegible]
Gernau, (Jernau, Tarniow) .	—	—	—	—	—	—	—	23	1[illegible]
Gröbnig	—	1	—	1	1	1	—	53	3[illegible]
Hatsch, (Halschy) . . .	—	1	—	1	1	—	1	45	1[illegible]
Hennerwitz	—	—	—	—	—	—	1	10	1[illegible]
Hochkretscham, (Wotka) . .	—	—	—	1	—	—	1	24	2[illegible]
Hohndorf, (Hundorf) . .	—	—	—	—	—	—	1	22	3[illegible]
Hoschütz, Groß-	—	1	—	1	1	1	1	31	—
——— Klein- 1ster Antheil.	—	—	—	—	—	—	1	1	1[illegible]
——— ——— 2ter Antheil.	—	—	—	—	—	—	1	1	[illegible]
——— ——— 3ter Antheil.	—	—	—	—	—	—	—	—	[illegible]
——— ——— 4ter Antheil.	—	—	—	—	—	—	1	6	—
Hosizialkowitz	—	1	—	1	1	—	1	11	1[illegible]
Hratschin, Alt-	—	—	—	—	—	—	—	6	[illegible]
——— Neu-, Colonie .	—	—	—	—	—	—	—	45	—
Jakubowitz	—	—	—	—	—	—	1	5	1[illegible]
Kaldaun, (Galdaun) . .	—	—	—	—	—	—	1	—	[illegible]
Kalthausen	—	—	—	—	—	—	1	—	[illegible]
Kauthen, (Kutha) . . .	—	—	—	—	—	—	—	24	2[illegible]
Kittelwitz, (Küttitz) . . .	—	—	—	—	—	—	1	13	1[illegible]
Klemstein	—	—	—	—	—	—	1	16	4
Knispel, (Knitzepole) . . .	—	—	—	1	—	—	1	22	1[illegible]
Kobillau, (Kobelau) . .	—	—	—	—	—	—	—	23	[illegible]
Köberowitz, (Köhrowitz) .	—	1	—	1	1	—	1	36	4[illegible]
Königsdorf, (Könsdorf) . .	—	—	—	—	—	—	—	23	2[illegible]
Kösling	—	—	—	—	—	—	—	19	1[illegible]
Kranowitz, Dorf (Strana) .	—	—	—	—	—	—	—	62	1[illegible]
Krug	—	—	—	—	—	—	1	14	—
Kuchellna	—	—	—	—	—	—	1	—	2[illegible]
Langenau. Fürstlich. . . .	—	—	—	—	—	—	—	34	[illegible]
——— Lehn. (Katscherlehn)	—	—	—	—	—	—	1	26	2[illegible]
Leimerwitz	—	—	—	—	—	—	—	16	3[illegible]
Leisnitz, (Lies)	—	1	—	1	1	—	—	19	1[illegible]
Liptin	—	—	—	1	—	—	1	20	1[illegible]
Löwitz	—	1	—	1	1	—	1	14	—

Gleichen.	Anzeige wo die Dörfer liegen.	Herrschaft.	Anmerkungen und Merkwürdigkeiten.
—	J.	Adelig.	
1	T.	desgl.	Der 2te Theil dieses Dorfs liegt im Kaiserlichen.
—	J.	Comm. Gröbnig.	
—	J.	Malth. Comm.	
—	T.	K. Amt Schüllersdorf.	
—	J.	Hosp. z. Jägernd.	
—	J.	Adelig.	
—	T.	desgl.	
—	T.	desgl.	
—	T.	Johann. Comm. zu Troppau.	
—	—	Adelig.	
—	—	F. v Lichtenstein.	
—	—	Adelig.	
—	T.	desgl.	
—	J.	F. v. Lichtenstein.	
—	J.	desgl.	
—	J.	Adelig.	
—	J.	desgl.	
—	J.	Magist. zu Leobschütz.	
—	J.	Adelig	
—	J.	Käm. Leobschütz.	
—	T.	Adelig.	
—	M.	Bisch. z. Ollmütz.	
—	T.	Königlich.	
—	T.	Adelig.	
—	J.	Käm. Leobschütz.	
—	M	Vic. zu Ollmütz.	
—	T.	Adelig.	
—	J.	desgl.	
—	T.	desgl.	
—	T.	Bisch. z. Ollmütz.	Hierher gehören Ehrenberg und Kottful.
—	M.	Adelig.	Macht mit dem vorigen ein Dorf.
—	J.	Comm. Gröbnig.	
—	J.	desgl.	
—	J.	Adelig.	
—	J.	desgl.	

Nahmen der Dörfer.	Oeffentliche Gebäude. Kirchen. Protest.	Kathol.	Schulen. Protest.	Kathol.	Pfarrhäuser.	Herrschaftl. Schlösser und Wohnungen.	Vorwerke.	Bauern.	Gärtner.
Ludgerschowitz	—	—	—	1	—	—	2	14	24
Marckersdorf, (Marquartowitz)	—	—	—	—	—	—	1	20	1[illegible]
Mocker	1	—	1	—	—	—	1	21	1[illegible]
Nasziedel	—	1	—	1	1	1	1	17	27
Neudorf	—	—	—	—	—	—	—	19	3[illegible]
Neustift	—	—	—	—	—	—	—	—	[illegible]
Odersch, (Oderschow)	—	1	—	1	1	1	1	35	3[illegible]
Osterwitz, (Nikasonitz)	—	—	—	—	—	—	—	17	1[illegible]
Owczitz	—	—	—	—	—	—	1	10	2[illegible]
Passeckerhof	—	—	—	—	—	—	—	—	[illegible]
Peterkowitz	—	—	—	—	—	—	—	8	1[illegible]
Peterwitz	—	—	—	—	—	1	1	12	27
Peterwitz, Groß- (Mährisch)	—	1	—	1	1	—	1	42	1[illegible]
Peterwitz, Groß- (Schlesisch)	—	—	—	—	—	—	—	21	8
— — Klein-	—	—	—	—	—	—	—	17	1[illegible]
Pilgersdorf	—	—	—	—	—	1	1	18	2[illegible]
Piltsch, Groß-	—	1	—	1	1	—	—	66	[illegible]
Po[illegible]iehof	—	—	—	—	—	—	1	—	2
Pommersdorf, (Pommerswitz)	1	1	1	1	2	—	2	18	1[illegible]
Posnitz	—	—	1	1	—	1	2	24	2[illegible]
Py[illegible]chz	—	1	—	1	1	—	1	37	2[illegible]
Raden, Klein-	—	—	—	—	—	—	1	9	2[illegible]
Rakau, (Rakow)	—	—	—	—	—	—	1	—	34
Ratsch	—	—	—	—	—	—	1	—	1[illegible]
Roben	—	1	—	1	1	—	1	51	2[illegible]
Rochow	—	—	—	—	—	—	1	16	2[illegible]
Rösnitz, (Rosumitz)	1	1	1	1	2	—	—	43	42
Rosen	—	—	—	—	—	—	1	14	22
Säbschütz, (Saasch)	—	1	—	1	1	—	—	31	32
Sauerwitz	—	1	—	1	1	1	1	32	3[illegible]
Schammerwitz, (Schamrowitz)	—	—	—	—	—	1	1	—	1[illegible]
Schlausewitz	—	—	—	—	—	—	1	10	—
Schlegenberg	—	—	—	—	—	—	1	—	12
Schmeisdorf	—	—	—	—	—	—	1	14	5
Schönbrunn	—	—	—	—	—	—	—	29	42
Schönwiese	—	—	—	1	—	—	1	13	21
Schreibersdorf, (Nieboszily)	—	—	—	—	—	—	1	12	32
Schüllersdorf, (Schelerzowize)	—	1	—	1	1	—	1	17	8
Soppau	—	1	—	1	1	1	1	21	31

	Anzeige wo die Dörfer liegen.	Herrschaft.	Anmerkungen und Merkwürdigkeiten.
-	T.	Adelig.	
-	T.	Königlich.	
-	T.	Adelig.	Hier ist eine evangel. Kirche und Schule.
-	T.	desgl.	
-	J.	desgl.	
-	J.	Comm. Gröbnig.	
-	J.	Adelig	
-	J.	Nonnenkl. Rattib.	
-	T.	Adelig	
-	T.	Königlich.	Hierher gehört Autoschowitz.
-	T.	Adelig.	
-	J.	desgl.	
-	M.	desgl.	Hier ist ein Hospital.
-	T.	desgl.	Ist mit dem vorigen ein Dorf.
-	T.	desgl.	
-	J.	desgl.	
-	J.	F. v. Lichtenstein.	
-	|	Adelig.	
-	J.	desgl.	Die Unterthanen von Pommerswitz haben sich seit 1775 die Dienstfreiheit mit mit 19800 Gulden erkauft.
-	J.	desgl.	
-	T.	desgl.	
-	T.	desgl.	
-	T.	desgl.	
-	T.	Deutsch. Orden.	
-	J.	F. v. Lichtenstein.	
-	J.	desgl.	
-	J.	Adelig.	
-	T.	desgl	
-	J.	Kämm. Leobschütz.	
-	T.	Adelig.	
-	T.	desgl.	
-	T.	desgl.	
-	J.	Kämm. Leobschütz.	
-	T.	Deutsch. Orden.	
·	J.	Comm. Gröbnig.	
4	J.	Adelig.	
-	T.	desgl.	
-	T.	Königlich.	
-	J.	Deutsch. Orden.	

Nahmen der Dörfer.	Oeffentliche Gebäude. Kirchen Luther.	Kathol.	Schulen. Luther.	Kathol.	Pfarrhäuser.	Herrschaftl. Schlösser und Wohnhäuser.	Vorwerke.	Bauern.	[illegible]
Stauberwitz, (Steubrowitz) .	—	—	1	—	—	—	—	38	1
Stolzmütz, (Tlustomest) . .	—	—	—	—	—	—	1	12	1
Strahndorf, (Strachowitz) .	—	—	—	—	—	—	1	13	2
Strzepankowitz	—	—	—	—	—	—	1	23	2
Taumlitz	—	—	—	—	—	—	—	10	–
Tröm.	—	1	—	1	1	—	—	41	
Tronkau, (Trenke) . . .	—	—	—	—	—	—	—	1	1
Tropplowitz, Dorf . . .	—	—	—	—	—	—	—	19	1
Tschirmkau, (Czirmka) . .	—	—	—	—	—	—	—	17	1
Türmitz, (Türmenitz) . .	—	—	—	—	—	—	1	14	1
Türkau.	—	—	—	—	—	—	1	13	
Warnowitz, (Wonawitz) . .	—	1	—	1	1	—	1	29	5
Waissak, (Weißsack, Wissocka) 1 Antheil	—	—	—	—	—	1	—	4	–
Waissak, (Weißsack, Wissocka) 2 Antheil	—	—	—	—	—	—	1	11	2
Wehowitz	—	—	—	—	—	—	—	14	–
Wernersdorf, (Wärs) . .	—	—	—	—	—	—	—	14	2
Wiendorf Alt- . . .	—	—	—	—	—	—	1	7	1
Wiendorf Neu-, Colonie . .	—	—	—	—	—	—	—	—	–
Wrbkau	—	—	—	—	—	—	1	—	
Wrzeszin.	—	—	—	—	—	—	1	8	2
Zabrzhn, (Sabrzhn) . . .	—	—	—	—	—	—	1	11	1
Zauchwitz	—	1	—	1	1	—	—	35	1
Zauditz, Dorf	—	—	—	—	—	—	1	—	1
Zawade, Sawade	—	—	—	—	—	—	1	10	–
Züllchowitz	—	—	—	—	—	—	—	31	2

	Anzeige wo die Dörfer liegen.	Herrschaft.	Anmerkungen und Merkwürdigkeiten.
-	J.	Adelig.	
-	M.	Bisch. z. Ollmütz.	
-	T.	Adelig.	
-	T.	desgl.	
-	J.	Käm. Leobschütz.	
-	T.	Deutsch Orden.	
-	J.	Käm. Leobschütz.	
-	T.	Adelig.	
-	J.	Nonnenkloster zu Rattibor.	
-	J.	Käm. Jägernd.	
-	J.	Adelig.	
-	T.	desgl.	
-	J.	Johann. Comm. zu Troppau.	
-	—	Adelig.	
-	T.	desgl.	
-	J.	Comm. Gröbnig.	
-	T.	Adelig.	
-	J.	desgl.	
-	—	desgl.	
-	—	desgl.	
1	T.	desgl.	
-	J.	Nonnenkloster zu Rattibor.	
-	J.	Adelig.	
-	T.	desgl.	
-	J.	Nonnenkloster zu Rattibor.	

Seit dreißig Jahren sind mit den Dominial-Feldern mehrere Veränderungen gemacht worden. Die fürstlichen Kammergüter sind schon früher, theils auf Erbpacht, theils als Eigenthum an die Unterthanen ausgethan worden.

1) Zergliedert und an die Unterthanen sind verkauft worden: Neudorf, Badewitz, Zauditz, Bladen, Warnowitz, Deutsch-Neukirch, Rosen, Hohndorf, Rackau, Schammerwitz, Dirschel, Jakubowitz, Posnitz, Krug, Deutsch-Crawarn, Dirschowitz, Klemstein, Branitz, Pilgersdorf, Kaldaun.

2) Nur zum Theil sind zergliedert worden: Peterwitz und Bratsch.

3) Auf Erbpacht sind an die Unterthanen ausgethan die Felder der Dominien Hochkretscham, Chlebsch, Turkau.

Jedoch ist bis jetzt die Confirmation der Zergliederung der Dominien Warnowitz, Deutsch-Neukirch, Krug, Deutsch-Crawarn, Branitz, Pilgersdorf, Kaldaun, Peterwitz und Bratsch noch nicht erfolgt.

Die Standesherrschaft Beuthen.

Erster Abschnitt. Physikalische Beschaffenheit.

Gewässer.

In der Standesherrschaft Beuthen strömt kein schiffbarer Fluß, und alle Gewässer derselben, die Brinnitze ausgenommen, fließen mittelbar oder unmittelbar in die Oder. Die vorzüglichsten sind:

1. Die Brinnitze,

(das Polnische Wasser) die aus Süd-Preußen kommt. Sie schlängelt sich an der Gränze der Standesherrschaft mit Süd-Preußen fort, bis sie oberhalb **Myslowitz** das Fürstenthum Pleß betritt *).

2. Die Stola.

Sie entsteht in der Standesherrschaft in der Gegend von Lassowitz und fließt in den Toster Kreis des Fürstenthums Oppeln **).

*) Sieh Theil 8. Seite 3.

**) Sieh Th. 8. S. 36.

3. Die Klodnitz

entsteht an der Gränze der Standesherrschaft mit dem Fürstenthume Pleß, macht zwischen beiden die Gränzen, verläßt aber das Beuthensche bei Makoschau, und strömt, nachdem sie hier noch einen unbenahmten Bach aufgenommen hat, in den Gleiwitzer District des Toster Kreises *).

4. Das Beuthener Wasser

(Hyacinth) entsteht in der Gegend von Beuthen und mündet sich in die Klodnitz aus **).

5. Die Bierawka

entspringt an der Gränze mit dem Fürstenthume Pleß auf den Gründen von Bujakow, strömt in das gedachte Fürstenthum, aus demselben in das Fürstenthum Ratibor und weiter in den Gleiwitzer und Schlawenzitzer District ***).

6. Der Tarnowitzer Bach,

der aus dem Zusammenflusse einiger Bäche entsteht, fließt in den Toster Kreis ****).

---

*) Sieh Th. 8. S. 29.

**) Sieh Th. 8. S 30.

***) Sieh Th. 7. S. 156. (Sie ist hier unter den Gewässern, die im Fürstenthume Rattibor fließen, aber ihren Lauf bald über die Gränze fortsetzen, unter 1, als ein unbenahmter Bach angegeben.) Th. 8. S. 4 und 28.

****) Sieh Th. 8. S. 30.

7. Ein unbenahmter Bach entsteht aus der Vereinigung zweier Bäche bei Schwientochlowitz, und fließt in das Fürstenthum Pleß *).

Sonst zählte man 160 Teiche, in neuern Zeiten hat man aber mehrere in Wiesen verwandelt.

Berge und Ebenen.

In der ganzen Standesherrschaft Beuthen giebt es wenig Ebenen; sie besteht vielmehr aus einer Kette von Hügeln, unter denen der **Trockenberg** bei Tarnowitz, wegen des Bergbaues, der auf demselben im Umgange ist, der merkwürdigste ist. Diese Hügel, die man als das Vorgebirge der Karpathen ansehen kann, scheiden, so wie die in der Minderherrschaft Loslau und im Fürstenthume Pleß, das Oder- und Weichselthal. Von hier laufen die Bäche links der Oder und rechts der Weichsel zu.

Die Herrschaft besteht aus gutem fetten Boden, nur von Tarnowitz gegen Morgen haben einige Dörfer viel Sand, und gegen Abend und Mitternacht einige einen etwas weniger sandigen Boden.

Waldungen.

Die ansehnlichsten Waldungen sind gegen Mitternacht und Mittag. Die ehemahligen schönen Eichenwälder haben jetzt sehr abgenommen.

---

*) Sieh Th. 8. S. 3. B.

Producte.

A. Das Thierreich.

Bei der herrschenden Saumseligkeit der Einwohner fehlt es dem Viehe an der nöthigen Pflege; Pferde und Rindvieh sind daher nur von kleinem Schlage. Die Schafe liefern theils eine sehr feine, theils nur eine mittelmäßige Wolle. Die Bienenwartung ist von ziemlicher Beträchtlichkeit, und die Anzahl der Waldbienenschwärme ist auch ganz ansehnlich. Die ansehnlichen Waldungen liefern hohes und niederes Wild. Wölfe sind keine Seltenheit, Luchse sind aber seltener. Die Flüsse liefern den Einwohnern ihren Bedarf an Fischen.

B. Das Pflanzenreich.

Die Waldungen bestehen zwar größtentheils aus Tannen, Kiefern und Fichten; doch findet man hier und da auch schöne Buchen- und Birkenwälder. Daß es ehedem auch große Eichenwälder gab, habe ich oben schon erinnert.

Außer den gewöhnlichen Getreidearten und Hülsenfrüchten bauet man auch Buchweitzen (Heidekorn, Polygonum Fagopyrum Lin.), Flachs, Kartoffeln, Hopfen, Kopfkohl. Küchenkräuter werden nur zur Nothdurft angepflanzt. Der Obstgewinn ist nicht sehr beträchtlich: denn die Pflege der Obstbäume wird vernachlässigt. Maulbeerbäume zählt man etliche tausend. Schwaden (Festuca fluitans Lin.) wächst zwar häufig wild, er wird aber von den Einwohnern nicht so fleißig, wie im Fürstenthume Oppeln, gesammelt. Ich habe diese Gegend nie in botanischer Absicht bereisen können; ich kann also nicht sagen, ob auch hier seltenere Pflanzen einheimisch sind: wenigstens vermuthe ich, daß in den vielen Wäldern seltnere Kryptogamisten zu finden seyn könnten; und sollten nicht auch die Bergwerke Beiträge zur unterirdischen Flora liefern, wenn ein in der dasigen Gegend lebender Freund und Liebhaber der Gewächskunde deshalb Untersuchungen anstellen wollte?

C. Das Mineralreich.

Die Standesherrschaft Beuthen gehört zu dem in Ober-Schlesien sich weit erstreckenden Flötzgebirge*). Die mir bekannt gewordenen Mineralien sind:

A. Erdige Fossilien.

I. **Kieselgeschlecht.**

1) **Quarz, gemeiner, als glimmerreicher Sandstein,** bei Bielschowitz, Siemianowitz, Charzow, Ruda; **grauglimmerig,** bei Radoschau.

Ziegelroth, weiß und rothgestreift, sehr **feinkörnig,** als glimmerreicher Sandstein, bei Bujakow, **grobkörnig,** bei Saborze.

Ueber dem dichten Kalkstein, als **kleinkörniger** Sandstein, ein wenig mächtiges Lager bei Radzionkau.

Röthlich und graulichweiß, grobkörniger Sandstein, bei Zabrze.

---

*) Merkwürdig sind die Geschiebe uranfänglicher Gebirgsarten, die man beim Durchsinken der Schächte findet.

Carmesinroth, kleinkörniger Sandstein, bei Tarnowitz.

2) Hornstein.

a) muscheliger, gelblichgrau, in Feuerstein übergehend, in dichtem Kalkstein, zu Tarnowitz bei den Stollenschächten.

b) Holzstein, gelblichbraun, in kleinen Stücken, im aufgeschwemmten Gebirge, bei Zaborze, auch in Kalksteinbrüchen.

3) Feuerstein, in kleinen Lagern, bei Bobrownick.

4) Chalcedon, gemeiner, bisweilen als Geschiebe im kleinkörnigen Conglomerat.

II. Thongeschlecht.

5) Gemeiner Thon.

a) Töpferthon. Zu Tiegeln bei den Glashütten, bei Bobreck.

Aschgrau, zu Bujakow.

Graulichweiß, feinerdig auf den Steinkohlen zu Charzow.

Aschgrau auf den Steinkohlenflötzen zu Lagiewnick, Ruda und Zabrze.

Rosen- und ziegelroth über dem Eisenstein im Kalkflötz, und graulichweiß sehr zähe, der Walkererde ähnlich, zu Naklo.

Ziegelroth auf dem Kohlenflötz der Grube Neuglück zu Siemianowitz.

Asch- und grünlichgrau, auch bläulich (Kurzawka) über dem Erzflötz zu Tarnowitz. Dieser Thon ist es, der dem Tarnowitzer Bergbaue von jeher so große Schwierigkeiten verurfacht hat. Wie ein Schwamm zieht er alle Feuchtigkeiten des Bodens an sich, und sammelt in seinem Inneren ungeheure Quantitäten von Wasser, die in dieser Fläche nirgends ablaufen können, da in der Nähe kein Thal ist. Sobald man es wagt, unter diesen Thon zu dringen, so füllt sogleich das Gewässer mit Gewalt jede Vertiefung. Nunmehr hat man es durch Kunst Englischer Feuermaschinen dahin gebracht, diesen großen Wasserbehälter zu trocknen und das unter ihm liegende Bleiglanz-Flötz zu entblößen.

b) Schieferthon, als Dach und Sohle der Steinkohlen, auf der Grube Nannette zu Bujakow; als ein drei Lachter mächtiger Rücken, aber mit gleichem Streichen das Kohlenflötz durchsetzend, auf der Grube Hedwig zu Charzow; mehrmahlen mit Sandstein und Steinkohlen abwechselnd zu Lagiewnick; drei Lachter mächtig auf der Grube Brandenburg zu Ruda; mit sichtbaren kleinen Glimmerblättchen gemengt, mehrmahlen mit Sandstein und Steinkohlen abwechselnd zu Zabrze; ohne Glimmer in eben diesem Verhältnisse zu Siemianowitz.

6) Brandschiefer, bei Lagiewnick und Tarnowitz.

7) Glimmer, in silberweißen Blättchen; im Sandstein, bei Bielschowitz, Siemianowitz, Charzow, Ruda, Bujakow, Zaborze; im Schieferthon, bei Zabrze.

8) Basalt, in großen Geschieben, bei Bujakow.

III. **Talkgeschlecht.**

9) **Walkererde**, bei Naklo, Deutsch-Piekary und Ruda.

IV. **Kalkgeschlecht.**

10) **Kalkstein**,

a) dichter, gemeiner, bei Beuthen, Biskupitz (er gränzt mit dem Steinkohlengebirge), Bobreck, Bujakow, Chechlow, Lagiewnick, Lassowitz (dieser wird auch als Marmor bearbeitet), Groß-Poniow, Deutsch-Piekary, Radzionkau, Ruda, Siemianowitz; Rudy-Piekary, Repten, Sewitz, Miechowitz, Bobrownick, in muschelförmigen abgesonderten Stücken, oder ganz zusammen gehäuften versteinten Conchylien, zu Kamien; mit dazwischen liegendem thonartigen und Brauneisenstein, zu Naklo; als Sohle des Erzflötzes zu Tarnowitz mit mannigfaltigen, aber meistens unbestimmbaren zweischaligen Muschelversteinerungen.

b) **Blatteriger Kalkstein**,

a) körniger Kalkstein, als Dachgestein des Erzflötzes, bei Tarnowitz.

b) **Kalkspath**, zu Tarnowitz die doppelte dreiseitige Pyramide in kleinen Krystallen, in Rhomben völlig übergehend; die einfache sechsseitige Pyramide mittlerer Größe mit drusiger Oberfläche, oft mit Ansatz zur doppelten, die Seitenflächen der einen auf die

Seitenflächen der andern aufgesetzt; grob- und großkörnig in kleinen Lagern in dichtem Kalkstein des Stollenlichtloches. In großen fußlangen Drusen von kleinen doppelt dreiseitigen Pyramiden, im Dachgestein. Als Trochit und Entrochit, sehr häufig im Sohlgestein. Graulichweiß, gelblichbraun vom groß- bis zum feinkörnigen hinab, so daß er dann ganz das Ansehen des körnigen Kalksteins hat, in ganzen Flötzen, vorzüglich als das Dach der Erze, aber auch in der Sohle z. E. auf Wehling und Waiz. Durch Eisenocher schwefelgelb und carmesinroth, auch cochenillroth gefärbt, in den Eisensteinbauen auf dem Trockenberge. Rhomben mittlerer Größe, gelblichbraun auf den Stollenlichtlöchern und häufig als sehr kleine Krystallen, als große Drusen auch in dem Erzflötze selbst. Die dreiseitigen Pyramiden sind oft aus einer Menge dergleichen kleinern unter einander gehäuft. Die sechsseitige Pyramide mit drei Flächen stark zugespitzt auf die abwechselnden Seitenkanten aufgesetzt; die Zuspitzung so stark, daß fast nur die dreiseitige spitzwinkelige Pyramide erscheint, mit glatter wenig glänzenden Oberfläche, oft mit gelben Ocher eingefaßt.

Zu Bobrownick, in Trümmern mit Bleiglanz.

11) Stinkstein, graulichschwarz bei Bülschowitz.

B. Brennliche Fossilien.

Erdharzgeschlecht.

12) Steinkohle.

a) Pechkohle, in einzelnen Stücken in der Dammerde bei Tarnowitz.

b) Schieferkohle. Die Standesherrschaft Beuthen nebst dem als ein Theil des Kreises damit verbundenen Theile des Ujester Halts ist sehr reich an mehrern über einander liegenden Flötzen, die mehrentheils die Mächtigkeit eines Lagers übersteigen, ja 3 bis 4 Lachter erreichen.

Gruben sind.

1) Zu Zabrze. Auf dem Feuermaschinen-Schachte liegen folgende Flötze neben einander.

	Lachter	Zoll.
Dammerde und grauer Letten . .	2	40
Sandstein	7	20
Schieferthon	2	—
Sandstein	—	70
Schieferthon	—	60
Kohlen, Oberflötz	—	65
Schieferthon	—	40
Unreine Kohlen	—	20
Schieferthon	—	5
Grauer Sandstein	—	10
Schieferiger Sandstein	—	10
Festes Kohlen-Niederflötz . .	—	70
Schieferthon	—	60

	Lachter	Zoll.
2) Zu Lagiewnick Feuermaschinen-Schacht. Hier liegen folgende Flötze neben einander.		
Dammerde	—	10
Gelber Letten und Sand . . .	—	70
Schieferthon	—	10
Kohlen	—	20
Schieferthon	—	50
Sandstein	8	70
Kohlen	—	4
Sandstein	—	66
Schwarzer Letten	—	25
Sandstein	2	75
Grauer Sandstein	—	30
Gelblichgrauer Sandstein . . .	—	35
Grauer Sandstein	—	55
Festes Kohl	2	66
Graulichweißer Sandstein . . .	—	24
3) Zu Ruda liegen auf der Grube Brandenburg folgende Flötze neben einander.		
Sand und Letten unter der Dammerde	1	60
Sandstein	3	55
Schwarzer Schieferthon mit Kohlen	1	—
Bläulichgrauer Schieferthon . .	—	60
Schwarzer Kohlenschiefer mit Kohlen	—	20
Schwärzlichgrauer Schieferthon .	—	45
Oberkohl	—	60

	Lachter	Zoll.
Unterkohl	—	—
Eisenstein in dem Unterkohl . .	3 — 4	5
Grauer Schieferthon	—	—

Das Kohlenflötz auf der Grube Maximilian hat 1 Lachter Mächtigkeit.

Die Grube Louise liegt in Fristen.

4) Bielschowitz, die Grube Henriette 2 Flötze von 20 bis 30 Zoll und ¾ Lachter Mächtigkeit.

Die Grube Dorothea ist im Ausgehenden ¾ und im Einfallen 1 Lachter mächtig.

5) Bitkow, die Grube Caroline 1 Flötz 4 Lachter mächtig.

6) Charzow, die Grube Hedwig 3 Flötze 27 Zoll, 1½ Lachter, 3¾ Lachter mächtig.

7) Bujakow, die Grube Minette 1 Flötz 52 Zoll mächtig.

8) Radoschau, die Grube Lazarus ¾ Lachter im Ausgehen.

9) Siemianowitz, die Grube Neuglück 2 bis 2½ Lachter mächtig.

10) Neudorf, die Grube Salomon.

11) Lagiewnick . . . .

C. Metallische Fossilien.

I. Eisengeschlecht.

13) Gediegenes Eisen, nach Gerhard, nicht selten in kleinen Blättern, in dichtem Brauneisenstein bei Tarnowitz.

14) **Schwefelkies,**

a) **gemeiner**, zu Tarnowitz; derb, fast eben im Bruche mit Brauneisenstein und eingesprengtem Bleiglanze, auf dem Erzlager.

Eingesprengt und in kleinen Würfeln in dem Sohlgestein, dem bläulichgrauen Kalkstein.

In dem in der Dammerde liegenden zu Pechkohle verwandelten Holze, dessen Mark durch Schwefelkies ersetzt wird.

In kleinen Dodekaedern auf den runden Massen derben Schwefelkies, der bei nahe stets eine oder mehrere Krystallen Bleierz in sich verbirgt, von Haselnußgröße, in Thon liegend, in 6 bis 8 Lachter Teufe zwischen dem Trocken = und Silberberge.

b) **Strahlkies**, mit krystallisirtem Bleiglanze und gemeinem Schwefelkies zu Tarnowitz.

15) **Magnet=Eisenstein, gemeiner**, in kleinen Krystallen, als Ueberzug auf Brauneisenstein, zu Naklo.

16) **Eisenglanz, gemeiner**, als bindende Masse in kleinen Bläschen im Conglomerat.

17) **Rotheisenstein.**

a) **Ocheriger Rotheisenstein**, auf dichtem Brauneisenstein zu Tarnowitz.

b) **Dichter Rotheisenstein**, zu Naklo.

18) **Brauneisenstein.**

a) Brauner Eisenrahm, als Ueberzug des Eisensteins auf dem Churfürstenschaft.

b) Ocheriger Brauneisenstein in Kugeln von Brauneisenstein, zu Tarnowitz.

c) Dichter Brauneisenstein, zu Naklo.

Nelkenbraun, eben im Bruche, gewöhnlich mit gelblichbraunem umschlossen, oft nierenförmiger Oberfläche, zu Deutsch-Piekary, Radzionkau, Tarnowitz im Churfürstenschaft 3 Lachter unter Tage, auch auf der Friedrichsgrube.

Drei bis vier Zoll mächtig unter dem Kohlenflötze der Brandenburg-Grube zu Ruda.

Schwärzlichbraun, klein nierenförmig, 1 Lachter mächtig, zu Tarnowitz auf Schuckmann.

Innig mit klein- und feinkörnigem Kalkspathe gemengt, so daß oft beide Fossilien nicht von einander zu unterscheiden sind, in dem Stollenschaft; in Kugeln, die braunen Eisenocher enthalten, ebendaselbst.

19) Spatheisenstein, zu Tarnowitz.

20) Thoneisenstein, gemeiner, zu Naklo; nicht häufig in einzelnen Nieren auf der Hedwig zu Charzow; auf der Brandenburg-Grube zu Ruda; gelblichbraun, mit weißem Bleierz darauf, zu Tarnowitz auf dem Erzflötze; durchaus innig mit Kalkspath gemengt, sehr häufig auf dem Gotthelfstollen, in den Lichtlöchern und in den alten Bauen auf dem Trockenberge.

Die Menge der hohen Oefen im Oppelnschen werden bei nahe alle aus dem Beuthenschen mit Eisenerz versorgt.

II. Blei-

II. Bleigeschlecht.

21) Bleiglanz, gemeiner, dunkelbleigrau, groß- und grobkörnig in länglich runden zerfressenen ungestalten Massen in dichtem durch Eisenocher und Thon braun gefärbten Kalkstein; ferner in großen undeutlichen Würfeln krystallisirt, oft mit abgestumpften-Ecken und in kleinen und ganz kleinen in Kalkspathtrümmern versteckten Krystallen, auf dem Bobrownicker Revier zu Tarnowitz dünnschalig, blumenblätterig, ebendaselbst. Kleinkörnig in dünnen Lagern und in nußgroßen Stücken in dichtem Kalkstein, die größtentheils eckig ihre durch das Gestein eingeschränkte Krystallisations-Neigung zeigen, auf dem Trockenberge.

Kleine sechsseitige Säulen mit drei auf abwechselnden Seitenkanten aufgesetzten Flächen zugespitzt, von gemeinem Schwefel-Strahlkiese zu kleinen Kugeln umschlossen, in Kugeln, in 6 bis 8 Lachter Teufe zwischen dem Trocken- und Silberberge. Eben diese Krystallisation findet man auch in den Höhlungen des Bleiglanzes, desgleichen auch auf dem Würfel mit stark abgestumpften Ecken, aber den vollkommenen nicht, auf dem Bobrownicker Revier. Alle diese Arten kommen auch bei Miechowitz, Beuthen, Deutsch-Piekary und Stilarzowitz vor. Der Centner, 132 Pfund, Bleierz giebt gewöhnlich 88 Pfund Blei und 3 Loth Silber; doch ist die Mischung so veränderlich, daß man schon 112 Pfund Blei und 23 Loth Silber erhalten hat.

22) **Weißbleierz.** Zu Tarnowitz auf dem Erzflötze des Bobrownicker Reviers, graulichweiß von Diamantglanz sehr häufig in lang gestreiften, nicht immer deutlichen, sechsseitigen Säulen, die auf verworrene Art zu ganz ansehnlichen Massen zusammen gehäuft sind, doch so, daß sie Zwischenräume zwischen sich lassen, in Höhlungen des Bleiglanzes; oft als einzelne Säulen auf dem Bleiglanze; desgleichen derb, muschelig im Bruche; auch in wachsgelben kurzen Säulen. Auf dem Trockenberge, in ganz kleinen Säulen auf thonartigem Eisenstein.

23) **Rothbleierz.** In sehr kleinen Krystallen carmesinroth mit weißem, in geringer Menge, auf dem Birnbaumschachte.

24) **Bleierde**, feinerdig, strohgelb, verhärtet, muschelig im Bruche, außerordentlich schwer, mit fein eingesprengten und derb darauf Weißbleierz-Krystallen nicht sehr häufig auf dem Bobrownicker Revier zu Tarnowitz. Das Weißbleierz und die Bleierde hielten gewöhnlich 60 bis 70 Pfund Blei, aber keine Spur von Silber.

III. **Zinkgeschlecht.**

25) **Galmei, dichter**, strohgelb, gelblichweiß, gelblichgrau, gelblich und dunkelröthlichbraun, nicht selten mit Versteinerungen, feinerdig ins Muschelige übergehend, in dichtem Kalkstein, in der Nähe des Eisensteins 3 bis 4 Lachter unter Tage, in einer oft abgebrochenen Flötzlage, bei Tarnowitz am Trockenberge, Rüdy-Piekary, Stilarzowitz, Deutsch-Piekary, Charzow.

Noch ist es streitig, wer die Galmeigräberei hier in Gang gebracht hat. Einige behaupten ein gewisser Peter Jost; nach andern Georg von Giesche, dessen Erben noch im Besitze sind, und ein Privilegium darüber haben.

Ehedem geschah das Rösten des Galmeies bei Holz im Freien. Bei dieser Art zu rösten war der Verbrauch des Holzes nicht unbeträchtlich. Da der Holzbedarf durch den Tarnowitzer Berg- und Hüttenbetrieb sich mehrte, so fand man es für nöthig, diesen Bedarf auf die beste Art einzuschränken. Noch größere Veranlassung, dieses beim Rösten des Galmeies zu thun, gaben die in der Nähe belegenen Steinkohlengruben. Das königliche Bergamt entschloß sich also in der Scharley einen zum Rösten mit Steinkohlen nach Englischer Art eingerichteten Ofen anlegen zu lassen.

Der Bau geschah nach Rissen und Zeichnungen, die von Bergwerks-Officianten auf ihren Reisen in England aufgenommen worden. Zwar fanden sich, wie bei allen neuen Anlagen, bei dem ersten Probebrande verschiedene Fehler, die aber nach der Zurückkunft des jetzigen Herrn Oberberghauptmanns Grafen von Reden aus England, nach dessen Anweisung so gut abgeändert wurden, daß der auf diese Art gebrannte Galmei in den Messingwerken beliebter ist, als der mit Holz geröstete. Außer diesem Vortheil entstehen daraus noch diese: 1) daß kein Galmei überbrannt wird, wie es beim Brennen im Freien mit Holz öfter geschieht; 2) daß der nicht ganz durchröstete, bei einem sehr unbedeutenden Steinkohlen-Aufwande, gar gebrannt wird; 3) daß die Zinktheile im verschlossenen Ofen, weniger, als im Freien verjagt werden; 4) daß die Kosten des Röstens geringer sind; 5) daß die Inhaber der Galmeiwerke, da auf diese Art die Güte des Galmeies erhöhet worden ist, andern Werken die Concurrenz abgewinnen können. Sie haben daher auch auf den andern Revieren, bei Danietz und am Trockenberge bei Tarnowitz Oefen erbauen lassen.

IV. **Arsenik-Geschlecht.**

26) Arsenik-Kies, in geringer Menge dem Bleierze beigemengt.

Hin und wieder hat man in Sandhügeln Urnen gefunden.

Zweiter Abschnitt.

Manufacturen und Fabriken.

Die beträchtlichste Manufactur der Standesherrschaft ist die **Tuchmanufactur** in Beuthen und Tarnowitz. Zum besseren Fortgange derselben am ersteren Orte, so wie zu Ansetzung einiger Strumpfstricker und einiger **Mesolan- und Baumwollenweber** schenkte Friedrich II. einst 2610 Rthl.

Die vielen Töpfer in Beuthen machen gute und schöne Oefen, die sehr gesucht werden.

In Tarnowitz macht man **Kraftmehl** und **Haarpuder**.

Zu Brenize Rudá und Halemba sind **hohe Oefen**.

Zu Bielschowitz, Brenize, Halemba, Jendriszeck, Piaseczina, Przelayka, Truschütz sind **Frischfeuer** und zu Piaseczina ist ein **Zainhammer**.

In der Nähe des Dorfes Charzow ist eine königliche neu errichtete Eisenhütte, die **Königshütte**, die am Ende 1802 in Betrieb gekommen ist. Sie bestehet aus 2 hohen Oefen, die mit abgeschwefelten Steinkohlen (Coaks) betrieben werden. Sie ist das erste Werk in den königlichen Preußischen Staaten, und sicher auch in Deutschland, das mit Dampfmaschinen, statt der Wasserräder, für das Gebläse betrieben wird. Die Oefen liefern wöchentlich 1000 Centner Roheisen. Bei der Nähe der Steinkohlengruben wird das Brenn-Materiale auf eisernen Schienenwegen, nach Englischer Art, herbei geschafft. Für die Hüttenleute sind 20 massive Häuser erbauet worden.

Dritter Abschnitt.

Politische Verfassung.

Gränzen.

Die Standesherrschaft Beuthen, seit 1697 ein Majorat der gräflichen Familie Henkel von Donnersmark gränzt gegen **Morgen** mit Süd-Preußen, wo die Brinnitze die Gränze macht; gegen **Mittag** mit dem Fürstenthume Pleß, wo die Klodnitz die Gränze macht; gegen **Abend** an den Toster Kreis; gegen **Mitternacht** an den Lublinitzer Kreis.

Größe.

Zimmermann *) und Sack **) geben die Größe der Standesherrschaft, den Theil des Ujester Haltes mitgerechnet, auf 10, Scheibel aber nur auf 9 Quadrat-Meilen an ***).

---

*) Zimmermanns Beiträge zur Beschreibung von Schlesien. Bd. 2. S. 202.

**) Dessen allgemeine Nachrichten von Schlesien S. 4.

***) Eben daselbst.

Kreis.

Die Standesherrschaft macht einen landräthlichen Kreis aus, dazu aber der zunächst gelegene Theil des Ujester Haltes gerechnet wird.

Volksmenge.

In den Jahren 1791, 1793, 1794, 1795, 1796 und 1800 lebten in dem Beuthener Kreise:

	1791.	1793.	1794.	1795.	1796.	1800.
A. In den Städten:						
1) In Beuthen .	1585	1537	1534	1558	1587	1733
2) In Tarnowitz .	1671	1683	1570	1553	1570	1342
Summa .	3256	3220	3104	3111	3157	3075
B. Auf dem Lande .	14306	14309	14088	14004	14026	15618
Summa .	17562	17529	17192	17115	17183	18693
Nimmt man nach Sack 9 Quadrat-Meilen an, so kommen auf jede Meile . . .	1951	1947	1910	1901	1909	2077

Sprache.

Auf dem Lande ist die herrschende Sprache Polnisch, aber mit vielen Mährischen Wörtern vermischt; in den Städten spricht man aber besser Polnisch: Deutsch wird nur in den Städten, besonders in Tarnowitz, von den Deutschen Officianten und Bergleuten gesprochen.

Aeußere Verfassung.

Der Adel stehet unter der standesherrlichen Regierung, von der an die Oberamtsregierung zu Brieg appellirt wird; die andern Einwohner unter der Gerichtsbarkeit des Dominii. Die Dörfer des zum Kreise gehörigen Theils des Ujester Haltes unter der bischöflichen Regierung zu Breslau. In Ansehung der Steuer und Contribution gehört der Kreis unter die Breslauer Kriegs- und Domänen-Kammer, und zwar die Städte zum siebenten steuerräthlichen Departement, das in Tarnowitz seinen Sitz hat.

In Ansehung der Steuer gehört er zur letzten Classe.

In Ansehung der Vieh-Assecuranz zur dritten Societät.

In Ansehung des Accise- und Zollwesens zur Direction zu Neisse.

Der Kreis gehört zur Salz-Factorei Tarnowitz.

Den Canton hat ein Infanterie-Regiment.

Aeußere kirchliche Verfassung.

Der größeste Theil der Einwohner bekennt sich zur katholischen Religion und der kleinere zur evangelisch-lutherischen.

In der ganzen Herrschaft ist eine einzige lutherische Kirche, zu Tarnowitz, zu der sich die übrigen Lutheraner der Herrschaft halten. Die Katholiken haben in den Städten 6 und auf den Dörfern 17 Kirchen. In Beuthen ist ein Minoriten-Kloster.

Die lutherische Kirche steht unter dem Consistorio zu Brieg, und zwar unter der Plesser Inspection.

Die katholischen Kirchen gehören zur bischöflichen Diöcese Krakau, ausgenommen die Kirche zu Biskupitz, Mikultschütz, Schosnitz und Zabrze, die zur bischöflichen Diöçese Breslau gehören.

In Beuthen haben die Juden eine Synagoge und Begräbniß.

Der Beuthener Kreis enthält 2 Städte (**Beuthen** und **Tarnowitz**), 1 Marktflecken (Georgenberg), 66 Dörfer und 8 Colonien.

A. Städte.

1. Beuthen (Byton)

ist eine Mediat- und die Kreisstadt, liegt an dem kleinen Flusse Hyacinth, gehört dem Standesherrn, und enthält:

I. An städtischen Gebäuden:

1) Ein Rathhaus.
2) Ein Malz- und Brauhaus.
3) Ein Hospital bei der Propstei St. Margarethe.
4) Ein Hospital bei der Stifts- und Propstkirche vor dem Krakauer Thore.

II. An Kirchen und Schulgebäuden:

1) Die Pfarrkirche, an der ein Parochus und ein Vicarius die religiösen Handlungen besorgen. Beide sind Prämonstratenser aus dem Stifte St. Vincenz zu Breslau, das auch das Patronats-Recht bei der Kirche hat.
2) Die Propstei St. Margarethe in der Vorstadt nebst der Kirche.

3) Die Stifts- und Propsteikirche vor dem Krakauer Thore, in der von dem Propste und 2 Vicarien wöchentlich etliche Mal Gottesdienst gehalten wird.

4) Das Minoriten-Kloster, in welchem außer dem Guardian 9 Mönche leben.

5) Die Kirche zur heiligen Dreifaltigkeit vor dem Tarnowitzer Thore ist wie 2 eine Begräbnißkirche.

6) Die katholische Schule.

7) Die Synagoge der Juden.

III. **An bürgerlichen Häusern** 302.

Außer dem erlernten **Handwerke** und dem **Brau-urbar**, dazu die Gerechtigkeit auf 173 Häusern haftet, einigem **Consumtions-** und **Tuchhandel** (letzterer wird besonders nach Süd-Preußen getrieben), ist **Ackerbau**, der ziemlich beträchtlich ist, ein bürgerlicher Nahrungszweig. Unter den Zünften sind die Tuchmacher, Schuster, Weber und Schmiede die zahlreichsten.

Die Kämmerei besitzt nebst einem Walde und 2 Vorwerken noch das Dorf Groß-Dambrowka.

Königliche Aemter sind hier:

Das Accise- und Zollamt.

Das Postamt.

Jahrmärkte sind: 1) an der Lichtmesse; 2) am Sonntage Misericordias Domini; 3) an Margarethe; 4) an Francisci; 5) am Tage Andreä. In der Fastenzeit ist an jedem Donnerstage Roß- und Viehmarkt.

Beuthen hat seine Entstehung von dem Bergbaue auf Silber, der gegen das Ende des zwölften Jahrhunderts hier anfing, und bis 1535 im Umgange war, aber wegen der überhand nehmenden Grubenwasser auflässig werden mußte.

Die Garnison bestehet aus einer Escadron vom Husaren-Regimente Nr. 6.

2. Die Bergstadt Tarnowitz (Tarnowsky Gury)

gehöret ebenfalls dem Standesherrn, ist zwar ohne Mauern, hat aber 3 Thore, und enthält außer

dem herrschaftlichen alten Schlosse, in dem die standesherrliche Regierung ist:

I. An städtischen Gebäuden:

1) Das Rathhaus.

2) Das Malz- und Brauhaus.

3) Ein Hospital.

II. An Kirchen und Schulgebäuden:

1) Die katholische Pfarrkirche.

2) Die evangel. lutherische Kirche.

3) Die katholische und

4) die lutherische Schule.

III. Privat- oder Bürgerhäuser 233 *).

Der Ackerbau und Brauurbar, dazu bei nahe alle Bürgerhäuser berechtigt sind, ein kleiner Consumtions-Handel, vorzüglich aber der Bergbau (es leben hier etliche hundert Bergleute) sind die Nahrungs-

*) Dieses ist die Zahl, die Zimmermann in den allgemeinen Nachrichten von Schlesien S. 13 angiebt. In den Beiträgen, die früher herausgekommen sind, giebt er 249 an. Woher diese Differenz? Zimmermann sitzt doch an der Quelle sicherer Nachrichten.

zweige der Einwohner. Auch hier, wie zu Beuthen, machen die Tuchmacher, Schuster, Weber und Schmiede die zahlreichsten Zünfte aus.

Königliche Aemter sind:

Das siebente steuerräthliche Departement.

Das Kreis-Steueramt.

Die Salz-Factorei.

Das Accise- und Zollamt.

Das Postamt.

Die Berg-Deputation.

Der hier befindlichen standesherrlichen Regierung präsidirt ein Landrichter.

Jahrmärkte sind: 1) am Tage der heiligen drei Könige; 2) an Reminiscere; 3) an Cantate; 4) an Petri Pauli; 5) am Tage Aegidii; 6) an Martini. An jedem ist zugleich Viehmarkt.

Hier ist keine Garnison.

Tarnowitz hat eben so, wie Goldberg, Silberberg, Kupferberg, Reichenstein und Beuthen seine Entstehung dem Bergbaue zu danken. Als der Bergbau auf Silber, der in der Gegend von Beuthen im Umgange war, entweder wegen der starken Zuströmung unterirdischer Wasser, oder, wie andere sagen, wegen Auskeilung der Erze auflässig wurde, fand ein Bauer, Rybka mit Nahmen, in der Gegend von Tarnowitz ein Stück Silbererz, das entweder sein Ochs, oder sein Pflug ausgescharret hatte. Durch diese Entdeckung aufmerksam gemacht, baueten Berg- und andere Leute sich bald (1519) da, wo jetzt Tarnowitz steht, an. Herzog **Johann von Oppeln**, dem damahls Beuthen gehörte, erklärte (1526) diese neu erbaueten Häuser für eine Stadt, und gab ihr das Recht zum Bergbau. Nach dem Ableben **Johanns von Oppeln** kam Tarnowitz an den **Markgrafen Georg von Brandenburg, Herzog zu Jägerndorf**; nach diesem an **Georg Friedrich von Brandenburg**, und endlich (1603) an **Joachim Friedrich, Churfürsten zu Brandenburg**, dessen Sohn **Johann Georg** sie verlor, theils wegen des Streites, den er mit dem **Kaiser Ferdinand** wegen Ablösung der Herrschaft bekam, theils aber auch deswegen, weil er auf die Seite des so genannten Winterkönigs, **Friedrichs von der Pfalz**, trat. Man erklärte ihn, wegen des letztern Schrittes, in die Acht, und die Herrschaft ward dem **Grafen Lazarus I. von Henkel** pfandweise, 1629 aber dem jüngern Grafen **Lazarus von Henkel** erblich überlassen. 1697 ward sie zu einer freien Standesherrschaft und zum Majorat dieser Linie vom **Kaiser Leopold** erklärt.

So abwechselnd die Herren der Herrschaft waren; so abwechselnd waren auch die Schicksale des hiesigen Bergbaues. Bald hemmten die zuströmenden Grubenwasser, bald die Religions-Bedrückungen den Bergbau.

Schon 1545 fing das Zuströmen der unterirdischen Wasser an. Man machte zwar von 1549 bis 1561 allerhand Versuche, die Wasser zu gewältigen und abzuleiten, aber sie waren fruchtlos; nur vermittelst des Jacobs-Stollens, den man liegen gelassen, jetzt aber wieder aufnahm, kam man so weit, daß man die Erze trocken zu Tage fördern konnte.

Georg Friedrich von Brandenburg that alles

mögliche, den Bergbau in Aufnahme zu bringen. Er bestättigte (1568) nicht nur alle Privilegien, sondern er erließ auch der Gewerkschaft auf 11 Jahre alle Abgaben *). Der Gewinn nahm ab, und mit der Abnahme des Gewinns die Lust zum Bergbaue. Die Einheimischen wollten nicht mehr bauen. Eine Gesellschaft aus Krakau, die endlich in eine vom **Markgrafen Georg Friedrich** (1568) privilegirte Gewerkschaft überging, machte neue Versuche, die aber auch mißglückten. Im Jahre 1618 zog der Kaiser die Herrschaft, bei der Achtserklärung Johann Georgs, ein, und die nun wegen der Religion bedrückten Bergleute, meistentheils Lutheraner, die schon 1531 eine Kirche und Schule erbauet hatten, zogen weg, so daß nunmehr die Tarnowitzer Bürger (1619) gezwungen wurden, den Bergbau fortzusetzen. Mit dem Gewinne des Silbers ging es schlecht; man schränkte sich also auf den Gewinn von Alaun und Vitriol ein, und errichtete (1623) die nöthigen Hütten.

Nach dem dreißigjährigen Kriege, gab man sich alle Mühe, den hiesigen Bergbau wieder schwunghaft zu betreiben. Um die unterirdischen Wasser zu lösen, fing man (1652) an, den Gotthelfs-Stollen zu bauen, der aber der Erwartung nicht entsprach. Man nahm nun aufs neue seine Zuflucht zu dem bei nahe hundert Jahre vor-

*) Diese Abgaben waren von seinem Vater so bestimmt: vom Berggewinn mußte die zehnte Mulde abgegeben werden; von jeder Mulde Silber 3 Gr. und von dem gewaschenen Erze von jeder Mulde 1 Gr.

her angelegten und nachher liegen gebliebenen Jacobs-Stollen, und gewann 1692 wieder 1661 Mark Silber.

Nach und nach ward die Ausbeute wieder geringer, und der ganze Bergbau fiel 1755 ins Freie. Friedrich II., dem nichts entging, was den Flor seiner Staaten erhöhen konnte, empfahl in einer Cabinetts-Ordre dem jetzt verstorbenen Staats-Minister **Baron von Heinitz** besonders den Tarnowitzer Bergbau. Nach einigen nothwendig getroffenen Arrangements ward 1783 in Gegenwart des gedachten Staats-Ministers mit 50 Bergleuten (jetzt sind wohl 400 in Thätigkeit) der Anfang zum Wiederaufnehmen des Baues auf königliche Kosten gemacht, und die beiden Schächte **Rudolphine** und **Heinitz** abgeteuft, in denen man wider Erwartung eine Menge Erzanbrüche fand. Um die Wasser, die auch jetzt dem Baue lästig wurden, zu gewältigen, errichtete man anfänglich einen Göpel, dazu 120 Pferde gehalten wurden: nachher aber führte man Feuermaschinen ein, deren man sich auch noch jetzt bedient. Die erstern wurden aus England verschrieben; gegenwärtig werden sie aber im Lande selbst verfertigt. Zum Gutmachen der Erze wurde eine kleine Meile von Tarnowitz (1786) eine Schmelzhütte, ein Röſthaus, ein Kalkofen, ein massives Officianten-Haus, etliche Familien-Häuser und verschiedene Schuppen erbauet, und der ganzen Anlage der Nahme **Friedrichshütte** beigelegt. Ich schweige

---

*) Leser, die sich hiervon unterrichten wollen, verweise ich auf Zöllners Briefe über Schlesien Th. 1. S. 223 ff. und Schummels Reise durch Schlesien S. 85. Bergmännisches Journal Bd. 2. St. 6. Jahrgang 1788.

von der Art, wie die Erze gut gemacht werden *), und setze nur noch die Nahmen der Gruben her.

A. Auf dem Stadt = Revier sind folgende Schächte:

1. 2) Feuermaschinen=Schächte Reden.

3) Bernhardi	Lichtlöcher.
4) Kerl	
5) Einsiedel.	
6) Janus.	
7) Vulkan.	Versuchschächte, wo nicht gefördert wird.
8) Fortuna.	
9) Engel.	
10) Teufel.	
11) Gränzschacht.	
12) Karsten.	
13) Schuckmann.	
14) Mars.	Förderschächte.
15) August.	

B. Bobrownicker Revier oder Friedrichsgrube.

16) Elisabeth.	Hier wird gefördert.
17) Voscamp.	
18) Heisler.	
19) Brückner.	
20) Eisleben.	
21) Mattkaborsa.	
22) Pohlmann.	
23) Pochhammer.	
24) Richtschacht.	
25) Hans Adolph.	
26) Abicht.	
27) Taube.	

28) Weh=

28) Wehling. 29) Waiz. 30) Benno. 31) Süd-Preußen. 32) Churfürst.	Hier wird gefördert.

33) Pachalys Schacht. Hier war sonst eine Feuermaschine.

34) Heinitz. Feuermaschinen-Schacht.

35) Antoinette. 36) Zielschacht. 37) Balthasar. 38) Friedrich Wilhelm. 39) Steinbeck.	Lichtlöcher.
40) Glückstern. 41) Martini Schacht. 42) Steinschacht. 43) Prinz Ferdinand. 44) Rosenstiel. 45) Rudolphine.	Hier wird nicht mehr gefördert.

C. **Trockenberger Revier** *).

46) Fuchsschacht. Feuermaschine.

47) Dohle. Förderschacht.

*) Der Trockenberg liegt vor Tarnowitz. Im Jahre 1785 ward hier ein alter Schacht wieder eröffnet. Er war 25¼ Lachter tief, fast in lauter Stein ohne Zimmerung. Man fand die sich weit erstreckende Arbeit der Alten in einem Zustande, den man kaum erwartet hatte. Die Bergleute gingen in die ganz offen stehenden Strecken hinein, und verirrten sich darin so, daß sie sich mit genauer Noth wieder heraus fanden. Die Alten haben das taube Gebirge nicht zu Tage gefördert, sondern als Pfeiler über einander gesetzt, so daß sie die obere Last des Gebirges

48) Adam. 49) Adler. 50) Fledermaus. 51) Nachteule.	sind abgebauet.
52) Rabe. Stollenlichtloch.	
53) Wolf. 54) Hamster. 55) Morgenstern.	Neue Versuchschächte.

Um die Wasser zu lösen, Aufschlagewasser zu gewinnen und das Gebirge aufzuschließen, fing man vor 14 Jahren an, eine kleine halbe Meile von Tarnowitz, gegen Piaseczina hin, einen neuen Stollen zu treiben, der den Nahmen des **Gotthelfsstollens** erhielt. Der Anschlag war auf 30000 Rthl. gemacht. Im Anfange ging alles glücklich von Statten; als aber die ganz ausgemauerte Rösche 150 Lachter fortgerückt war, entstand durch den gewaltigen Druck aus der Sohle ein Bruch von mehreren Lachtern in die Länge, und die Kurzawka*) legte bei den Vorkehrungen gegen dieses Unglück viele Hindernisse in den Weg. Um die zuströmenden Wasser wegzubringen, ward ein Pferdegöpel und zwei kleine Feuermaschinen angelegt.

---

trugen. An manchen Orten sind die Strecken so enge, daß man kriechen muß, andere aber so geraum, daß man aufrecht stehen und wie in einem Zimmer herum gehen kann. Die Erze waren alle ausgeräumt, und nur hier und da fand man einige Ueberbleibsel.

*) Sieh oben S. 216.

Jährlich soll der Ertrag dieses Bergbaues im Durchschnitte 1500 Mark Silber, 10000 Centner Blei und 4000 Centner Glätte seyn.

B. Der Marktflecken Georgenberg,

dem Standesherrn gehörig, vom Markgrafen Georg Friedrich (1561) wegen des in der Gegend angelegten Bleibergwerkes erbauet, besteht aus einer katholischen Kirche und Schule, 48 Bürgerhäusern und 16 Bauern. Die ersteren nähren sich vom erlernten Handwerke und die letzteren vom Ackerbau.

C. Dörf

Nahmen der Dörfer.	Oeffentliche Gebäude. Kath. Kirchen.	Kath. Schulen.	Pfarrhäuser.	Herrschaftl. Schlösser und Wohnungen.	Vorwerke.	Bauern.	Gärtner.	Häusler.
Bainkau, (Baingow)	—	—	—	—	1	—	7	—
Bielschowitz, (Bilczowitz)	1	1	—	—	3	16	34	1
Biskupitz	1	1	—	—	1	24	18	
Biskow	—	—	—	—	1	10	9	
Bobreck	—	—	—	—	2	6	11	—
Bobrownick	—	—	—	—	—	12	13	[illegible]
Boruszowicz	—	—	—	—	—	8	4	[illegible]
Brenize	—	—	—	—	1	—	13	—
Brzoszowitz, (Brzesow)	—	—	—	—	1	4	7	—
Bujakow	1	1	—	—	3	18	29	[illegible]
Carlshof	—	—	—	—	1	—	—	—
Charzow	1	1	—	—	—	47	9	[illegible]
Chechlo	—	—	—	—	—	8	27	—
——— Neu-, Colonie	—	—	—	—	—	—	—	—
Chropatschow	—	1	—	—	1	—	18	[illegible]
Churow, (Chudow)	—	1	—	1	3	10	16	[illegible]
Clodnize	—	—	—	—	—	8	4	—
Dam, (Damb)	—	—	—	—	1	19	10	[illegible]
Dambrowka, (Dombrowka) Groß-	—	—	—	—	2	44	6	[illegible]
——— ——— Klein-	—	—	—	—	1	—	—	1
Dorotheendorf, Colonie	—	—	—	—	—	—	—	—
Gurczke	—	—	—	—	1	—	—	—
Halemba	—	—	—	—	2	9	—	1
Heyduck	—	—	—	—	2	1	24	—
Jendriszeck	—	—	—	—	—	9	7	—
Ignazdorf, Colonie	—	—	—	—	—	—	—	—
Kamien	1	1	—	—	2	10	17	—
Kochlowitz	1	1	—	—	—	21	6	[illegible]
Kunzendorf, Colonie	—	—	—	—	—	—	—	—
Lagiewnick	—	—	—	—	3	9	26	[illegible]
Laszowitz	—	—	—	—	1	—	17	—
Macziekowitz	—	—	—	—	1	2	8	—
Makoschau	—	—	—	—	2	9	13	—
Matthiasdorf, Colonie	—	—	—	—	—	—	—	—
Michalkowitz	1	1	—	—	—	18	12	[illegible]
Miechowitz	1	1	—	—	2	11	29	—

Zainhammer.	Kohlengruben.	Herrschaft.	Anmerkungen und Merkwürdigkeiten.
—	—	Adelig.	
—	—	desgl.	
—	—	desgl.	Gehört zum Ujester Halt.
—	—	desgl.	
—	—	desgl.	
—	—	desgl.	
—	—	desgl.	Hierh. geh. Salz-Coctur Tluz auch Tluczekant.
—	—	Standesh.	Das Vorwerk heißt Vista.
—	—	Adelig.	
—	—	desgl.	
—	—	Standesh.	
—	—	Klst. Miechow.	Hier wohnt der Propst und die Vicarien der Propsteikirche vor dem Krakauer Thore zu Beuthen. Hier ist auch ein Eisenwerk.
—	—	Adelig.	
—	—	Standesh.	Gehört zu Neudeck.
—	—	Adelig.	
—	—	desgl.	
—	—	desgl.	
—	—	Klst. Miechow.	
—	—	Käm. Beuthen	
—	—	Adelig.	
—	—	desgl.	Gehört zu Sabrze.
—	—	Minoriten zu Beuthen.	
—	—	Standesh.	
—	—	Adelig.	
—	—	desgl.	
—	—	desgl.	Gehört zu Bittkow.
—	—	desgl.	
—	—	desgl.	
—	—	desgl.	Gehört zu Bielschowitz.
—	—	desgl.	
—	—	desgl.	
—	—	desgl.	
—	—	desgl.	
—	—	desgl.	
—	—	desgl.	
—	—	desgl.	

Nahmen der Dörfer.	Oeffentliche Gebäude.			Herrschaftl. Schlösser und Wohnungen.	Vorwerke.	Bauern.	Gärtner.	Häusler.
	Kath. Kirchen.	Kath. Schulen.	Pfarrhäuser.					
Mikultschütz	1	1	1	—	—	56	12	—
Naklo	—	—	—	—	1	11	10	[illegible]
Neudeck, (Schwirklinez)	—	—	—	1	1	—	—	—
Neudorf, (Borowavies)	—	—	—	—	—	18	5	4
Opparowitz	—	—	—	—	2	6	5	—
Orzech	—	—	—	—	—	12	12	—
Ozego	—	—	—	—	2	9	6	—
Panow, Groß-	1	1	—	—	3	10	38	[illegible]
Panow, Klein-	—	—	—	—	1	20	24	—
Paulsdorf, Ober- u. Nieder-, Col.	—	—	—	—	—	—	—	—
Piaseczina	—	—	—	—	1	9	7	—
Piekar, Deutsch-	1	1	—	—	1	28	23	[illegible]
—— Rudy	—	—	—	—	1	12	11	—
Pikowin	—	—	—	—	—	—	8	[illegible]
Plakowitz	—	—	—	—	1	16	18	7
Pniowecz	—	—	—	—	—	12	8	—
Przelayka	—	—	—	—	1	10	3	[illegible]
Radoschau	—	—	—	—	—	—	14	—
Rodzionkau	1	1	—	—	2	28	26	[illegible]
Repten	1	1	—	—	1	5	18	—
Rokitnitz	1	—	—	—	1	3	7	—
Rosberg	—	—	—	—	2	9	37	[illegible]
Ruda	—	—	—	—	2	22	21	[illegible]
Rybna	—	—	—	—	1	6	12	—
Saborze, (Zaborze)	—	—	—	—	1	15	7	[illegible]
Sabrze, (Zabrze)	1	1	—	—	1	34	6	3
——— Klein, Colonie	—	—	—	—	—	—	—	—
Schömberg, (Schambierz)	—	—	—	—	1	11	9	—
Schwientochlowitz	—	—	—	—	3	—	28	—
Segeth	—	—	—	—	1	—	—	—
Siemianowitz	—	—	—	1	2	10	15	—
Schosnitz, (Sosnize)	—	—	—	—	1	19	11	[illegible]
Sowitz	—	—	—	—	—	—	9	—
Stilarzowitz, (Stollarzowitz)	—	—	—	—	2	4	31	[illegible]
Tarnowitz, Alt-	1	1	—	—	2	15	16	[illegible]
Truschütz, (Trusczyc)	—	—	—	—	1	1	4	—
Ziegenberg, (Koslowa gura)	—	—	—	—	1	9	18	—
Zyglin, Groß-	1	1	—	—	—	11	5	—
Zyglin, Klein-	—	—	—	—	1	6	6	—

Zainhämmer.	Kohlengruben.	Herrschaft.	Anmerkungen und Merkwürdigkeiten.
—	—	Adelig.	Liegt im Ujester Halt.
—	—	desgl.	
—	—	Standesh.	
—	—	desgl.	
—	—	Adelig.	
—	—	desgl.	
—	—	desgl.	Eine Steinkohlengrube.
—	—	desgl.	
—	—	desgl.	
—	—	desgl.	
1	—	desgl.	
—	—	Standesh.	
—	—	desgl.	
—	—	Adelig.	
—	—	desgl.	
—	—	desgl.	
—	—	desgl.	
—	—	Standesh.	
—	—	desgl.	
—	—	Adelig.	
—	—	desgl.	
—	—	desgl.	Ein Vorwerk heißt Neuhof.
—	—	desgl.	Hier ist eine Steinkohlengrube. Gehört zum Ujester Halt.
—	—	desgl.	
—	—	desgl.	Hier fängt der Klodnitz-Canal an. Gehört nebst dem folgenden zum Ujester Halt.
—	—	desgl.	
—	—	desgl.	
—	—	desgl.	
—	—	desgl.	
—	—	Standesh.	
—	—	Adelig.	
—	—	desgl.	Gehört zum Ujester Halt.
—	—	desgl.	
—	—	desgl.	
—	—	desgl.	
—	—	desgl.	
—	—	desgl.	
—	—	desgl.	
—	—	desgl.	

Register.

D.

E.

Klein=

L.

M.

O.

P.

Q.

R.

Ratzelwitz,

S.

W.

X.

Z.

www.ingramcontent.com/pod-product-compliance
Lightning Source LLC
La Vergne TN
LVHW092110300926
849161LV00002B/97